제2판

식품위생학

박경진 · 김중범 · 정현정 · 심원보

창지사

머리말

사회적으로 식품위생 및 안전에 대한 관심과 기대수준이 크게 증가하고 있고, GMP, HACCP 등 과학적인 위생관리기술의 적용으로 과거보다는 식품오염 가능성은 많이 감소될 것으로 예상되고 있다.

하지만 최근 기온상승 등의 기후변화에 의한 식중독 원인균 발생 및 오염물질 증가, 학교 · 직장 등에서의 단체급식 확대, 그리고 경제성장에 따른 외식 증대 등의 사회적 변화와 국가차원을 넘어선 세계적인 식품유통체계의 확대 등으로 식중독 원인균 및 환경오염물질에 의한 식품오염 가능성은 오히려 증가할 것으로 보인다.

식품에 대한 안전성 요구는 사회가 선진화되고 식품산업의 발달과 함께 식생활 양식 변화, 소비자의 인식 변화와 관심도 증가로 인해 사회적 문제로 크게 대두되었다. 식품에 대한 위생관리는 중요한 국가 정책의 하나로서 식품 원료, 제조, 생산, 유통 및 섭취 전 단계에 걸쳐 그 안전성을 확보하기 위한 노력이 필요하다.

따라서 이 책에서는 식품생산에서부터 소비까지 전 단계에서 현장 중심으로 식품안전성 확보를 위한 기본적인 식품위생에 대한 내용에서부터 식품가공, 조리 등에서 생성되는 유해물질, 이들 유해물질을 저감화할 수 있는 방법론과 식품안전관리인증제(HACCP), 식품위생관리 기법의 핵심이라 할 수 있는 안전성 평가방법 및 미생물 위해평가 등이 포함된 식품위해요소분석 등을 다루었다.

하지만 많은 노력에도 불구하고 아직은 많은 부분이 부족하다. 국내외적으로 계속 발전하고 있는 식품위생관리 분야에서 새롭게 도입되는 최신의 방법론 등을 계속 보완하여 나갈 예정이다.

마지막으로 이 책이 완성되기까지 많은 도움을 주신 창지사 임직원 여러분에게 감사의 말씀을 드린다.

2023년 8월

저자 일동

목 차

CHAPTER 05 식품과 화학물질 _ 정현정

CHAPTER 06 식품가공 및 조리 중 생성되는 유해물질 _ 정현정

CHAPTER 10 식품과 이물관리 _ 심원보

CHAPTER 11 식품위해물질 관리 _ 심원보

CHAPTER 12 HACCP(식품안전관리인증기준) _ 심원보

CHAPTER
01

식품위생의 개요

01 식품위생의 정의

식품의 안전성을 확보하는 일이 바로 식품위생(Food Hygiene, Food Sanitation)이다. 식품위생에서 hygiene은 그리스어로 건강(health)이라는 의미를 지니고 있으며, sanitation은 라틴어의 'sanitas'에서 유래되었으며, 건강(health)의 의미를 담고 있다. 또한, 식품위생에 대한 개념은 완전한 무해를 추구하는 상대적 개념과 시대와 환경에 따라 변하는 가변적 개념으로 나누어 볼 수 있다. 상대적 개념은 식품의 안전성이 zero defect(또는 zero tolerance로 유해균이나 유해물질이 식품 중에 전혀 없는 완전 무균성과 완전 무해성 개념)의 절대기준이 아니라 안전수준을 정하여 관리하는 것이고, 가변적 개념은 시대에 따라 변하는 개념(과거에는 자연유래 식물독, 동물독이 주 오염원이었으나 현재는 유해미생물, 화학물질 등으로 변함)이라 할 수 있다.

식품위생이란 식품 전체의 안전성 확보를 위하여 식품으로부터 오는 위해인자를 확인하고 위해발생을 미리 방지하기 위한 수단으로, 세계보건기구(World Health Organization: WHO) 환경위생전문위원회에서는 "식품의 재배, 생산, 제조로부터 최종적으로 사람에 섭취되기까지의 모든 단계에 걸친 식품의 안전성(safety), 건전성(soundness) 및 완전무결성(wholesomeness)을 확보하기 위한 모든 필요한 수단을 말한다"고 정의하고 있으며, 우리나라 「식품위생법」(제2조 8항)에서는 "식품, 첨가물, 기구 또는 용기, 포장을 대상으로 하는 음식에 관한 위생을 말한다"고 정의하고 있다. 식품위생의 최종 목적은 국민이 쾌적한 식생활을 영위할 수 있도록 하여 신체의 보존, 체력증진 및 건강을 유지하는 데 있으므로, 이와 관련된 식품첨가물, 기구, 용기, 포장 등도 건강상 위해요소가 없어야 한다. 따라서 식품위생이란 최종목표인 식품안전(food safety)을 달성하기 위한 수단으로써 식품에 의한 질병 발생을 감소시킬 수 있는 것으로 질병의 치료가 아닌 예방적 차원에서 매우 중요하다고 할 수 있다.

02 식품위생의 범위와 주체

식품위생의 범위에 대해 우리나라 「식품위생법」 제2조(정의) 8호에 식품, 식품첨가물, 기구 또는 용기 · 포장을 대상으로 하는 음식에 관한 위생으로, 식품위생의 범위는 농축수산물의 생산 · 수확, 저장, 제조 · 가공, 수입, 유통, 판매, 조리, 섭취 등을 말한다.

식품 자체, 식재료에 첨가되는 식품첨가물, 식품과 관련된 환경, 시설 · 설비, 기계, 기구, 용기, 포장, 종사자, 교육 · 훈련을 광의적으로 포함하고 있으며, 의약으로 취급되는 것을 제외한 모든 음식물과 여기에 관련된 첨가물 및 기구 · 용기 · 포장을 포함하는 것으로 범위를 두고 있다. 한편으로 식품위생의 주체는 생산자, 제조 · 가공자, 조리자, 유통 · 판매자, 소비자, 관리자 모두를 포함한다.

03 식품위생의 목표와 요소

식품위생의 목표는 식품으로 인한 위생상 위해의 방지와 식품의 질적 향상 도모로 국민 개개인의 질병 예방 및 건강 향상을 목표로 하고 있으며, 구체적으로 '안전한 식품'에 대한 구비요소로서는 다음과 같은 사항을 포함하고 있다.

- 부패 또는 변질되지 않은 것
- 불결한 것이나 이물 등이 존재하지 않은 것
- 유독 또는 유해물질이 함유되지 않은 것
- 병원성 미생물에 오염되지 않은 것

위의 4가지 요소 중 상위 2개 요소는 시각적, 관능적으로 확인이 가능하지만 하위 2개 요소는 쉽게 확인이 불가능하다는 특징이 있다.

참고문헌

신동화 · 오덕환 · 우건조 · 정상희 · 하상도(2011). 식품위생안전성학. 한미의학. p. 3.

FAO/WHO (Food and Agriculture Organization of the United Nations/World Health Organization) (1997). Risk Management and Food Safety. Report of a joint FAO/ WHO consultation, Rome, Italy. FAO Food and Nutrition Paper 65.

Jouve, J. L. (1999). Establishment of food safety objectives. *Food Control*, *10*(4), 303- 305.

McKeown, T. (1978). Determinants of health. *Life*, *60*(40), 3.

Shaw, I. C. (2012). *Food safety: the science of keeping food safe*. John Wiley & Sons. pp. 1-2.

CHAPTER

02

식품과 미생물

01 식품 관련 주요 미생물

지구상 존재하는 미생물 중 현재까지 과학적으로 확인된 미생물은 존재하는 미생물의 1 % 이하라는 추정이 있으며, 이 1 %에서도 현재까지 밝혀진 미생물 수는 1,227속(genus) 6,470종(species) 정도이다. 이 중 식품에는 세균, 바이러스, 곰팡이, 원충류 등 다양한 미생물이 존재할 수 있다.

이들 미생물들을 식품과 관련하여 기능적으로 분류하면 3가지로 정리할 수 있다(표 2-1). 첫째는 식품위생 및 안전과 관련하여 식중독, 감염병 등 식품매개질환의 원인 미생물이 있으며, 둘째는 김치, 치즈, 요구르트, 맥주, 탁주와 같은 발효식품 제조에서 핵심적인 역할을 수행하는 발효 관련 미생물이 있으며, 마지막으로 사람에게 질병을 일으키지 않으며 발효와 유사한 대사활동의 결과로 볼 수 있으나 인간 입장에서는 부정적인 결과를 보여 주는 식품의 산패, 부패 등 품질상의 문제를 발생시키는 부패 관련 미생물로 분류할 수 있다(표 2-1).

〈표 2-1〉 식품 관련 미생물명

▌식품매개질환(병원성) 관련 미생물(식중독 원인균)

균명		주요 특성
Bacteria	*Aeromonas hydrophila*	식중독 원인균
	Bacillus cereus	식중독 원인균
	Bacillus anthracis	인수공통 전염병(탄저병)
	Brucella abortus *Brucella melitensis* *Brucella suis*	인수공통 전염병(브루셀라증) 소, 염소, 양, 돼지
	Campylobacter jejuni	식중독 원인균
	Clostridium botulinum	보튤리늄 식중독 원인균
	Clostridium pefringens (*Clostridium welchii*)	식중독 원인균
	Corynebacterium diphtheria	디프테리아 원인균

균명		주요 특성
	Enterobacter aerogenes *Enterobacter cloacae*	대장균군(비병원성) 위생지표
	Escherichia coli *Escherichia coli* O157:H7	대장균 식중독 원인균
	Listeria monocytogenes	식중독 원인균
	Morganella morganii	히스타민성 알러지 식중독
	Staphylococcus aureus	식중독 원인균
	Salmonella Enteritidis, *Salmonella Typhimurium*	식중독 원인균
	Salmonella typhi	장티푸스 원인균
	Shigella flexneri *Shigella sonnei*	세균성 이질 원인균
	Vibrio cholerae *Vibrio parahaemolyticus*	콜레라 원인균 식중독(장염) 원인균
	Yersinia enterocolitica	식중독 원인균
Fungi	*Aspergillus flavus*	곰팡이독(아플라톡신) 생성균
	Fusarium	곰팡이독(푸사륨) 생성균
Virus	*Astrovirus*	식중독 원인 바이러스
	Adenovirus	식중독 원인 바이러스
	Calicivirus	식중독 원인 바이러스
	Hepatitis A, E virus	A, E형 간염 바이러스
	Norovirus	식중독 원인 바이러스
	Rotavirus	식중독 원인 바이러스
Protozoa	*Giardia lamblia*	병원성 원충동물
	Cryptosporidium parvum	병원성 원충동물
	Toxoplasma gondii	병원성 원충동물

▌부패 관련 미생물

균명		비고
Bacteria	*Achromobacter(Alcaligenes)*	단백질식품 부패
	Bacillus subtilis	밥, 빵 부패
	Bacillus coagulans	통조림 변패
	Clostridium acetobutylicum *Clostridium bifermentans* *Clostridium butylicum* *Clostridium lentoputrescens*	동물성, 어류, 야채, 과일 부패
	Corynebacterium bovis	우유 산패
	Erwinia carotovora	야채, 과일 부패
	Flavobacterium	식품 부패
	Gluconobacter oxidans	식품 부패
	Lactobacillus homohiochii *Lactobacillus heterohiochii*	청주 산패
	Micrococcus lutes	식품 변색
	Pediococcus cerevisiae	맥주 변패
	Pseudomonas aeruginosa *Pseudomonas fluorescens*	우유 변패
	Proteus vulgaris	식품 부패
	Serratia marcescens	식품 변색
Fungi (Yeast)	*Aspergillus*	양조, 장류 발효, 간독소
	Penicillum	페니실린, 황변미

▌발효 관련 미생물

균명		비고
Bacteria	*Acetobacter oxydans* *Acetobacter vineaceti* *Acetobacter xylinum* *Acetobacter xyloides* *Acetobater aceti*	식초 생산
	Bacillus subtilis	효소 생산

균명		비고
Bacteria	*Bacillus natto*	청국장 제조
	Bacillus polymyxa	항생물질(Polumyxin) 생산
	Bacillus brevis	항생물질(gramicidin) 생산
	Bifidobacterium bifidum *(Lactobacillus bifidus)*	당 발효 젖산, 초산 생산
	Brevibacterium lactofermentum	아미노산, 핵산 등 생산
	Corynebacterium glutamicum	glutamic acid 생산
	Halobacterium(halococcus)	장류 변질
	Lactobacillus acidophilus *Lactobacillus bulgaricus* *Lactobacillus casei* *Lactobacillus plantarum*	유산균
	Leuconostoc mesenteroides	유산균
	Pediococcus halophilus	유산균
	Propionibacterium shermanii	치즈숙성
	Pseudomonas putida	당 발효
	Streptococcus cremoris *Streptococcus diacetilactis* *Streptococcus faecalis* *Streptococcus lactis* *Streptococcus thermophilus*	유산균
Yeast	*Saccharomyces*	양조(맥주, 탁주 등)

02 식품에서 미생물 생육에 영향을 미치는 요인

식품에서 미생물은 식품의 종류나 식품이 직면하는 여러 환경요인에 따라 성장이 촉진되거나 억제되기도 하는 등 생육특성과 성장 정도가 크게 달라진다. 식품에서 이러한 미생물의 생육과 관련한 인자로는 온도, 상대습도, 포장 내 대기조성, 수분, pH, 영양성분, 천연 항생물질 또는 경쟁 미생물의 존재 여부, 식품의 물리적 구조 등을 들 수 있다. 이들 인자의 특성에 따라 물리적 또는 화학적 인자로 구분하기도 하고, 이들 인자의 발생 또는 영향이 식품 자체인지 아닌지에 따라 내인성(intrinsic factor) 또는 외인성(extrinsic) 인자로 구분한다.

물리적 인자로는 온도, 상대습도 등을 포함할 수 있으며, Aw, pH, 산소 유무, 영양성분 중 식염의 함량 등 화학물질의 변화에 따른 인자는 화학적 인자로 구분한다. 하지만 이들 인자의 구분에 약간의 모호성이 있기 때문에 일반적으로 식품에서 미생물의 생육에 영향을 미치는 인자는 크게 내인성과 외인성 인자로 구분한다. 내인성 인자는 식품 자체의 특성을 나타내는 인자로 Aw, pH, 영양성분, 천연 항생물질 또는 경쟁 미생물의 존재 여부, 식품의 물리적 구조나 포장 상태 등이 여기에 해당되며, 외인적 인자는 식품이 놓여 있는 환경적 특성으로 주로 온도, 습도 등 외부 환경이 포함된다.

이들 요소들이 잘 충족될 경우 미생물은 식품에서 생장을 하게 되는데 이들 인자에 대한 요구는 미생물별로 다양하다. 따라서 식중독을 일으키는 식품매개질환 관련 미생물이나 부패미생물에 대해서는 생장을 억제시키는 방향으로 인자가 조정되어야 하며, 반대로 발효 관련 미생물에는 생장을 촉진하는 방향으로 관련 인자들이 조정되어야 할 것이다.

실제 식품에서는 이들 여러 인자가 복합적으로 상호 작용함으로써 미생물의 생육에 영향을 주게 된다. 외인성 인자와 내인성 인자의 관계는 [그림 2-1]에서 보는 바와 같이 식품 자체의 내인성 인자에 의해 존재하던 미생물이 온도 등 외인성 인자에 영향을 받게 되면 이를 반영하여 변화된 미생물이 존재하게 되고 이것이 식품의 내인성 인자를 변화시켜 다시 변화된 미생물이 존재하는 등 전체 과정은 지속적으로 피드백 형식으로 상호영향을 미치는 것으로 볼 수 있다.

이러한 측면에서 식품 내 미생물의 변화는 일단 온도와 시간 등 외인성 인자에 의해 변화가 시작한다고 볼 수 있다. 예를 들어, 시간이 경과되면서 식품의 저장 온도가 변화되면 식품의 pH나 Aw의 변화가 일어나게 되고 이로 생육 가능한 미생물의 종류가 변화되어 식품의 조성이 바뀌게 되며, 심한 경우 부패 등이 발생할 수도 있다.

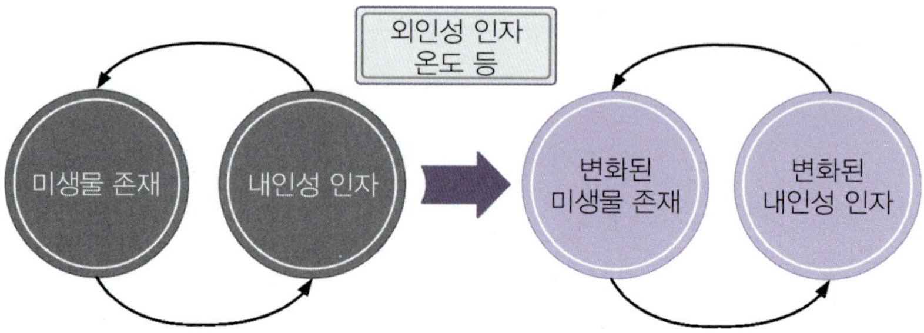

[그림 2-1] 식품에서 미생물 생장과 관련 있는 외인성 인자와 내인성 인자의 관계

1) 내인성 인자

(1) 수분

식품에서의 수분은 물의 함량이다. 모든 생명체의 유지에 있어 물은 절대적으로 필요하며, 미생물의 경우도 세포의 80%는 수분으로 구성되어 있어 생존을 위해서는 절대적으로 필요한 것이 물이다. 하지만 식품에서 미생물의 성장에 영향을 미치는 수분은 식품 전체에서의 물의 함량인 수분함량이 아니라 실제 미생물이 이용할 수 있는 가용성(available)이 있는 물의 함량이다.

식품에서 물의 존재 형태는 2가지 형태로 존재하는데, 하나는 결합수(bound water)라 하여 단백질이나 탄수화물 등 세포성분과 직접 결합한 안정된 물이며, 다른 하나는 식품 내에서 일반적인 열역학적 운동이 자유로워 용매의 역할을 할 수 있는 물인 자유수(free water)가 있다. 미생물이 이용할 수 있는 물은 이 자유수이다. 즉, 자유수의 함량이 높은 식품일수록 미생물은 쉽게 더 빨리 성장할 수 있다.

식품 중 자유수 함량은 이용 가능한 물의 의미를 가지는 Aw(available water, water activity, 수분활성도) 값을 이용하여 표현한다. Aw는 식품 중에 존재하는 수분 중에 미생물이 이용할 수 있는 수분의 양을 나타내는 척도로 식품 내 Aw는 다음 식과 같이 산출한다.

$$Aw = \frac{P}{P_0}$$

P_0는 순수한 물의 수증기압, P는 식품 내 수분의 수증기압이며, Aw의 값은 0.0~1.0의 범위를 가지며, 순수한 물인 경우 Aw는 1(자유수 100 %)이 되며, Aw 0은 100 % 결합수를 의미한다. 식품에 비유할 경우 Aw가 1에 가까울수록 자유수의 함량이 높은 것이며, 0에 가까울수록 자유수의 함량이 낮은 아주 건조한 식품으로 볼 수 있다(표 2-2). 즉, Aw가 높은 식품일수록 미생물은 쉽게 더 빨리 성장할 수 있다. 하지만 미생물별로 생장에 적합한 Aw가 있으며, 종류별로 차이가 있지만 일반적으로 생육이 가능한 최저 Aw 한계는 세균은 0.90, 효모는 0.88, 곰팡이는 0.80이다(표 2-3). 즉, 세균보다 곰팡이가 더 낮은 Aw, 즉 더 건조한 식품에서 잘 생장할 수 있다는 것이다.

〈표 2-2〉 주요 식품의 Aw

식품	Aw
우유류	<0.99
과일/야채류	>0.97
가금류/수산물	>0.98
육류	>0.95
난류	0.97
빵류	0.90~0.95
떡류	0.96~0.99

식품	Aw
치즈	0.91~1.00
찜류	0.80~0.87
견과류	0.66~0.84
곡류(쌀)	0.66~0.84
소맥분	0.67~0.87
꿀	0.54~0.75
건조과일	0.51~0.89
과자류	0.35~0.60
초콜릿류	0.20~0.56
시리얼	0.10~0.20
설탕	0.10

출처: Schmidt & Fontana(2007)

〈표 2-3〉 주요 미생물의 생육 가능한 최저 Aw

구분	미생물명	최저 Aw
세균	*Bacillus cereus*	0.92
	Clostridium botulinum	0.93
	Clostridium perfringenes	0.93
	Escherichia coli	0.93
	Salmonella spp.	0.95
	Staphylococcus aureus	0.83
	Staphylococcus aureus toxin	0.85
	Vibrio parahaemolyticus	0.84
곰팡이	*Aspergillus chevalieri*	0.71
	Aspergillus flavus	0.80
	Aspergillus ochraceus	0.78

출처: Sperber(1983)

이러한 원리에 따라 식품에서 Aw의 값을 낮추어 식품 내 미생물의 성장을 억제할 수 있는데, 식염, 설탕 등 용질의 첨가(염장, 당장)와 농축, 건조, 냉동 등에 의해 식품 내 자유수의 함량을 제거하면 식품의 Aw가 낮아지게 되어 미생물이 생장할 수 없는 조건이 된다. 하지만 Aw를 낮추는 것은 미생물을 사멸시키는 것이 아니고 성장을 억제하는 것이므로 경우에 따라서 오염된 미생물이 이들 식품에서 장기간 동안 생존할 수도 있다.

(2) 수소이온농도(pH)

pH는 식품이 산성인지 중성인지 또는 알칼리성인지를 결정할 수 있는 단위이며, 용액 중의 수소이온(hydrogen, H^+)농도를 표시하는 단위이다. pH는 'potential of hydrogen'의 약어로 다음 식과 같이 산출된다.

$$pH = -\log[H^+]$$

즉, 용액이나 식품에 수소이온농도가 10^{-6} mol/L라면 이 용액이나 식품의 pH는 6이 되며, pH의 1 차이는 수소이온농도가 10배 차이가 있다는 것을 의미한다. pH는 0~14까지의 범위를 가지고 있으며, 7을 중성, 7보다 작은 것은 산성, 7보다 큰 것은 알칼리성 또는 염기성이라고 한다. 즉, 식품에서 pH가 7 이하인 경우에는 이를 저산성식품, 4.6 이하인 경우는 강산성 식품이라 한다.

식품들은 자체 특성에 따라 다양한 pH를 가지며(표 2-4), 미생물들 역시 종류별로 생육에 가장 적합한 pH 범위를 가지고 있다(표 2-5). 종류별로 차이가 있지만 일반적으로 세균은 pH 4.0 이하 또는 pH 9.5 이상에서는 잘 생육하지 못하며, pH가 4.6~7.0에서 가장 잘 성장하며, 효모는 pH 4.0~8.5, 곰팡이는 pH 2.0~10.5의 생육 범위를 가지고 있다. 세균보다 곰팡이가 더 넓은 범위의 pH 조건을 가지고 있다.

〈표 2-4〉 주요 식품의 pH

식품	pH
김치류	4.0-5.6
상추	6.0
감자	5.3~5.6
양파	5.3~5.8
오렌지	3.6~4.3
사과	2.9~3.3
쇠고기	5.1~6.2
닭고기	6.2~6.4
햄류	7.2~7.4
새우	6.8~7.0
굴	4.8~6.3
젓갈류	5.5~6.5
연어	6.1~6.3
우유류	6.4~6.8
치즈	4.9~5.9
벌꿀	3.18~4.7
초콜릿류	5.6~6.5
탄산음료	2.9~8.3

출처: Anon(1962)

〈표 2-5〉 주요 미생물의 생육 가능 pH 범위

구분	미생물명	생육 가능 pH
세균	*Bacillus cereus*	4.3~9.3
	Clostridium botulinum	4.6~8.5
	Clostridium botulinum toxin	5.0~9.0
	Escherichia coli	4.4~8.5
	Salmonella spp.	4.5~9.6
	Staphylococcus aureus	4.0~10.0
	Staphylococcus aureus toxin	4.0~9.8
	Vibrio parahaemolyticus	4.5~11.0
곰팡이	*Aspergillus flavus*	2.0~11.2
	Fusarium moniliforme	2.5~10.7
	Penicillium verrucosum	2.0~10.0

출처: Beuchat(1982)

일반적으로 식품에서의 pH를 변화시키면 세포막이 손상을 입게 되고 이로 인해 세포 내의 효소들과 DNA 등의 유전정보가 변성되면서 사멸하게 되는데, 이를 이용한 식품보존 방법으로 식초절임을 통해 pH를 변화시켜 부패세균의 성장을 억제하는 방법이 있다. 다른 한편으로는 pH를 변화시켜 유산균의 성장을 촉진하여 우유로부터 여러 다양한 발효식품을 생산할 수도 있다.

(3) 산소

포장된 또는 식품 주위에 존재하는 산소는 미생물의 생장에 영향을 미치는데, 이는 산소가 생장에 반드시 필요한 미생물과 산소가 없는 상태를 요구하는 미생물로 구분된다. 전자를 호기적(aerobic) 미생물이라 하며, 후자를 혐기적(anaerobic) 미생물이라 한다. 미생물에 있어 산소요구는 위와 같이 반드시 2종류로 구분되는 것이 아니라 <표 2-6>과 같이 다양한 산소요구 조건에 따라 구분되고 있다.

이러한 미생물의 산소요구 특성을 이용하여 식품포장에서 산소농도를 조절함으로써 미생물의 생장을 억제할 수 있다. 하지만 식중독 발생 및 부패 등 식품위생과 관련한 많은 미생물들이 산소와 크게 상관없이 성장하는 경우가 많아 실제적인 활용은 제한적이다. 또한, 일부 미생물은 절대혐기성으로 진공 포장된 식품에서도 생장할 수 있다.

〈표 2-6〉 산소요구 조건에 따른 미생물의 분류

분류		산소요구 정도	대표 미생물
호기성	절대(편성)호기성 (obligate aerobic)	생육에 산소가 절대적 필요	*Pseudomonas* *Bacillus*
	미호기성 (microaerophiles)	생육에 정상(20 %)보다 낮은 산소 분압(3~6 %) 요구	*Campylobacter*
혐기성	통성혐기성 (facultative an aerobic)	생육에 산소가 절대적이지는 않지만 산소 존재 시 생육이 더 활발	*Staphylococcus*
	절대(편성)혐기성 (obligate anaerobic)	산소 존재 시 생육 불가	*Clostridium*
	내기혐기성 (aerotolerant anaerobic)	산소를 이용하지는 않지만 산소가 존재해도 생육에 지장을 받지 않음	*Lactobacillus*

2) 외인성 인자

(1) 온도

온도는 미생물의 생장과 생존에 가장 큰 영향을 미치는 외부 환경요인이라 볼 수 있으며, 일반적으로 온도가 증가할수록 미생물 생장은 급속도로 진행되며, 식품으로 보았을 때 온도는 저장온도에 해당된다고 볼 수 있다. 미생물의 성장 정도에 따라 온도는 최저, 최적, 최고온도로 구분된다. 최저온도는 이 이하 온도에서는 세포막 등의 기능이 저하되면서 생장이 일어나지 않는 온도이며, 최적온도는 생장이 가장 왕성한 온도, 최고온도는 이 이상에서는 필수단백질의 변성 등 불활성화로 인해 생장이 일어나지 않는 온도를 말한다.

이러한 생육이 가능한 온도범위를 바탕으로 미생물은 저온성균(psychrophile), 중온성균(mesophile), 고온성균(thermophile) 등으로 구분된다(그림 2-2). 저온성균은 0 ℃ 이하에서 생육이 가능하며, 최적온도는 4 ℃, 최고온도는 12 ℃이며, 중온성균은 최적온도가 39 ℃로 인체 체온과 유사하며, 43 ℃ 이상의 온도에서 가장 잘 자라는 균은 고온성이라 한다.

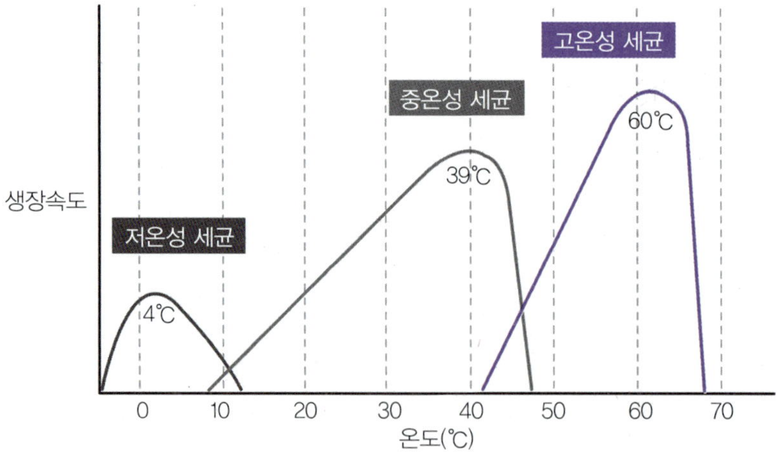

[그림 2-2] 적정 생육 온도범위에 따른 미생물의 분류

식중독 등 식품매개질환을 유발하는 미생물은 미생물별 특성에 따라 최적온도 범위에 차이가 있지만(표 2-7) 대부분은 5 ℃에서 60 ℃의 온도범위에 있다. 따라서 이 온도범위를 일반적으로 위험 온도범위(Temperature Danger Zone)라 하여 이 온도범위 내에서는 되도록 식품을 보관하지 말 것을 권고한다(그림 2-3). 즉, 식품은 뜨겁거나 차갑게 보관한다는 것이며, 또한 가열조리 및 보관 중에서 특히, 온도 남용(temperature abuse)으로 적절한 온도에서 가열되지 않았거나 적절한 온도로 유지되지 않았을 경우 식중독 등 식품매개질환은 충분히 발생할 수 있다.

온도와 더불어 시간도 식품에서 미생물의 성장에 중요한 인자라 볼 수 있다. 시간에 따라 미생물은 성장하기 때문이며, 최저온도에서는 비록 느린 성장을 보여줄 수 있지만 최적의 온도에서 더욱 빠르게 시간에 따라 증가한다. 따라서 식중독 등 식품매개질환에 대한 예방에 있어 특히 유통 및 보관 중에서는 시간과 온도(Time-Temperature) 관리는 중요하다.

〈표 2-7〉 주요 식중독 원인 미생물의 최적 온도범위

미생물명	최적 온도범위(℃)
Escherichia coli	2.5~49.4
Salmonella spp.	2~45.6
Staphylococcus aureus	5.6~50
Campylobacter jejuni	30~45
Yersinia enterocolitica	-1.3~44
Listeria monocytogenes	0~45
Visgio parahaemolyticus	5~44
Clostridium perfringens	10~52
Bacillus cereus	5~50

출처: Baird-Parker, Gould & Lund(2000)

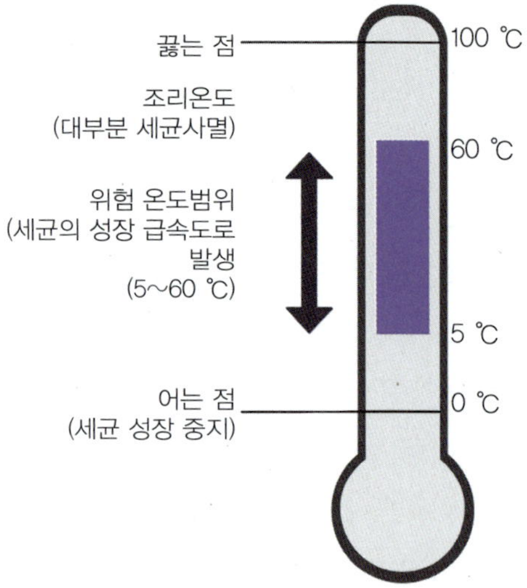

[그림 2-3] 위험 온도범위(Temperature Danger Zone: 5~60 ℃)

출처: us Department of Agriculture(USDA)

참고문헌

권훈정 · 김정현 · 유화춘(2003). *식품위생학*. 교문사. pp. 21-31.

Anon (1962). pH values of food products. *Food Engineering*, *34*(3), 98-99.

Backert, S. (2012). *Microbial food safety*. Springer.

Baird-Parker, T. C., Gould, G. W., & Lund, B. M. (Eds.) (2000). *The microbiological safety and quality of food*. Aspen Publishers.

Beuchat, L. R. (1982). Vibrio parahaemolyticus: Public health significance. *Food Technology*, *36*(3), 80.

Bryan, F. L., Bartleson, C. A. and Christopherson, N. (1988). Hazard analyses, in reference to Bacillus cereus, of boiled and fried rice in Cantonese-Style restaurants. *Journal of Food Protection*, *44*(7), 500-512.

Halpin-Dohnalek, M. I., and Marth, E. H. (1989a). Growth of Staphylococcus aureus in milks and cream with various amount of milk fat. *Journal of Food Protection*, *52*(8), 540-543.

Halpin-Dohnalek, M. I., and Marth, E. H. (1989b). Staphylococcus aureus: Production of extracellular compounds and behavior in foods. - A review. *Journal of Food Protection*, *52*(4), 267.

How temperatures affect food. Available at (2011). (http://www.fsis.usda.gov/factsheets/ how_temperatures_affect_food/index.asp#1)

ICMSF (International Commission on Microbiolgical Specifications for Foods) (1996). Microorganisms in Foods 5. Microbiological Specifications of Food Pathogens. Blackie Academic & Professional. New York, NY.

Jay, J. M., Loessner, M. J., and Golden, D. A. (2008). Modern Food Microbiology 7th edition. *Springer Science & Business Media*. New York, NY.

Lee, J. S., Heo, G. Y., Lee, J. W., Oh, Y. J., Park, J. A., Park, Y. H., ... & Ahn, J. S. (2005). Analysis of kimchi microflora using denaturing gradient gel electro-phoresis. *International Journal of Food Microbiolgoy*, *102*(2), 143-150.

Madigan, M. T., Martinko, J. M., & Parker, J. (2011). Brock biology of microorganisms (Vol. 12). *Upper Saddle River*. NJ: prentice hall.

McSwane, D. Z., Rue, N. R., & Linton, R. (2003). *Essentials of food safety and sanitation*. Prentice Hall.

Mok, C. K., Lee, J. Y., Song, K. T., Kim, S. Y., Lim, S. B., & Woo, G. J. (2000). Changes in physicochemical properties of salted and fermented shrimp at different salt levels. *Korean Journal of Food Science and Technology*, *32*(1), 187-191.

NZFSA (New Zealand Food Safety Authority) (2001) Microbial Pathogen Data Sheets. Prepared for the Ministry of Health (New Zealand) by ESR Ltd. (http://www. nzfsa.govt.nz/science/data-sheets/index.htm.)

Schmidt, S. J., & Fontana Jr, A. J. (2007). Water Activity Values of Select Food Ingredients and Products. Water Activity in Foods-Fundamentals and Applications (red. Barbosa-Cánovas, GV, Fontana AJ Jr., Schmidt SJ, Labuza TP). Blackwell Publishing and the Institute of Food Technologists, IFT Press, USA, pp. 413-414.

Shaw, I. C. (2012). *Food safety: the science of keeping food safe*. John Wiley & Sons.

Sperber, W. H. (1983). Influence of water activity on foodborne bacteria - A review. *Journal of Food Protection*, *46*, 142-150.

us Department of Agriculture (USDA) . the Food Safety and Inspection Service (FSIS)

US FDA. (2014). Approximate pH of foods and food products.

CHAPTER
03

식품매개질환 - 식중독

01 식중독

우리나라에서 식중독의 정의는 「식품위생법」 제2조에 "식품의 섭취로 인하여 인체에 유해한 미생물 또는 유독물질에 의하여 발생하였거나 발생한 것으로 판단되는 감염성 또는 독소형 질환"을 말한다. WHO(세계보건기구)에서는 식중독을 "식품 또는 물의 섭취에 의해 발생되었거나 발생된 것으로 생각하는 감염성 또는 독소형 질환"으로 정의하고, 집단식중독은 "역학적 조사결과 식품 또는 물이 질병의 원인으로 확인된 경우로 동일한 식품이나 동일한 공급원의 물을 섭취한 2인 이상의 사람이 유사한 질병을 경험한 사건"으로 규정하고 있다.

대부분의 식중독은 두통, 구토, 복통, 탈수, 설사, 발열 등의 증세 중 한 가지 이상의 증상을 보이며, 그 증상이 오래 지속되지는 않는다. 주요 증상은 식중독 미생물의 종류와 오염된 양, 감염된 사람의 건강 상태에 따라 다양하게 나타난다. 식중독의 종류는 <표 3-1>과 같으며, 2002년부터 2022년까지 연도/원인균별 식중독 발생현황은 <표 3-2>와 같다.

식중독 발생현황을 원인별로 살펴보면 병원성 대장균(Pathogenic *Escherichia coli*)이 가장 빈번히 식중독을 일으켰고 그다음으로 클로스트리디움 퍼프린젠스(*Clostridium perfringens*), 캠필로박터 제주니(*Campylobacter jejuni*), 바실러스 세레우스(*Bacillus cereus*)균이 세균성 식중독의 주요 원인 균주로 나타났다. 그러나 이들 균주 이외에 살모넬라(*Salmonella* spp.), 장염비브리오(*Vibrio parahaemolyticus*), 황색포도상구균(*Staphylococcus aureus*)이 원인인 식중독도 지속적으로 보고되고 있어 식품안전 확보를 위해 식중독 원인균 관리가 매우 중요하다 하겠다. 바이러스 식중독의 대부분은 노로바이러스(Noro virus)가 원인 바이러스로 보고되고 있으며 주로 겨울철에 식중독을 발생시키던 것이 최근 연중 식중독 원인 바이러스로 나타나고 있다.

〈표 3-1〉 식중독의 종류

종류	구분	
세균성 식중독	감염형	병원성 대장균, 장염 비브리오, 살모넬라, 캠필로박터 제주니, 리스테리아 모노사이토제네스, 여시니아 엔터로콜리티카 등
	독소형	황색포도상구균, 바실러스 세레우스(구토형), 클로스트리디움 보툴리눔 등
	독소매개 감염형(중간형)	바실러스 세레우스(설사형), 클로스트리디움 퍼프린젠스(웰치균) 등
자연독 식중독	식물성	독버섯류, 청매, 감자싹, 피마자, 목화씨, 독미나리 등
	동물성	마비성패독, 설사성패독, 복어독, 소라 등
	곰팡이	오크라톡신, 아플라톡신, 파툴린, 시트리닌 등
화학성 식중독	농약, 유해 중금속, PCB, 세제 등	

〈표 3-2〉 2002년부터 2022년까지 연도/원인균별 식중독 발생현황

연도	구분	병원성 대장균	살모넬라	장염 비브리오균	캠필로박터 제주니	황색포도상구균	클로스트리디움퍼프린젠스	바실러스세레우스	기타 세균	노로바이러스	기타 바이러스	원충	자연독	화학물질	불명	합계
2002	발생건수	2	25	10	0	8	0	0	2	0	1	0	2	0	28	78
2003	발생건수	6	17	22	1	13	1	3	6	14	2	0	2	0	47	135
2004	발생건수	21	23	15	3	11	4	2	13	13	5	0	3	0	52	165
2005	발생건수	15	22	17	1	16	0	1	1	6	2	0	1	1	26	109
2006	발생건수	38	22	25	1	32	2	5	1	51	3	0	1	1	77	259
2007	발생건수	62	42	33	7	38	4	1	0	97	2	0	3	0	221	510
2008	발생건수	36	22	24	6	15	6	14	0	69	1	0	2	2	157	354
2009	발생건수	37	17	12	7	12	5	0	0	32	0	0	6	0	100	228
2010	발생건수	28	27	18	15	19	5	14	0	31	2	0	6	1	105	271
2011	발생건수	32	24	9	13	10	7	6	2	31	3	0	4	0	108	249
2012	발생건수	31	9	11	8	5	13	6	0	50	1	0	3	0	129	266

연도	구분	병원성 대장균	살모넬라	장염 비브리오균	캠필로박터 제주니	황색 포도상구균	클로스트리디움퍼프린젠스	바실러스 세레우스	기타 세균	노로 바이러스	기타 바이러스	원충	자연독	화학 물질	불명	합계
2013	발생건수	31	13	5	6	5	33	8	0	43	1	0	1	0	89	235
2014	발생건수	38	24	7	18	15	28	11	0	46	4	0	1	0	157	349
2015	발생건수	39	13	5	22	11	15	6	0	58	2	15	0	0	144	330
2016	발생건수	57	21	22	15	1	8	3	0	55	0	39	1	0	177	399
2017	발생건수	47	20	9	6	0	7	10	1	46	2	39	2	0	147	336
2018	발생건수	51	19	11	14	3	14	15	5	57	2	37	1	0	134	363
2019	발생건수	25	18	5	12	4	10	5	1	46	8	48	2	0	102	286
2020	발생건수	23	21	3	17	1	8	3	0	29	1	10	0	0	48	164
2021	발생건수	32	32	2	28	5	11	7	2	57	8	2	1	0	58	245
2022	발생건수	31	41	0	17	9	11	14	3	56	1	5	2	0	114	304
합계	발생건수	682	472	265	217	233	192	134	37	887	51	195	44	5	2,220	5,635

출처: 식품의약품안전처, 식품안전정보포털(2023)

식중독 위해요소는 식품을 섭취하였을 때 건강상의 장애 등 질병이나 상해를 유발하는 요소로 생물학적, 화학적 또는 물리적 위해가 있다.

생물적 위해요소(biological hazard)는 세균, 바이러스, 원생동물, 곰팡이, 효모 등이 있다. 세균이 증식하려면 음식물, 적당한 온도 및 습도가 필요하며 감염형, 독소형 그리고 독소매개 감염형(중간형)의 식중독을 일으킬 수 있다. 대부분의 미생물은 가열에 의해 사멸되고 냉장 저장을 통해 증식이 억제된다. 식품은 미생물이 생육하기에 가장 적합한 서식지이기 때문에 생물적 위해요소는 식품 공장에서 가장 중요한 식중독 위해요소라고 할 수 있다.

화학적 위해요소(chemical hazard)는 원재료에 포함된 자연독, 식품제조 중 첨가된 물질, 식품제조 중 생성된 물질로 구분된다. 화학 오염물질의 예로는 농업

화학물질(살충제 · 비료 · 항생제 등), 세제, 중금속(납과 수은 등), 식품첨가물 그리고 식품성분 중 알레르겐 등이 있다.

물리적 위해요소(physical hazard)는 질병이나 상해를 일으킬 수 있는 이물질을 의미하며 유리조각, 금속, 이쑤시개, 머리카락 등이 있다. 물리적 위해요소는 식품 생산 공정과 소비자에게 전달되는 유통과정에서 우연히 오염되거나 잘못된 식품 취급으로 인해 혼입된다.

식중독의 잠복기간은 오염된 식품을 섭취한 시점으로부터 식중독 증상이 나타날 때까지의 시간을 의미하며, 미생물의 종류, 섭취한 오염 물질의 양, 환자의 건강 상태에 따라 다양하게 나타나기 때문에 명확한 시간이 아니라 시간의 범위로 나타낸다.

02 생물학적 식중독

생물체에 의해 일어나는 식중독을 의미하며 대체로 세균, 바이러스와 같은 미생물에 의한 식중독과 기생충에 의한 식중독으로 구분된다. 미생물에 의한 식중독은 일반적으로 감염형(infection), 독소형(intoxication), 독소매개 감염형(toxin-mediated infection, 중간형)으로 분류되며, 식중독을 일으키는 주요 원인미생물의 특징, 증상, 원인식품과 감염경로를 파악하는 것이 식중독 예방 및 치료를 위해 필수적이다.

▌세균

세균은 가장 중요한 식중독 위해요소로 영양세포(vegetative cell)는 다른 생명체와 마찬가지로 대사, 증식하여 독소 등의 대사산물을 생산한다. 세균은 산소요구도, pH, 온도, 포자형성유무, 편모유무, 그람염색성 등을 기준으로 분류한다. 포자(spore)는 환경이 아주 건조하거나, 덥거나, 춥거나, 산성일 때 또는 영양원이 불충분한 상황에서 생존하기 위해 일부 세균에서 형성된다. 포자 자체로 증식할 수 없으나 세균은 포자 형태로 장기간 생존할 수 있고 포자 형태일 때 사멸시키기가 어렵다.

세균은 부패 세균과 병원성 세균으로 구분된다. 부패 세균(spoilage bacteria)은 식품을 분해하여 외관, 맛, 냄새를 저하시키며, 식품을 섭취할 수 없는 수준으로 품질을 저하시킨다. 병원성 세균(pathogenic bacteria)은 세균 자체나 세균이 생산한 독소를 식품과 함께 섭취했을 때 질병을 일으키는 미생물이다. 식품이 부패 세균이나 병원성 세균에 오염되지 않도록 관리하면 식품의 품질과 저장기간을 향상시킬 수 있어 식품공장이나 식음료업장에서는 부패 세균과 병원성 세균을 지속적으로 관리하여야 한다. 세균은 1개의 세포가 2개의 세포로 분열하면서 증식하고 이러한 세균수 증가를 세균의 생장곡선(bacterial growth curve)이라 한다. 세균의 생장곡선은 온도, pH 등 생육환경에 따라 영향을 받는다.

▌바이러스

바이러스의 크기는 0.5 μm 이하로 매우 작아 전자현미경으로만 관찰이 가능하며, 항생제로 치료가 곤란해 감염되었을 때 치료에 어려움이 많다. 특히, 바이러스는 종속 영양 미생물이기 때문에 반드시 숙주세포가 있어야 증식할 수 있다. 바이러스는 RNA나 DNA 중 한 종류의 핵산만을 보유하고 있는데 식물바이러스는 RNA, 세균바이러스는 DNA, 동물바이러스는 RNA 또는 DNA를 가지고 있다.

▌곰팡이

곰팡이는 장류나 주류 등의 발효식품 제조에 주요 역할을 하는 미생물로 식품 산업에 매우 유용하지만, 일부 곰팡이는 식품에 오염되어 품질을 저하시킨다. 특히, 식품에 곰팡이독(mycotoxin)을 생성하는 곰팡이는 식중독과 매우 밀접한 관련이 있다. 곰팡이는 절단된 균사나 포자에 의해 증식하는데 균사나 포자는 적색, 황색, 갈색, 회색, 검은색 등의 색을 띠며, 균사의 형태나 색, 포자의 종류와 형태 등이 곰팡이 분류의 중요한 지표가 된다. 곰팡이는 호기성으로 식품의 표면에 주로 생육하고 효모나 세균보다 건조한 환경에 매우 잘 견디는 능력이 있어 수분 함량이 13~15 %인 건조식품에서도 온도가 적당하면 생육한다. 생육에 요구되는 최적 pH는

4.0~9.0이지만 산성 pH 영역에서도 생육이 가능하고, 당이나 식염농도가 높은 식품에서도 증식하는 곰팡이가 있다. 대부분의 곰팡이는 중온성으로 25~30 ℃에서 잘 자라지만, 저온성 곰팡이는 -10~5 ℃에서, 고온성 곰팡이는 40 ℃에서 생육이 가능하다.

▎효모

효모는 구형이나 타원형 형태의 단세포로서 일반적으로 출아법에 의해 증식한다. 생육에 필요한 pH는 2.0~8.5로 넓은 편이며 수분은 곰팡이보다는 많이 필요로 하지만 세균보다는 적게 요구된다. 효모는 곰팡이와 유사하게 산성 영역, 낮은 온도에서도 잘 증식하고 혐기적 조건에서도 생육할 수 있다. 효모는 주류와 빵 등 식품 발효에 이용되어 식중독 등 식품위생상의 문제점은 매우 적으나 절임식품에 산막을 형성하거나 식품의 색을 변색시키는 등 식품의 품질 저하에 관련이 있다.

1) 세균에 의한 식중독

대부분의 식중독은 세균에 의해 발생하며 세균성 식중독은 증식된 세균을 다량으로 한꺼번에 섭취하거나 식품 중에 생성된 독소를 섭취함으로써 발생한다. 식중독세균은 포자 형성 여부에 따라서, 포자 형성 식중독세균과 비포자 형성 식중독세균으로 구분된다. 포자(spore)는 조리, 냉동, 고염, 건조와 고산성 같은 생육 환경에서도 살아남을 수 있다. 식품 보관 조건이 식중독세균의 생육에 적당하게 되면 포자가 영양세포로 전환되어 식품 중에서 증식하게 된다. 식품에 오염된 포자가 영양세포로 전환되는 것을 막기 위해서 식품은 60 ℃ 이상 또는 5 ℃ 이하로 보관해야 한다. 포자는 다음과 같은 상황에서 영양세포로 변한다.

- 생장을 위한 최적의 조건일 때(고단백, 고수분)
- 온도가 위험 온도범위(5~60 ℃) 사이에 있을 때
- 식품이 위험 온도범위에서 4시간 이상 방치될 때

포자 형성 식중독세균으로는 바실러스 세레우스(*Bacillus cereus*), 클로스트리디움 퍼프린젠스(*Clostridium perfringens*), 클로스트리디움 보툴리눔(*Clo-stri-dium botulinum*) 등이 있다. 비포자 형성 식중독세균은 항상 영양세포로 존재하며 적절한 가열로 쉽게 사멸시킬 수 있다. 식품산업에 중요한 비포자 형성 식중독세균은 캠필로박터 제주니(*Campylobacter jejuni*), 병원성 대장균(Pathogenic *Escherichia coli*), 리스테리아 모노사이토제네스(*Listeria monocytogenes*), 살모넬라(*Salmonella* spp.), 쉬겔라(*Shigella* spp.), 황색포도상구균(*Staphylo-coccus aureus*), 장염 비브리오(*Vibrio parahaemolyticus*) 등이 있다.

세균성 식중독은 감염형, 독소형 및 독소매개 감염형(중간형)의 3가지로 분류된다(표 3-3). 감염형(infection) 식중독은 식품에 오염되어 증식한 다량의 식중독 세균이 식품과 함께 섭취되어 소화기 내 장 점막을 침입함으로써 발병한다. 통상적으로 잠복기는 약 12~24시간이나 병원성 미생물의 섭취량과 환자의 건강 상태에 따라 다양하게 나타난다. 감염형 식중독의 가장 흔한 예는 살모넬라 식중독으로 가금류(닭, 집오리, 거위 등)와 달걀이 주요 원인식품이다. 그 외에 병원성 대장균, 장염 비브리오 식중독 등이 대표적인 감염형 식중독이다.

〈표 3-3〉 세균성 식중독의 분류

분류	특징	종류
감염형	• 식중독세균에 오염된 식품을 섭취한 후 장내에서 균이 증식하여 발병함	• 병원성 대장균 • 살모넬라 • 장염 비브리오 • 리스테리아 모노사이토제네스 • 캠필로박터 제주니 • 여시니아 엔터로콜리티카
독소형	• 식중독세균이 생산한 독소가 존재하는 식품을 섭취함으로써 발생함 • 세균이 사멸되어도 독소가 남아 있으면 발병함	• 클로스트리디움 보툴리눔 • 황색포도상구균 • 바실러스 세레우스(구토형)
독소매개 감염형 (중간형)	• 장내에서 독소를 생산하는 식중독 세균에 오염된 식품을 섭취함으로써 발생함	• 클로스트리디움 퍼프린젠스 • 바실러스 세레우스(설사형)

독소형(intoxication) 식중독은 식품에 오염되어 증식한 식중독세균이 생산한 독소를 그 식품과 함께 섭취한 후 소화기관에 흡수되어 발병한다. 감염형 식중독과 달리 살아 있는 식중독세균이 직접 관여하기보다 식중독세균이 생산한 독소가 원인으로 작용한다. 독소형 식중독은 식품에 이미 생성된 독소의 섭취에 따라 발생하는 증상으로 잠복기가 비교적 짧고, 구토와 설사 등의 증상을 발생시키나 발열 증상은 거의 나타나지 않는다. 이러한 식중독은 식중독균이 사멸되어도 독소가 남아 있으면 발생한다. 독소형 식중독을 일으키는 대표적인 세균은 클로스트리디움 보툴리눔과 황색포도상구균, 바실러스 세레우스(구토형)가 있다.

독소매개 감염형(중간형, toxin-mediated infection) 식중독은 감염형 식중독과 마찬가지로 살아 있는 식중독세균을 식품과 함께 섭취할 때 발생한다. 식중독세균이 인체 내부에서 번식하여 질병을 유발하는 독소를 생산한다는 점에서 독소형 식중독과는 다르다. 잠복기는 약 12~24시간이며, 발열을 동반한 구토, 복통 후 설사 증상을 나타낸다. 이러한 식중독을 일으키는 대표적인 식중독균은 클로스트리디움 퍼프린젠스, 바실러스 세레우스(설사형) 등이 있다.

식품매개질환 관련 독소는 미생물이 생산하는 외독소(exo-toxin)와 내독소(entero- toxin)로 구분할 수 있다. 외독소는 생물의 성장에 따라 세포 밖으로 분비되는 독성단백질을 의미하며, 보통 독소형 식중독세균들이 생성하는 독소이다. 이러한 독소는 비교적 열에 안정하며 신경독소(neuro-toxin), 장독소(entero-toxin), 세포독소(cyto-toxin) 등이 있다. 외독소에 의한 식중독 발병증상은 발열 증상이 거의 없고 구토와 설사를 주요 증상으로 종종 생명을 위협할 정도로 치명적이다. 내독소는 세포막 외층에 있는 LPS(Lipopolysaccharide: 지질다당류)에서 생성되며 대부분의 그람 음성균들이 생성한다. 이러한 내독소는 세균 사멸 후 세포가 용해될 때 배출되고 비교적 열에 불안정하여 쉽게 파괴할 수 있다. 내독소에 의한 식중독 발병증상은 비교적 약한 독성을 띠며, 발열, 설사, 구토 증세를 동반한다.

(1) 감염형 식중독

감염형 식중독을 일으키는 세균은 병원성 대장균, 살모넬라, 장염 비브리오 등이 대표적이다(표 3-4).

〈표 3-4〉 감염형 세균성 식중독의 종류

원인균	증상	위험 식품	예방법
병원성 대장균	혈액이 섞인 설사, 복통, 발열, 용혈성 요독증	햄버거, 유제품, 사과주스, 상추	- 충분한 가열 - 개인위생 관리
살모넬라	구토, 고열, 복부경련, 설사	생육류, 생가금류, 달걀, 우유	- 올바른 조리 - 교차오염 방지
장염 비브리오	설사, 구토, 두통, 고열, 심한 전해질 손실, 위장염	생선회, 부적합하게 조리된 생선, 갑각류	- 개인위생 관리 - 생식 금지
캠필로박터 제주니	혈액이 섞인 설사	생고기, 유제품, 생채소, 닭고기	- 가열 - 교차오염 방지
리스테리아 모노사이토제네스	독감과 유사한 증상, 패혈증, 수막염, 뇌염, 출생장애	유제품, 생고기, 냉장 조리 식품, 육가공품, 생채소, 수산물	- 올바른 저장 - 교차오염 방지
여시니아 엔터로콜리티카	구토, 설사, 발열	생우유, 덜 익힌 육제품, 오염된 물	- 개인위생 관리 - 올바른 조리

1 병원성 대장균(Pathogenic *Escherichia coli*)

① 특징

병원성 대장균은 장내세균과에 속하는 그람 음성 막대균으로 형태학적, 생화학적 성상이 정상 대장균(non-pathogenic *E. coli*)과 유사하다. 병원성 대장균은 0.4 ~ 0.7 × 1~30 ㎛ 크기의 비포자형성(non-sporulating)균으로 대부분 편모를 가져 운동성이 있다. 일반적으로 과당(fructose) 또는 젖당(lactose)을 대사하여 산과 가스(CO2와 H2)를 생성하는 통성혐기성균이다. 또한, catalase 양성과 oxidase 음성의 특성을 나타내며 최적 온도는 35~37 ℃, 발육 가능 온도는 7~48 ℃인 중온균(mesophile)으로 보통한천배지에서 잘 발육한다. 이들 대장균은 체세포(somatic, O)항원, 협막(capsular, K)항원, 편모(flagella, H)항원으로 그 아종을 분류할 수 있다.

② 종류 및 증상

병원성 대장균은 O:H 혈청군, 독소 생산능력, 부착인자 생산 유무, 장세포(en-terocytes)에 대한 작용 및 임상증상을 바탕으로 장출혈성 대장균(enterohemorrhagic *E. coli*, EHEC), 장병원성 대장균(enteropathogenic *E. coli*, EPEC), 장독소원성 대장균(enterotoxigenic *E. coli*, ETEC), 장침투성 대장균(enteroinvasive *E. coli*, EIEC) 및 장응집성 대장균(enteroaggregative *E. coli*, EAEC)의 5가지 주요 군으로 분류된다.

i) 장출혈성 대장균(Enterohemorrhagic *E. coli*, EHEC)

장출혈성 대장균은 베로 세포에 독성을 나타내어 Verotoxigenic *E. coli*(VTEC)와 *Shigella*와 유사한 독소를 생산하여 Shiga toxin-producing *E. coli*(STEC)로 지칭되었는데 두 독소가 동일한 독소임이 밝혀져 현재 VTEC와 STEC가 같은 의미로 사용된다. 장출혈성 대장균의 주요 증상은 혈변과 심한 복통 등의 출혈성 장염 증상을 보이며, 발열은 적으나 심한 경우 신부전증을 유발하여 용혈성 요독증후군을 일으킨다. 이 경우의 환자의 사망률은 3~5% 정도로 매우 높은 편이다. 10개 이상의 적은 균수로 감염될 수 있고 잠복기는 1~8일로 매우 다양하다. 혈청형에 의한 분류 중 O항원은 O26, O103, O104, O111, O113, O146, O157 등이 장출혈성 대장균 그룹에 속하고 가장 대표적인 혈청형은 O157:H7이다. 「감염병의 예방 및 관리에 관한 법률」에 제1군 감염병으로 분류되어 있다.

ii) 장독소원성 대장균(Enterotoxigenic *E. coli*, ETEC)

장독소원성 대장균은 콜레라와 유사한 이열성 장독소(heat-labile enterotoxin: LT)와 내열성 장독소(heat-stable enterotoxin: ST)를 생산한다. 이열성 장독소는 60 ℃에서 10분간 가열했을 때 불활성되는 열에 민감한 독소이고 내열성 장독소는 100 ℃에서 30분간 가열해도 활성을 잃지 않는 독소이다. 환자로부터 분리된 장독소원성 대장균은 보통 한 가지 이상의 독소를 생산한다. 장독소원성 대장균 감염의 잠복기는 10시간에서 12시간이고 주요 증상은 미열에 수양변, 복통, 구토, 탈수 등이다. 이 균은 여행자 설사증(travelers' diarrhea)과 장염의 원인균으로, 오염된 음용수에 의해 집단발병을 일으킬 수 있다. 위생시설이 부족한 국가의 경우 신생아와 어린이 설사증의 주요 원인균으로 보고되고 있다. 장독소형 대장균의 주요 혈청형은 O6, O8, O15, O20, O25, O27, O63, O78, O80, O114, O115, O128, O148, O153, O159, O167 등이 있으나 혈청형과 독소생산이 다른 경우도 있어 혈청형과 함께 독소생산시험도 반드시 실시하여야 한다.

iii) **장침투성 대장균**(Enteroinvasive *E. coli*, EIEC)

장침투성 대장균은 발열과 복통이 주요 증상이고 대장점막 상피세포의 괴사를 일으켜 궤양과 혈액성 설사를 나타낸다. 이러한 증상은 세균성이질 증상과 매우 유사하여 종종 쉬겔라(*Shigella* spp.) 감염으로 오진할 수도 있다. 잠복기는 약 10~18시간으로 알려져 있으며 현재까지 O28, O112, O124, O136, O143, O144, O152, O164, O167 등의 혈청형이 알려져 있다.

iv) **장병원성 대장균**(Enteropathogenic *E. coli*, EPEC)

장병원성 대장균 감염의 위험군은 1세 이하의 신생아로 주요 증상은 구토, 복통, 설사, 발열을 나타내며 잠복기는 약 9~12시간으로 알려져 있다. 106 cells/g 이상의 장병원성 대장균(EPEC)이 오염된 식품을 섭취할 경우 성인도 감염될 수 있다는 보고도 있다. 오염된 분유와 유아 음식이 주요 원인식품으로 보고되고 있으며 혈청형은 O18, O20, O26, O28, O44, O55, O86, O111, O114, O119, O125, O126, O127, O142, O158, O159 등이 있다.

v) **장응집성 대장균**(Enteroaggregative *E. coli*, EAEC)

장응집성 대장균이 응집덩어리를 형성 점막 상피세포에 부착함으로써 물 설사, 구토, 발열 등 장병원성 대장균 감염과 비슷한 증상을 나타낸다. 이에 속하는 혈청형으로는 O7, O77, O126 등이 있으며 무증상 보균자도 다수 보고되고 있다.

③ 전파경로

환자, 무증상 보균자 및 동물의 분변과 접촉한 식품과 음용수를 통하여 전파된다. 특히, 소는 병원성 대장균의 주요 오염원으로 소고기와 소고기 취급자에 의해서도 전파될 수 있다.

④ 예방

병원성 대장균은 동물의 장관, 흙과 같은 자연환경에 널리 분포하고 있고 무증상 보균자도 다수 보고되고 있어 분쇄육류와 쇠고기 등은 적어도 75 ℃ 3분 이상 가열처리하여야 한다. 식품을 취급하기 전과 화장실을 다녀온 후에 손 씻기 등 개인위생 관리를 철저히 하여야 한다. 교차오염을 예방하기 위하여 더운 음식은 60 ℃ 이상으로, 찬 음식은 5 ℃ 이하로 보관한다.

2 살모넬라(*Salmonella* spp.)

① 특징

살모넬라(*Salmonella* spp.)는 통성혐기성 그람 음성 막대균으로 포자를 생성하지 않는 장내세균과의 대표적 세균이다. 자연계에 광범위하게 분포되어 있으며 사람과 온혈동물의 장관 등에 존재하여 배설물을 통해 식품에 전파된다. 열에 비교적 약하여 62~65 ℃에서 30분 정도 가열하면 사멸되지만 저온에서는 비교적 저항성이 강하다. 2,000여 종의 균이 *Salmonella*속에 포함되고 대부분의 균은 병원성을 나타낸다. 대표적인 균으로 *Salmonella* Typhmurium, *Salmonella* Enteritidis가 있으며 감염형 식중독의 가장 대표적 세균이다.

② 증상과 잠복기

증상 발현은 *Salmonella*균형, 섭취량, 환자의 건강 상태에 따라 차이가 있으나 보통 10^6 cells/g의 균수가 필요하다. 주요 증상은 복부통증, 두통, 메스꺼움, 구토, 고열, 설사를 나타낸다. 세균성 식중독 중에서 발열이 가장 심하며, 잠복기는 균종에 따라 다르지만 일반적으로 8~48시간이고, 지속기간은 2~3일 정도이다.

③ 위험 식품

다양한 식품에 존재할 가능성이 있으며 특히 생고기, 가금류, 육류 가공품, 달걀, 유제품 등이 위험 식품이다.

④ 전파경로

식품으로의 전파는 가금류 분변과 접촉, 오염된 기구 · 용기와 접촉, 감염된 작업자를 통해 식품으로 옮겨지는 교차오염과 쥐 등 위생동물에 의한 전파를 통해 일어난다. 최대 몇 년 동안 보유하고 있는 만성적인 건강 보균자도 존재한다.

⑤ 예방

식품을 완전히 조리하여야 하며(62~65 ℃에서 30분 정도 가열하면 사멸), 식품 접촉면에 대한 위생을 철저히 관리해야 한다. 또한, 식음료업장 및 식품제조업체의 방서, 방충 시설을 철저히 관리해야 하며 개인위생 관리도 철저히 하여야 한다.

3 장염 비브리오(*Vibrio parahaemolyticus*)

① 특징

비브리오속 병원균은 비브리오 콜레라(*Vibrio cholerae*), 장염 비브리오(*Vibrio para-haemolyticus*), 비브리오 패혈증균(*Vibrio vulnificus*) 등 3가지로 구분된다. 비브리오속 균은 호염성균으로 바닷물에서 잘 생육하나 *Vibrio cholerae* 균은 민물에서도 증식이 가능하다. 열에 비교적 약하고 수산물에 흔하게 존재한다. 비브리오속 균 중 가장 대표적 식중독은 *Vibrio parahaemolyticus*에 의한 장염 비브리오 식중독이고 *Vibrio vulnificus*는 비브리오 패혈증을 발생시킨다.

② 증상과 잠복기

*V. parahaemolyticus*가 10^5 cells/g 이상 오염된 식품을 섭취하면 두통, 고열, 한기, 설사, 복부경련, 메스꺼움, 구토 등의 식중독 증상을 발생시킨다. 잠복기는 8~24시간이며 보통 2~3일 지속되지만 더 오래 지속될 수 있으며 심한 경우 사망에 이를 수도 있다.

③ 위험 식품

5~10월에 많이 발생하며 특히 기온이 30 ℃가 넘는 하절기에 많이 발생한다. 여름철과 수온이 19 ℃ 이상인 해수에서 채취한 수산물에서 많이 발견되며 주로 어패류와 그 가공품, 특히 생선회나 초밥 등을 날것으로 섭취했을 때 감염되기 쉽다. *V. vulnificus*는 해수와 어패류에서 발견되고 만성질환을 가지고 있는 경우 감염자 중 사망자가 발생하기도 한다.

④ 전파경로

대부분은 날것이나 덜 익힌 생선회, 조개 등의 수산물을 섭취함으로써 발생하고 주로 생수산물에 존재하기 때문에 칼, 도마, 식기 등과 식품생산 시설에 의한 교차오염이 주요 전파경로로 파악되고 있다.

⑤ 예방

비브리오속 균은 해수 상재균으로 여름철 어획한 수산물을 10 ℃ 이상에서 유통하면 균이 증식한다. 수산물의 구입은 반드시 10 ℃ 이하로 온도관리가 되는 곳에서 구입하여야 한다. 수산물은 가열 살균하여 섭취하고 특히 만성질환자는 날것이나 살짝 조리된 수산물 섭취를 피해야 한다. 어패류 취급 시 조리기구와 손을 통한 2차 오염이 일어나지 않도록 하여야 하며, 냉동보관에도 생존이 가능하므로 해동 시 교차오염에 주의하여야 한다.

4 캠필로박터 제주니(*Campylobacter jejuni*)

① 특징

캠필로박터 제주니(*Campylobacter jejuni*)는 무포자 그람 음성 막대균으로 만곡형 S자 또는 나선형이다. 소, 돼지 등의 가축과 닭 등 가금류가 보균하고 있으며 생장을 위해 저농도의 산소가 필요한 미호기성 세균으로 3~15 %의 산소 농도인 곳에서 잘 증식한다. 호기적 조건에서는 증식이 어려우나 10 ℃ 이하 저온인 경우 호기적 조건에서도 어느 정도 생존이 가능하다. 캠필로박터 콜리(*Campylobacter coli*)도 발생 확률은 낮지만 식중독을 일으키는 것으로 보고되었다.

② 증상과 잠복기

*Campylobacter jejuni*가 10^5 cells/g 이상 오염된 식품을 섭취하면 복부통증, 구토, 두통과 심한 혈액성 설사를 유발하며 40 ℃ 이상의 고열을 동반하기도 한다. 잠복기는 2~5일이며, 증상은 보통 2~7일 지속된다. 치료된 후에도 약 25%가 재발될 수 있다.

③ 위험 식품

생가금류, 생육류, 수산물, 유제품이나 생채소에 존재한다. 위생적인 포장처리 없이 판매되는 닭고기에서 거의 100% *Campylobacter jejuni*가 검출된다고 추정하고 있다.

④ 전파경로

생고기와 교차오염을 통해 다른 식품으로 전파된다. 즉, 식품의 접촉면이나 작업자의 손을 통해 주로 전파된다.

⑤ 예방

오염도가 높은 닭고기는 60 ℃에서 30분 이상 가열 살균하여야 하며 육류, 우유, 음료수 등의 교차오염을 방지하여야 한다. 조리 시 식품 접촉면과 손을 깨끗이 씻어야 한다.

5 리스테리아 모노사이토제네스(*Listeria monocytogenes*)

① 특징

통성혐기성 그람 양성 무포자 막대균으로, 10% 식염 농도에서도 생존이 가능하다. 다른 식중독 세균과 달리 냉장온도(10 ℃ 이하)에서도 생장이 가능하기 때문에 염장식품과 냉장식품도 안심할 수 없으며 식음료업장에서도 주의를 기울여야 한다.

② 증상과 잠복기

리스테리아 모노사이토제네스(*Listeria monocytogenes*)에 의해 발병되는 질병인 리스테리아증(Listeriosis)은 수 개의 cells/g으로도 메스꺼움, 구토, 고열, 한기 등 독감과 유사한 증상을 일으킨다. 합병증은 임신부, 어린이, 노인 등 면역력이 약한 위험군의 생명을 위협한다(패혈증, 수막염, 뇌염, 출생 장애 등). 잠복기는 1일~3개월로 매우 다양하고 지속기간은 환자에게 치료가 적용되는 시기에 따라 다르다.

③ 위험 식품

다양한 식품에서 검출되나 가장 빈번히 검출되는 식품으로는 생고기, 생가금류, 유제품(치즈, 아이스크림, 생우유), 생채소, 수산물, 조리된 육류와 핫도그 등이다.

④ 전파경로

대표적 전파경로는 생식품과 적절히 가열 살균되지 않은 식품에 의한 교차오염에 의해 일어난다.

⑤ 예방

식품을 완전히 조리하고 교차오염이 일어나지 않도록 가열식품과 생식품을 분리하여 보관하는 등 위생적으로 보관하여야 한다. 냉장 온도에서도 증식이 가능하기 때문에 핫도그, 햄, 가공육 같은 냉장제품은 유통기간 내에 소비하고 냉장 온도를 철저히 관리해야 한다.

6 여시니아 엔테로콜리티카(*Yersinia enterocolitica*)

① 특징

여시니아 엔테로콜리티카(*Yersinia enterocolitica*)균은 장내세균과에 속하는 그람 음성, 통성혐기성, 막대균으로 0~5 ℃에서도 생육이 가능한 저온세균이다. 고양이와 개 등의 동물과 자연계에 널리 존재한다.

② 증상과 잠복기

주요 증상은 발열과 구토, 설사 등이며 충수염과 유사한 증세를 나타내기도 한다. 잠복기는 보통 24~48시간이나 10일 이상인 경우도 보고되고 있다. *Yersinia enterocolitica*가 10^9 cells/g 오염된 식품을 섭취하면 식중독 증상을 나타낸다.

③ 위험 식품

주로 생우유, 덜 익힌 육류, 굴 및 생선류, 오염된 물 등이 위험하다.

④ 전파경로

동물의 분변과 직접 접촉하거나 교차오염에 의해 식품에 오염되고 오염된 식품을 적절히 가열하지 않고 섭취하였을 경우 발생한다.

⑤ 예방

저온에서도 증식이 가능하여 냉장고 등 저온저장 시설을 과신하지 말고 식품을 취급하는 사람의 개인위생을 철저히 관리한다. 육류 및 생선류는 완전히 익혀서 섭취하고 약수 및 지하수는 반드시 끓여서 음용한다.

(2) 독소형 식중독

독소형 식중독을 일으키는 세균에는 클로스트리디움 보툴리눔과 황색포도상구균이 있으며, 위험 식품 및 예방법은 <표 3-5>와 같다.

〈표 3-5〉 독소형 식중독의 종류

원인균	증상	위험 식품	예방법
클로스트리디움 보툴리눔	현기증, 두통, 호흡곤란, 시력저하, 언어장해	통조림, 진공포장 냉장식품	- 가열 - 보관법 준수
황색포도상구균	메스꺼움, 구토, 두통, 복부경련	유제품, 육제품, 난류, 떡, 빵, 김밥, 도시락 등 손으로 조리된 식품	- 개인위생 관리

1 클로스트리디움 보툴리눔(*Clostridium botulinum*)

① 특징

클로스트리디움 보툴리눔(*Clostridium botulinum*)균은 그람 양성 편성혐기성 포자 형성 막대균으로 생육 중 생산된 독소에 의해 식중독을 일으키며 세균성 식중독 중 사망률이 가장 높다. *Clostridium botulinum*이 생산하는 신경독소(neurotoxin, botulinum toxin)에 따라 A~G형의 7형으로 구분되고 A형이 가장 독성이 강하다. *Clostridium botulinum*균이 생산하는 신경독소인 보톡스는 미용효과를 위하여 최근 성형외과에서 사용되고 있다.

② 증상과 잠복기

증상은 피로, 두통, 현기증, 시력저하 및 호흡곤란으로 신경마비 증상이 주요 증상이다. 잠복기는 보통 12~36시간이며 지속기간은 최소 며칠에서 최대 1년이므로 조기에 치료하지 않으면 사망률이 50 %에 이른다.

③ 위험 식품

불충분하게 가열되고 혐기적으로 포장된(통조림이나 레토르트 식품 등) 저산성 식품과 위험 온도범위에 저장한 저산성 식품이 해당된다.

④ 전파경로

Clostridium botulinum 포자는 자연계에 널리 분포하며 농작물, 육류 등에 오염되고 이들 원료를 적절하게 가열하지 않고 진공 포장한 병조림, 통조림 식품의 섭취 때문에 주로 일어난다.

⑤ 예방

가열에 의해 포자를 완전 살균하고 pH 4.6 이하, 수분활성 0.94 이하, 4 ℃ 이하에서 보관해야 한다. 아질산나트륨과 같은 항균제를 첨가하여 균의 증식을 억제한다.

2 황색포도상구균(*Staphylococcus aureus*)

① 특징

황색포도상구균(*Staphylococcus aureus*)은 그람 양성 구균으로 편모가 없는 호기성 또는 통성 혐기성세균이다. 식염에 강한 내염성균으로 외층에 점액층을 형성하여 열에 강한 독소를 생산한다. 이 균은 사람의 피부, 손, 머리카락, 코와 목에서 발견되고 상처, 여드름, 종기에도 많이 존재한다. 이 균은 건강한 사람을 포함해 30~50 %의 사람에게서 살아 있는 형태로 발견되며 작업자의 잘못된 취급에 의해 식품에 오염된다. 식품을 통해 쉽게 전파되며 고염, 고당 식품과 수분활성이 낮은 식품에서도 생육이 가능하다. 특히, A형 독소는 내열성으로 100 ℃에서 1~4시간 가열해도 파괴되지 않는다. 세계에서 가장 빈번하게 발생하는 식중독 중 하나인 포도상구균 식중독은 *Staphylococcus aureus*균이 생육하며 식품 중에 생산한 장독소(enterotoxin)를 섭취하여 발생하는 대표적 독소형 식중독이다.

② 증상과 잠복기

심한 메스꺼움, 급성 복부통증, 구토, 설사를 일으킨다. 잠복기는 1~6시간이며 대부분은 2~4시간 잠복하다가 발병되어 1~2일 지속되지만, 보통 증상이 가볍고 경과가 빨라서 대부분 3일 이내에 회복된다. 10^6 cells/g 오염된 식품을 섭취하면 식중독 증상을 나타낸다.

③ 위험 식품

육가공품, 어육, 튀긴 음식, 인스턴트 음식, 면류 등이 원인식품으로 보고되고 있으며 특히 김밥, 도시락, 떡 등 수작업이 많은 식품이 주요 오염원으로 보고되고 있다. 가열조리 후 하루 이상 상온에서 방치된 식품이 원인이 되는 경우가 많다.

④ 전파경로

사람이 주된 보균 장소이므로 작업자의 손에 의한 감염이 가장 흔한 경로이다. 사람의 손이 많이 닿는 것이 위험하기 때문에 취급이 복잡한 식품은 특히 주의하여야 한다. 또한, 작업자가 식품 가까이에서 말할 때나, 기침, 재채기를 통한 침방울에 의해서도 전파되며, 숟가락과 국자로 맛을 보는 행동에 의해서도 세균이 전파된다. 특히, 건강인의 30~50 % 정도가 비강이나 피부에 이 세균을 보유하고 있어 *Staphylococcus aureus*균이 식품에 교차오염될 가능성이 있다.

⑤ **예방**

식품 취급자는 개인위생을 철저히 관리하고, 화농성질환 환자와 인후두염 환자는 조리에 참여하지 못하도록 하여야 한다. 상처가 있는 사람은 상처를 잘 봉합하고 플라스틱 장갑을 착용한 후 음식을 취급하지 않는 업무에 종사하여야 하며, 맛보기 스푼과 국자의 재사용을 금지하고 음식의 보관이나 저장 시 적정 온도를 준수해야 한다.

(3) 독소매개 감염형 식중독

클로스트리디움 퍼프린젠스(*Clostridium perfringens*)균과 바실러스 세레우스(*Bacillus cereus*)균이 대표적인 독소매개 감염형 식중독이다(표 3-6).

〈표 3-6〉 독소매개 감염형 식중독의 특징

원인균	증상	위험 식품	예방법
클로스트리디움 퍼프린젠스 (웰치균)	심한 복부통증과 설사	육류, 가금류, 부적절하게 식힌 식품	가열과 보관 온도 준수
바실러스 세레우스	- 설사형(복부경련) - 구토형(구토, 설사, 경련, 독소형으로 분류됨)	- 육류, 우유, 채소(설사형) - 쌀, 전분식품, 곡류, 시리얼(구토형)	가열과 보관 온도 준수

1 클로스트리디움 퍼프린젠스(*Clostridium perfringens*)

① 특징

클로스트리디움 퍼프린젠스(*Clostridium perfringens*, 웰치균)는 그람 양성 막대균으로 포자를 형성하고 산소가 거의 없어야 증식하는 편성혐기성균이다. *Clostridium perfringens*균은 사람의 장내로 유입된 후 증식하여 장독소(enterotoxin)를 생산하는 독소매개 감염형 식중독균이다. 15~50 ℃에서 생육이 가능하며 최적온도는 37~47 ℃로 높아 뜨거운 식품을 60 ℃ 이상, 차가운 식품을 5 ℃ 이하에서 보관하지 않을 경우 *Clostridium perfringens*균이 증식하여 식중독이 발생한다.

② 증상과 잠복기

구토와 발열은 거의 나타나지 않고 복부통증과 설사가 주요 증상이다. 잠복기는 8~22시간이고 발병 후 일주일 이내에 대부분 회복되지만, 출혈성인 경우 사망하는 경우도 있다.

③ 위험 식품

*Clostridium perfringens*균은 사람과 동물의 장내와 자연계에 널리 분포하고 있어 대부분의 식품이 원인이 될 수 있으나 특히 육류, 육가공품, 가금류, 어육, 유탕식품, 면류 등이 위험 식품으로 분류된다.

④ 전파경로

식품을 불충분하게 끓이거나, 찌거나, 데치거나, 삶거나, 구운 경우, 느리게 냉각한 경우에 유발된다.

⑤ 예방

식품은 가열 · 조리 후 즉시 섭취하고 조리된 식품은 저온에서 보관하여 포자의 발아와 증식을 억제한다. 보관된 식품은 섭취 전에 74 ℃ 이상으로 가열 살균하여 섭취하고 재가열 후 소비되지 않은 식품은 폐기한다.

2 바실러스 세레우스(*Bacillus cereus*)

① 특징

바실러스 세레우스(*Bacillus cereus*)균은 그람 양성 포자 형성 막대균으로 편모가 있어 운동성이 있는 통성 혐기성균이다. 식품을 잘못된 방법으로 저장하면 포자가 영양세포로 전환되어 증식하며 독소를 생산, 식중독 증상을 일으킨다. 이 세균은 설사형과 구토형의 두 가지 상이한 형태의 식중독을 일으키며 설사형은 독소매개 감염형 식중독을 일으키고 구토형은 독소형 식중독을 일으킨다.

② 증상과 잠복기

세균이 생산하는 독소의 형태에 따라, 메스꺼움을 동반한 구토형이나 복부경련 등을 포함한 설사형의 증상이 생긴다. 구토형의 잠복기는 30분~6시간, 설사형의 잠복기는 8~16시간이며 대부분 자연 치유된다.

③ 위험 식품

구토형은 쌀, 감자, 옥수수, 전분, 대두, 두부, 밀가루, 파스타, 쌀밥, 볶음밥같이 탄수화물이 풍부한 곡류 식품이 연관되며 주로 일본 등에서 발생한다. 설사형은 우유, 채소, 육류같이 단백질이 풍부한 식품과 연관성이 높으며 주로 유럽지역에서 발생한다.

④ 전파경로

*Bacillus cereus*균은 토양 상재균으로 자연계에 널리 분포하고 있어 토양에서 재배되는 농산물과 그 가공품이 주요 식중독 원인식품이다. 이들 식품과 이들 식품에 교차오염된 식품을 섭취함으로써 식중독이 발생한다. 식중독은 올바르지 않은 저장 조건에 의해 포자가 영양세포로 전환, 증식하여 발생한다.

⑤ 예방

*Bacillus cereus*균은 자연계에 널리 분포하고 있어 식품 중 오염을 예방하기 곤란하다. 따라서 곡류, 채소류 등 원료 농산물의 *Bacillus cereus*균 오염을 낮추기 위해 잘 세척해야 한다. 또한, 포자가 영양세포로 전환되지 못하도록 식품을 60 ℃ 이상, 10 ℃ 이하에서 보관한다.

(4) 기타 세균성 식중독

1 장구균(*Enterococcus faecalis*)

장구균(*Enterococcus faecalis*)은 그람 양성 연쇄상구균으로 10~45 ℃ 범위에서 생육하고, 60 ℃에서 30분간 살균하여도 사멸하지 않는다. 대장균에 비해 고온, 건조, 냉동 환경에 생존력이 커 가공식품의 위생검사 지표세균으로 유용하게 사용되고 있으나 장독소(enterotoxin)를 생산하여 식중독을 일으키는 경우도 있다. 구토, 설사, 복통이 주요 증상으로 잠복기는 1~36시간이고 햄, 소시지, 소고기, 두부 등이 원인식품으로 보고되고 있다.

2 크로노박터 사카자키(*Cronobacter sakazakii*)

크로노박터 사카자키균(*Cronobacter sakazakii*)은 그람 음성 통성혐기성 막대균으로 엔테로박터 사카자키균(*Enterobacter sakazakii*)으로 명명되었으나 2007년 분자생물학적 분류법에 따라 크로노박터속으로 재분류되었다. 자연계에 널리 분포하나 식중독 발생 사례가 매우 드물어 주요 식중독원인균으로 분류되고 있지 않다. 1개월 이하의 영아, 저체중아, 조산아 등에 감염될 경우 사망자가 발생하는 등 매우 심각한 증상을 나타낸다. 주요 원인식품은 조제분유, 이유식 등 영유아식품으로 보고되고 있다.

2) 바이러스에 의한 식중독

바이러스(virus)는 세균보다 크기가 훨씬 작고, 생육할 수 있는 숙주(인간, 동물)를 반드시 필요로 한다. 바이러스는 식품에서 증식하지 못하지만, 식품에서 다른 식품으로, 작업자에서 식품으로, 오염된 물에서 식품으로 전파된다. 따라서 손 씻기 등 철저한 개인위생 관리가 바이러스 식중독 예방의 핵심 중 하나이다. 바이러스 식중독은 대부분 10~100 particle/g의 미량으로도 식중독을 일으키고 2차 감염에 의한 집단 식중독을 일으킬 수 있다는 점이 세균성 식중독과의 차이점이다. 식품산업에서 중요한 바이러스로 노로바이러스(Norovirus, Norwalk virus), 로타바이러스(Rota-virus), 아데노바이러스(Adenovirus), 아스트로바이러스(Astrovirus) 등이 있다(표 3-7).

〈표 3-7〉 바이러스에 의한 식중독의 종류

원인 바이러스	증상	위험 식품	예방법
노로바이러스	구토, 설사, 복부통증, 두통, 미열	오염된 물, 오염된 샐러드 재료, 대합, 굴, 오염된 작업자	- 소독된 음용수 사용 - 어패류 생식 금지
로타바이러스	설사(특히 유아), 미열	오염된 물, 생수산물, 오염된 샐러드 재료	- 개인위생 관리 - 적절한 식품 취급
아데노바이러스	설사, 발열, 구토	오염된 물	- 개인위생 관리
아스트로바이러스	설사, 발열, 구토, 복통		- 개인위생 관리 - 가열 후 섭취

1 노로바이러스(Norovirus)

① 특징

미국 오하이오주 노르웍(Norwalk)이라는 지역에서 처음 발병된 후 이 지역의 이름을 따서 노르웍바이러스로 명명하였다가, 이후 노로바이러스(Norovirus)로 재명명되었다. 원형의 바이러스로 10~100개만 감염되더라도 급성 위장염을 일으키지만, 다른 바이러스와 마찬가지로 에탄올을 분무하면 거의 사멸된다.

② 증상과 잠복기

주로 겨울철에 발생하나 최근에는 계절과 상관없이 발병한다. 메스꺼움, 구토, 설사와 복부통증 등을 유발하며, 두통과 미열이 생길 수도 있다. Norovirus에 오염된 물과 식품을 섭취한 후 24~48시간에 걸쳐 약한 증세가 나타나고 3일 정도 지나면 자연적으로 회복되지만 개인의 건강 상태에 따라 차이가 크게 나타난다. 특히, 증상이 사라진 후 2주까지 Norovirus를 배출하는 환자도 있다.

③ 위험 식품

오염된 물이 주요 원인식품이며, 10~100 particle/g의 적은 양으로도 사람에게 질병을 전염시킬 수 있을 만큼 감염력이 강하다. 생것이나 불충분하게 가열된 갑각류, 굴 등 어패류가 원인식품으로 보고되고 Norovirus에 감염된 사람에 의한 2차 발병도 높게 보고되고 있다.

④ 전파경로

Norovirus에 오염된 물과 어패류를 생식함으로써 주로 전파된다.

⑤ 예방

식품 취급 전후 손을 씻는 등 개인위생 관리가 필요하고 어패류 등의 식품은 반드시 가열(85 ℃에서 1분 이상)하여 섭취한다. 식품제조 용수는 가급적 수돗물을 사용하여야 하고 지하수를 사용할 경우 주기적으로 Norovirus검사를 실시하여야 한다. 이 식중독에 감염되면 즉시 치료하여 전염을 방지하고, 회복 후 증상이 없는 사람도 완치 후 2주일까지 조리 업무에 종사하지 않는 것이 좋다. 또한, 바이러스에 오염된 표면은 소독제로 세척 · 살균하고 옷과 이불은 즉시 뜨거운 물로 세탁하여 2차 감염을 예방하여야 한다.

2 로타바이러스(Rotavirus)

① 특징

로타바이러스(Rotavirus)는 A~G형의 7종류의 혈청형으로 분류되는데, 사람의 분변에서 검출되는 것은 주로 A형이다. 이 A형 Rotavirus는 유아와 어린이의 심한 설사 원인 바이러스이다. 미국에서는 매년 300만 명 이상의 Rotavirus 위장염 환자가 발생한다고 알려져 있고 특히 춥고 건조한 겨울에 많이 발생한다.

② 증상과 잠복기

주요 증상은 구토, 물 같은 설사, 미열 등으로 잠복기는 2~4일로 구토로 시작하여 5~7일간 설사가 지속된다. 감염된 환자는 다수의 바이러스를 배출하므로 개인위생 관리를 철저히 하여야 한다.

③ **위험 식품**

환자 또는 감염된 작업자가 취급한 가열하지 않은 식품(샐러드, 과일 등)과 오염된 물이 주요 원인식품이다.

④ **전파 경로**

손에 의한 사람 간 전파는 어린이집과 가정에서 많이 발생하며 오염된 손에 의해 바이러스가 식품으로 전파된다.

⑤ **예방**

식품을 적절한 온도까지 가열하고 작업자는 개인위생을 철저히 관리하고 식품을 취급하기 전에 손을 깨끗이 씻어야 한다.

3 장관아데노바이러스(Enteric Adenovirus)

① **특징**

아데노바이러스(Adenovirus)는 지름이 70~80 nm이며 정이십면체 구조를 가지고 있다. 이들은 DNA 상동성에 의해 A~F의 아속으로 분류되며 항원성에 따라 49개의 혈청으로 구분된다.

② **증상과 잠복기**

설사가 주요 증상이며 고열과 구토를 수반한다. 잠복기는 7~8일이며 증상은 5~12일 동안 나타난다.

③ **전파경로**

주요 전파경로는 분변-경구감염과 인간-인간 전파이고 오염된 물을 섭취할 경우 감염된다.

④ **예방**

손 씻기 등 개인위생을 철저히 관리하고, 사람이 많이 모인 곳은 피해야 한다. 식품은 적절히 가열하여 섭취하여야 하며 해산물은 생식을 금해야 한다.

4 아스트로바이러스(Astrovirus)

① 특징

아스트로바이러스(Astrovirus)를 전자현미경으로 관찰하면 별 모양의 5~6개의 돌출부를 가지고 있어 Astrovirus라 명명되었다. Astrovirus는 8개의 유전형으로 구분되는 단일가닥 RNA 바이러스이다.

② 증상과 잠복기

설사, 발열, 구토, 복통이 주요 증상으로 3일 정도 나타나며 잠복기는 1~4일이다. 증상이 사라진 후에도 바이러스를 배출할 수 있어 주의하여야 한다.

③ 전파경로

주요 전파경로는 분변-경구감염이고 사람 간 전파도 가능하다.

④ 예방

손 씻기 등 개인위생을 철저히 관리하고 식품은 적절히 가열하여 섭취한다.

03 자연독 식중독

자연독 식중독은 동 · 식물의 성장과정 중 자연적으로 발생하여 생성되거나 축적된 유독, 유해물질의 섭취에 의해 발생하는 식중독을 말한다. 대표적인 것이 알레르기 유발물질, 어류에 의한 복어중독, 조개류에 의한 패독, 독버섯, 독나물 등 식물성 자연독을 들 수 있다.

1) 식품 알레르기(food allergy)

어린이의 5~8 %와 성인의 1~2 %가 식품 및 성분의 특정 화학물질(무해한 식품 단백질류)에 알레르기가 있다. 이들 화학물질을 흔히 식품 알레르기 항원이라고 부른다. 식품 알레르기 항원은 사람의 면역 체계를 과잉반응시키는 것으로 알려져 있다. 식품 알레르기의 흔한 증상은 두드러기로 입술, 혀, 입이 붓는다. 호흡곤란 또는 천명, 팽만감, 설사, 복통 등이 있다. 이런 증상은 5분 이내에 발생할 수 있다. 심한 경우 아나필락시스(과민증: anaphylaxis shock)라는 생명을 위협하는 알레르기 반응이 발생할 수 있다. 아나필락시스는 신체의 많은 부분이 알레르기 반응에 관여할 때 발생하는 질병이다. 아나필락시스의 대표적 증상으로는 가려움증과 두드러기, 인후 부종 및 호흡곤란, 저혈압을 동반하거나 심한 경우 의식을 잃을 수도 있다.

알레르기의 발생에는 유전적인 요인과 환경적인 요인이 복합적으로 작용하여 발병하는 것으로 알려져 있다. 부모 중 한쪽이 알레르기가 있는 경우 자녀의 30 % 정도, 부모 다 알레르기가 있는 경우 자녀의 50 %가 알레르기가 발생되는 것으로 알려져 있다. 그러나 최근에 증가되고 있는 알레르기의 증가는 유전적인 요소만으로는 설명이 되지 않아 알레르기의 증가 원인을 환경적 변화에서 찾고 있다.

국제적으로 모든 식품 알레르기의 약 90 %는 7가지 식품(땅콩, 견과류, 우유, 달걀, 밀, 생선, 조개)에 의해 발생하는 것으로 알려져 있다. 이들 식품에 대한 알레르기가 있는 사람이 알레르기 반응을 피하기 위한 유일한 방법은 이들 식품 멀리하는 것이다. 포장되거나 조리(급식)된 식품에 공통적인 식품 알레르기를 포함하고 있을 수 있으므로 민감한 사람들이 피할 수 있도록 적절하게 식품표시 사항을 반드시 확인하여야 한다. 국내의 경우 위 8종의 식품 외에 추가적으로 한국인에게 알레르기를 유발하는 것으로 알려진 21개 식품에 대해 함량과 관계없이 표시하도록 되어 있다(그림 3-1).

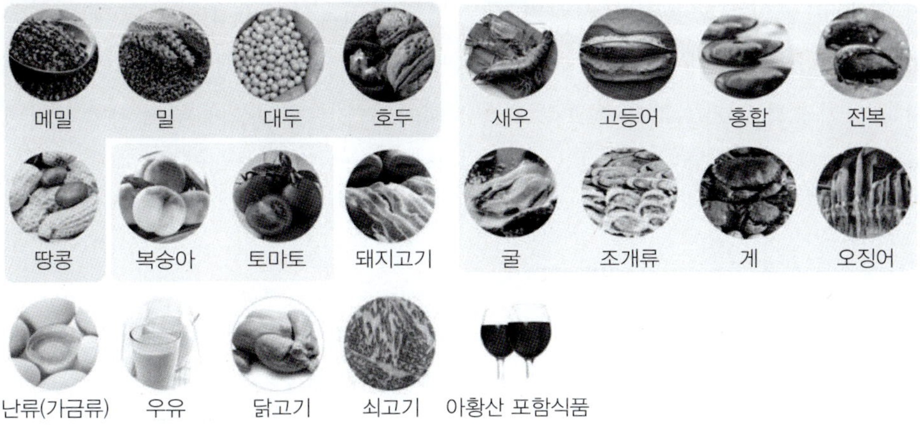

[그림 3-1] 국내 식품 알레르기를 유발하는 식품들

출처: 식품의약품안전처, 식품알레르기 가이드라인(2016)

2) 식물성 식중독

(1) 시안배당체(Cyanogenic glycosides) 함유 식물

시안배당체는 인체 내 장내 미생물에 의한 효소작용에 의해 가수분해로 HCN(hy-dro-gen cyanide: 시안산, 청산) 생성하는 화합물의 총칭을 말한다(그림 3-2). 식물에 존재하는 천연 해충제로 LD_{50}은 약 0.5~3.5 mg/kg bodyweight로 알려져 있다.

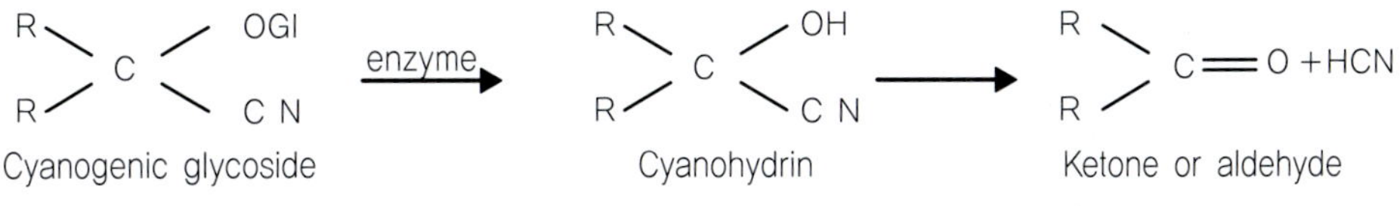

[그림 3-2] 시안배당체에 대한 효소 작용

대표적인 함유식물에는 살구씨, 아몬드(배당체명: amygdalin[아미그달린]), 복숭아씨, 은행, 죽순, 청매실 등이 있으며, 이들 식물에서 유리되는 HCN의 양은 약 60~800 mg/100 g 정도이다. 주요 중독 증상으로는 두통에서 만성적으로는 시신경 위축, 운동실조 등을 발생시키며, 체내에서 아미노산과의 결합을 통해 배설되며, 단백질 섭취가 부족한 사람은 만성질환으로 발전할 가능성 높다. 이들 시안배당체는 가열하여 가수분해 효소를 불활성시키거나 수용액상에 두어 용출시키면 HCN의 생성을 억제할 수 있다.

(2) 효소 저해제(Enzyme inhibitors)

단백질이나 전분의 분해효소 활성을 억제하여 소화 및 영양장애를 일으키는 물질로 주로 콩과 곡류 등에 존재하는 트립신 저해제(Trypsin inhibitors)가 있으며, 이들 저해제는 열에 의해 불활성화되므로 날로 먹는 경우를 제외하고는 큰 문제를 일으키지 않는다.

하지만 신경전달물질 분해효소 저해제인 Choline esterase inhibitors는 열에 안정하여 가열조리를 해도 제거되지 않으며 주요 증상으로 마비증상을 나타낸다. 특히, 고농도 시 신경마비에 의한 호흡장해를 일으킬 수도 있다. 대표적인 Choline esterase inhibitors로는 감자에 있는 솔라닌(solanine)과 익지 않은 토마토에 있는 토마틴(tomatine)이 있다. 솔라닌은 감자껍질 부분에 많이 있으며, 싹이 트거나 껍질이 녹색으로 변한 감자에는 더 많이 있는 것으로 알려져 있다. 이를 예방하기 위해서 감자는 냉장보관보다는 서늘하고 그늘진 곳에 보관하는 것이 좋다.

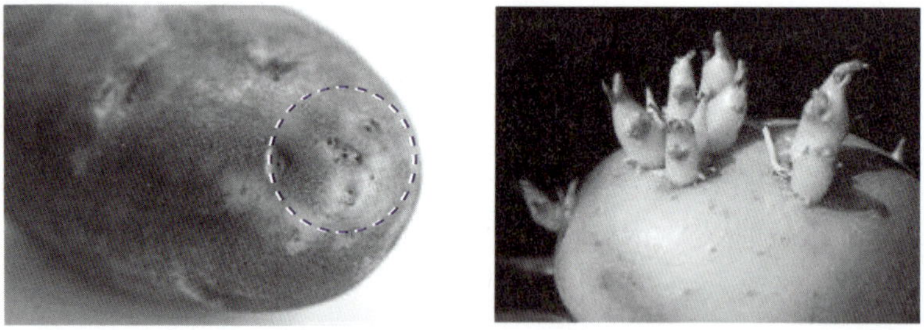

[그림 3-3] 감자에서 녹색 또는 발아된 부분은 솔라닌을 함유하고 있음

출처: About Green Potatoes(http://www.simplyrecipes.com/about_green_potatoes/)
Toxins in Potatoes(http://smallbites.andybellatti.com/you-ask-i-answer-toxins-in-potatoes/)

(3) 식물성 유래 발암 의심 물질 및 독초

간독성 원인물질로 알려진 피롤리지딘 알카로이드(Pyrrolizidine alkaloid)는 많은 식물에 분포하고 있으며, 일부 약리작용이 알려지기도 했으나 현재는 간암 유도물질로 인정되어 식품원료로 사용이 금지된 컴프리(comfrey) 외에 동의나물, 야백합 등에 있다.

한때 서양에서 착향의 목적으로 이용된 사사프라스(Sasafras) 나무에 있는 사프롤(safrole) 역시 간독성 물질로 알려지면서 식품원료로 사용이 금지되어 있다.

프탈록사이드(Ptaloxide, Ptaquiloside)는 국내에 많이 분포하는 식물 중 하나인 고사리에 존재하며 방광암, 후두암 등의 원인 의심물질로 알려져 있다. 하지만 수용성이라 정상 조리과정에서는 파괴되므로 안전하지만 날로 먹는 동물들에서는 흔하게 발병하는 것으로 알려져 있다.

국내 대표 독초로는 우리나라 주변에 흔한 식물인 미나리아재배과(Ranunculaceae) 식물로 오두(부자), 투구꽃(초오) 등이 있으며, 대표적인 독성분은 아코니틴(Aco-nitine)이며, 증상은 입과 혀가 굳어지고 손발이 저리면서 두통과 현기증을 수반하기도 한다. 일부 가공과정을 거쳐 약용으로 사용하기도 한다.

이들 외에도 국내에서 식품원료로 사용이 불가한 식물성 품목으로 약 72종이 등록되어 있으며, 이들은 여러 부작용으로 인해 식품의 원료로 사용할 수 없다.

〈표 3-8〉 식품의 원료로 사용 불가능한 식물성 품목

	품목명	이명 또는 영명	학명	부위
1	갈매나무	Buckthorn	*Rhamnus cathartica*	-
2	골든실	Goldenseal	*Hydrastis canadensis*	뿌리
3	관동화	-	*Tussilago farfara*	꽃봉오리
4	관중	-	*Dryopteris crassirhizoma*	뿌리줄기와 잎의 잔기
⋮				
70	호미카	마전자	마전(*Strychnos nux-vomica*)	씨

	품목명	이명 또는 영명	학명	부위
71	황련	-	*Coptis japonica* 또는 기타 동속식물	뿌리줄기
72	흰버드나무	White willow bark	*Salix alba*	-

출처: 식품의약품안전처, 식품안전정보포털, 식품원료 목록(http://www.foodsafety.or.kr)

3) 독버섯 식중독

독버섯은 국내 대표적인 자연독 식중독 원인물질로서 증상에 따라 4종으로 구분되며, 초기 위장관 자극 및 위장염 발생, 이후 신장과 간을 용해 또는 적혈구를 파괴하면서 사망에 이르게 하는 세포 파괴성, 아세틸콜린 수용체에 작용하여 마비 등의 신경증상을 발생시키는 신경성, 현기증, 환각증상을 유발하는 향정신성, 간단한 위장염을 발생시키는 위장성으로 분류된다. 이 중 세포 파괴성이 가장 높은 치사율을 가지고 있는 것으로 알려져 있다.

독버섯과 관련된 대표적인 독소와 증상별 구분은 <표 3-9>와 같다. 특히, 세포 파괴성 증상을 나타내는 독소 아마니타톡신(amanitatoxin)을 함유하는 독버섯인 독우산광대버섯, 알광대버섯, 흰알광대버섯은 국내 대표 독버섯이다(그림 3-4). 그 밖에 독버섯에 함유된 유독성분으로는 무스카린(muscarine), 이보텐산(ibotenic acid) 등이 알려져 있다. 특히, 이들 독버섯과 관련 독성물질들은 자연독의 특성인 가열조리에도 파괴되지 않는 성질을 가지고 있다.

식용과 독버섯의 구분에 있어 과거 식용버섯은 색이 화려하지 않고(원색이 아님), 세로로 잘 찢어지며, 곤충이나 벌레가 먹은 흔적이 있으며, 은수저에서 변색이 없다는 등의 속설이 있었으나, 이는 맞는 말이 아니다.

독버섯 중독사고 발생 시, 중독증상이 2시간 이내에만 나타나고 이후에는 나타나지 않을 경우에는 2~3일 이내 대부분 자연 치유되지만, 중독증상이 2시간 이내에 나타나고 8시간 이후에 다시 나타날 경우 매우 심각하며 인체에 치명적이라 할 수 있다. 독버섯 중독사고 발생 시 일반적인 경험에 의한 치료는 삼가야 할 것이며 의료기관에 가서 치료를 받아야 한다.

[그림 3-4] 독버섯인 독우산광대버섯 및 알광대버섯

출처: 아름다운 버섯나라(http://www.mushroom114.or.kr/)

〈표 3-9〉 독버섯의 유독성분과 대표 독버섯

독소	함유버섯	증상
아마니타톡신 (Amanita toxin)	광대버섯, 알광대버섯, 독우산광대버섯	세포 파괴성
무스카린 (Muscarine)	광대버섯류, 무당버섯류, 땀버섯류, 깔대기버섯류	신경성
이보텐산 (Ibotenic acid)	마귀광대버섯, 뿌리광대버섯	향정신성

국내 독버섯의 자연독 식중독 발생 특성을 월별로 보았을 때 12월에서 5월까지는 산에서 버섯의 발생이 적어 잘 발생하지 않지만 9월에 급속도로 증가하여 발생하는 특성이 있다(그림 3-5).

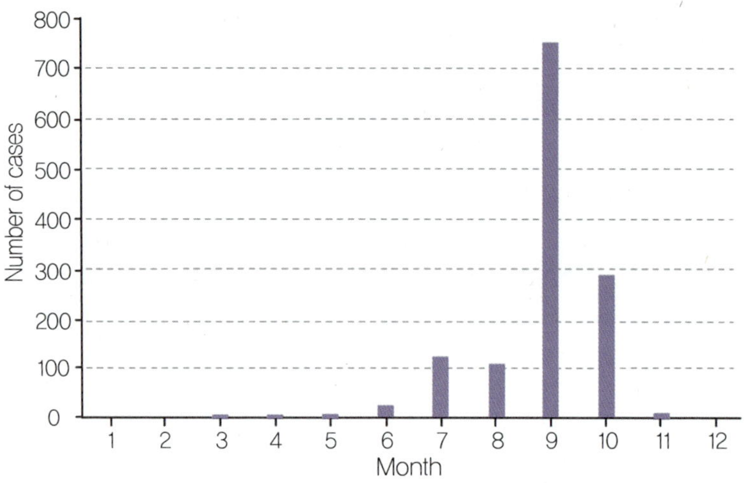

[그림 3-5] 월별 국내 독버섯 발생 환자 수 추이

출처: Park et al.(2016)

4) 어패류 식중독

어류 및 조개류에서 생산된 독소의 섭취에 따라 발생하는 어패류 식중독은 일반적으로 앞서 설명한 식물성 독소보다 독성이 강하다. 독소는 자체 생성보다는 자연환경 자체 내에서의 먹이나 침입한 세균에 의해 합성되므로 일정한 환경에서 생육한 양식의 경우는 자연산보다 독소 생성이 적다. 또한, 일반 가열조리과정에서도 파괴되지 않을 정도의 열 저항성이 높아 가열조리를 하여도 독소는 그대로 어패류에 계속 잔류하게 된다.

(1) 스콤브로독소(Scrobrotoxin, Scombroid)

등푸른 생선(Scombroidea species: 고등어, 참치, 가다랭이, 참치 등 하지만 다른 일반 생선류에서도 발생 가능함)의 부적절한 저장, 보통 15 ℃ 이상에서 보관할 경우 생선류에 오염된 *Morganella morganii*균의 증식으로 histidine decarboxylase가 생성되면서 생선 조직에서 아미노산인 히스티딘(histidine)이 히스타민(histamine)으로 전환되어(그림 3-6) 이 히스타민을 섭취하면서 발생하는 대표적인 어류 식중독이 스콤브로 식중독이다. 생성된 히스티딘은 정상적인 가열조리나 훈연, 염장 등의 제조과정에서도 파괴되지 않는다.

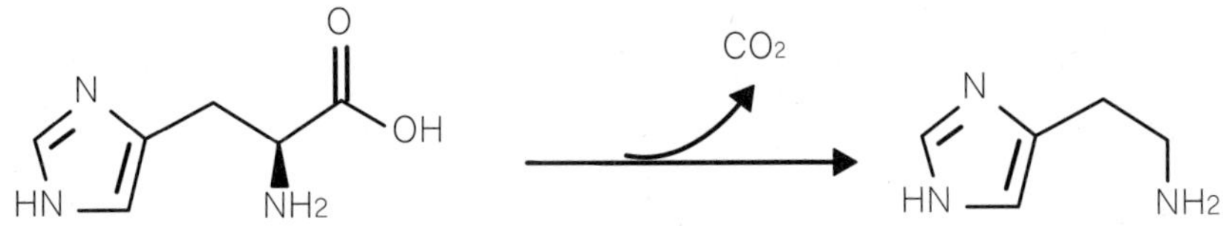

[그림 3-6] histidine의 histamine으로 전환 과정

증상은 히스타민 알레르기 증상으로 피부홍조, 복통, 메스꺼움, 설사 등을 동반하며, 중독 증상은 수분에서 30분 정도 안에 시작된다. 이러한 증상은 보통 짧은 기간 동안에만 지속되며 대개 8~12시간 내에 회복된다.

예방 방법으로, 관련된 생선을 포함하는 수산물을 미생물의 성장을 억제하기 위하여 0~4 ℃ 내에서 보관하여야 하며, 온도관리가 부적절한 것으로 의심되는 수산물은 섭취하지 않는 것이 좋다.

(2) 복어 중독

복어 독은 테트로도톡신(tetrodotoxin)(그림 3-7)이라 하며, 복어 자체가 아닌 자연 상태에서 *Pseudoalteromonas tetraodonis* 등의 세균 섭취로 생성되며, 주로 내장, 생식기관, 혈액, 눈, 알, 껍질 등에 분포한다. 자연산이 아닌 양식의 경우 이들 세균에 의한 오염이 없을 경우 테트로도톡신의 발생 가능성은 낮다.

테트로도톡신은 치사성이 아주 높은(LD_{50}: 334 μg/kg) 신경독성(neurotoxin) 물질로, 신경 채널 단백질에 결합하여 Na^+의 세포 내 이동을 억제하므로 신경전달 및 근육수축을 중단시킨다. 섭취 후 10~30분 후 초기 증상으로 입술과 혀가 마비되고, 이후 언어장애, 지각이상, 운동신경 마비 등을 거쳐 최종적으로는 호흡마비로 사망하기도 한다. 테트로도톡신은 열에 강해 일반적인 가열 조리과정에서 파괴되지 않으며, 복어 독의 중독을 예방하기 위해서는 우선적으로 복조리사 자격증을 소지한 전문 조리사가가 조리한 것만 먹어야 한다.

복어는 우리나라와 일본에서 주로 식용되고 있으며 우리나라 근해의 40여 종의 복어 중 10여 종이 식용으로 이용된다. 대표적인 것으로 검복, 까치복, 황복 등이 있다.

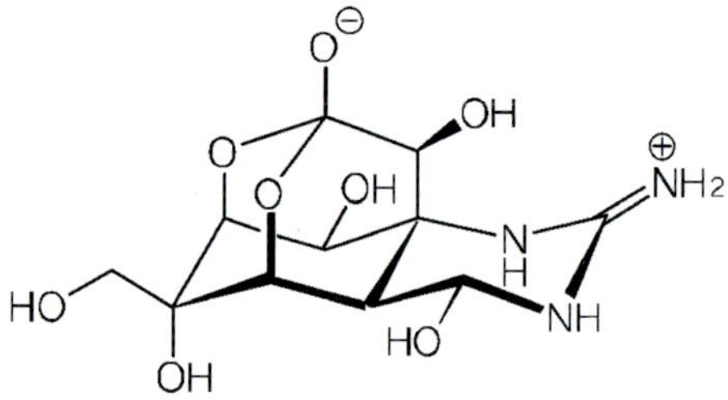

[그림 3-7] 테트로도톡신의 구조

(3) 시구아테라(Ciguatera) 중독

시구아테라는 시구아톡신(ciguatoxin)의 섭취에 따른 중독증상을 말하며, 'Cigua'라는 용어는 쿠바 어류 이름에서 유래되었다. 이 시구아톡신은 열대 및 아열대지역(위도 35° 이상인 인도양과 쿠바 카리브해, 태평양 지역 등)에서 서식하는 부착성 편모 조류(적조 플랑크톤)(*Gambierdiscus toxicus*, *Ostreopsis siamensis* 등)에서 발견된다(그림 3-8). 하지만 이 독소를 가진 조류를 먹이사슬에 의해 섭취한 어류에서도 발생하며, 사람은 주로 이들 독소를 포함하고 있는 어류를 섭취함으로써 시구아테라 중독이 발생한다. 시구아톡신 역시 복어 독인 테트로도톡신과 마찬가지로 가열 조리과정에서 파괴되지는 않는다.

중독 증상은 주로 위장성으로 메스꺼움, 구토, 설사 등의 증상과 신경성으로 현기증, 호흡곤란 등이 포함된다. 초기 증상은 오염된 어류의 섭취 후 30분에서 6시간 이내에 나타난다. 대부분의 증상은 수일 내에 회복되지만 독소가 심하게 농축된 경우 사망할 수도 있다.

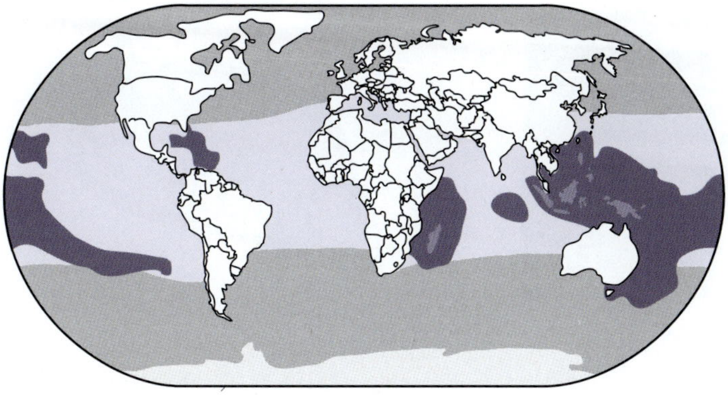

[그림 3-8] 시구아테라 발생해역(보라색은 환자 발생지역, 연보라색은 독소 발생지역)

출처: http://floatingdoctors.com/uncategorized/ciguatera-poisoning/

시구아테라 중독은 세계적으로 수산물과 관련한 가장 많은 중독환자를 발생시키고 있지만 국내에서는 지역적 특징으로 아직 발병사례가 거의 없는 편이다. 하지만 최근 기후 변화 등으로 해수온도가 상승하여 국내에서의 발생 증가를 예측할 수 있으며, 최근 서해 일부 어류에서 시구아톡신 보유 어류가 발견되고 있다는 보고도 있다.

(4) 조개류에 의한 식중독

조개류 식중독(shellfish poisoning)은 일명 패독 또는 패류독소라고도 하며, 가리비, 모시조개, 섭조개, 홍합 등 조개류에 나타나는 독소로, 발생원인은 적조현상의 발생에 따라 번식한 조류, 규조류, 플랑크톤을 조개류가 섭취하여 조개류 체내에 독소가 축적됨으로 나타난다(그림 3-9). 적조현상이 지난 3~6주 후에는 이들 독소가 배설되기도 하지만 최대 2년까지 보유하고 있는 경우도 있다. 조개류 식중독의 대표적인 독소는 마비성 패독과 관련이 있는 삭시톡신(saxitoxin)으로 열에 강하고, 일반 가열 조리과정에서 파괴되지 않는 신경독소로 테트로도톡신과 유사한 증상을 나타낸다.

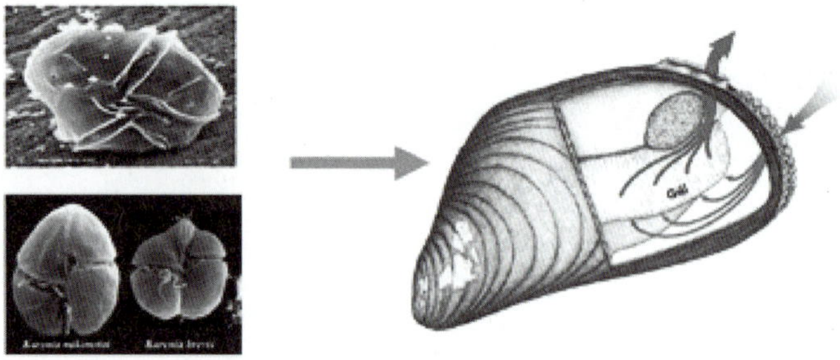

[그림 3-9] 조개류의 조류 섭취로 인한 패독 발생

출처: Introduction: What is saxitoxin?
(https://sites.google.com/site/saxitoxinbiounm/introduction-what-is-saxitoxin)

바다에서 패독 발생은 바다 수온과 밀접한 관계가 있으며, [그림 3-10]에서 보는 바와 같이 바다 수온이 6~16 ℃가 되는 2~6월에 주로 크게 발생하며 수온이 20 ℃가 넘어가는 7~8월에는 거의 발생하지 않는다.

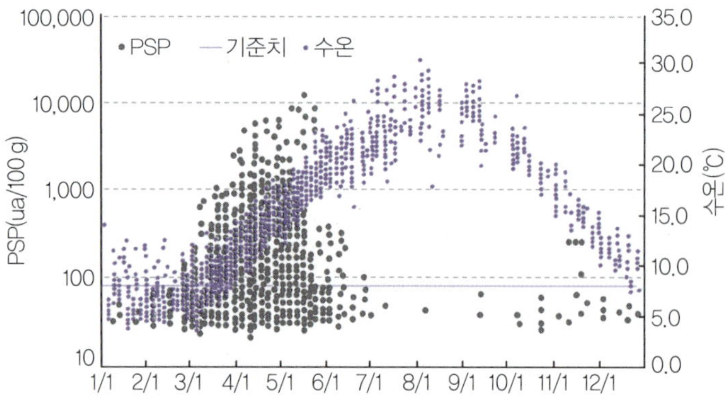

[그림 3-10] 마비성 패독 발생과 바다 수온과의 관계

출처: 국립수산과학원 식품안전연구단(2009)

국내에서의 패류독소 발생은 과거 1990년대 이전에는 남해 부산해역을 중심으로만 발생하였지만 2000년대 이후에는 남해 외에도 서해와 동해상에서도 발생하는 등 전국적으로 확대되고 있는 실정이다(그림 3-11).

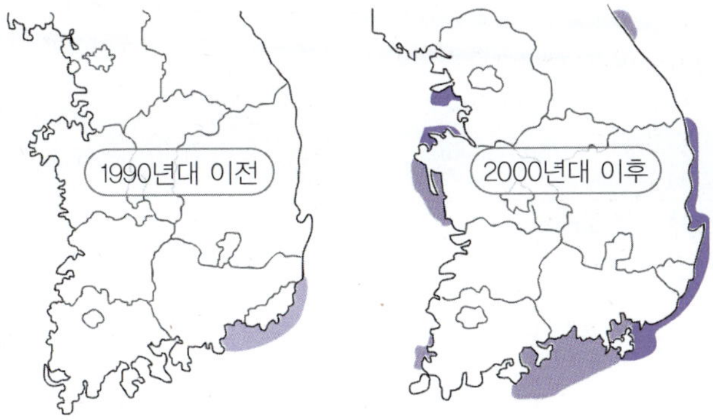

[그림 3-11] 패독 발생해역의 변동

출처: 국립수산과학원 식품안전연구단(2009)

조개류에 의한 식중독은 증상에 따라 <표 3-10>과 같이 분류되며, 이들 증상은 섭취 후 30~60분 정도 후에 발생한다. 현재 국내에서는 주로 마비성과 설사성 패독이 발생하고 있으며, 이에 따라 국내 식품공전상 이들 패독에 대한 허용기준이 있으며, 이 기준을 초과 시 패류채취 및 출하를 금지하고 있다.

〈표 3-10〉 조개류 식중독의 분류

분류	독소	증상	허용기준*
마비성 패독 (paralytic shellfish poisoning: PSP)	삭시톡신 (saxitoxin)	입술을 시작으로 얼굴, 목, 혀, 손발 등에 마비 및 팔, 다리, 목의 무감각과 근육 경련 등	패류 및 피낭류 (멍게, 미더덕, 오만둥이 등) 대상 0.8 mg/kg 이하
설사성 패독 (diarrhetic shellfish poisoning: DSP)	오카다산 (okadaic acid), 디노피시스톡신 (dinophysis toxin)	설사, 구토, 복통과 같은 급성 위장염	이매패류 대상 0.16 mg/kg 이하
기억상실성 패독 (amnestic shellfish poisoning: ASP)	돔산 (domoic acid)	구토, 복통, 설사 등의 증상에 더불어 건망증과 유사한 단기 기억상실, 방향감각 상실 등	

분류	독소	증상	허용기준*
신경성 패독 (neurotoxic shellfish poisoning: NSP)	브레베톡신 (brevetoxin)	구토, 설사 및 얼굴, 목 등의 감각이상 등	

*출처: 식품의약품안전처, 식품공전

그 밖에 조개류 식중독으로서 바지락, 굴, 모시조개와 같은 이매패류 섭취와 관련이 있는 베네루핀(venerupin) 독소와 육식성 권패류인 소라 등과 관련이 있는 테트라민(tetramine) 독소에 의한 중독이 있다.

04 곰팡이독소에 의한 식중독

습도가 높은 장마철에 쌀, 콩, 옥수수, 목초(사료) 등과 같이 건조하면서 탄수화물이 풍부한 식품의 보관 중 이들 식품이 수분을 흡수하여 곰팡이가 발생할 수 있다. 이때 이들 곰팡이에 의해서 생성된 독소를 곰팡이독소(mycotoxin)라 한다. 곰팡이 그 자체는 세척 및 가열 조리과정에서 제거될 수 있으므로 감염 등에 의한 문제가 없지만 곰팡이가 배출하여 식품 중 잔류하게 되는 곰팡이독소들은 열에 매우 강하여 가열을 한다고 해서 절대로 제거되지 않아 실제적으로 큰 위해를 가져다줄 수 있다.

생성 측면에서 볼 때 곰팡이독소는 생산 · 저장단계에서 잘못된 보관관리로 발생할 수 있기 때문에 경우에 따라서는 자연적으로 발생하여 생성되거나 축적된 유독 · 유해물질만을 포함하는 순수한 자연독 식중독의 범위에서 벗어날 수도 있다.

곰팡이의 2차 대사산물인 곰팡이독소의 증상으로는 급성으로 고농도를 섭취할 경우 급성 간 및 신장 기능의 손상, 영양소의 소화 및 신진 대사 변화와 최악의 경우 사망을 일으킬 수도 있다. 하지만 곰팡이독소의 주요 문제는 소량으로 장기간에 걸쳐 섭취하게 되면 암을 유발할 수 있다는 것이다.

곰팡이독소는 일반적으로 세균 등이 성장하기 힘든 더 건조한 산성 식품에서 주로 발견되는데, 수분활성도(Aw) 0.93~0.98과 pH 5.5 이상에서 주로 생성된다. 따라서 곡류 등 관련 식품에 대한 저장 시 건조한 상태로 낮은 수분활성도를 유지한다면 곰팡이독소 생성을 억제할 수 있다.

곰팡이독소를 생성하는 주요 곰팡이로는 아스퍼질러스(*Aspergillus*), 페니실리움(*Penicillium*), 푸사리움(*Fusarium*) 등이 대표적으로 알려져 있으며, 식품에서 주로 발견되는 곰팡이독소는 다음과 같다.

1) 아플라톡신(aflatoxin)

아플라톡신은 *Aspergillus flavus*, *Aspergillus parasiticus*가 생성하는 곰팡이독소로, 다양한 구조를 가지고 있는데(그림 3-12) 구조에 따라 aflatoxin B_1, B_2, aflatoxin G_1, G_2, aflatoxin M_1, M_2로 구분된다. 이들 구조는 대사의 과정에서 변경되는데, 곡류나 사료에 존재하는 aflatoxin B_1이 동물 체내에서 대사되어 우유 속에서는 aflatoxin M_1으로 분비된다. 구조상 B_1, G_1, M_1 그룹은 왼쪽 하단에 있는 furan ring에 이중결합이 있으며, B_2, G_2, M_2 그룹은 없다. furan ring에 이중결합이 있는 그룹이 주로 암을 유발하는 것으로 알려져 있으며, 이들 구조에 따른 분류 중 aflatoxin B_1의 독성이 가장 강하다.

아플라톡신의 생성 최적조건은 수분 16 % 이상, 상대습도 80~85 %, 온도 25~30 ℃이며, 보관과정 초기에 생성되지 않도록 곡류 등 관련식품에 대한 적정보관이 가장 중요하다.

국내에서 아플라톡신의 잔류허용기준은 총 아플라톡신(B_1, B_2, G_1 및 G_2의 합)으로서 곡류, 두류, 땅콩, 견과류 및 그 단순 가공품(분쇄, 절단 등), 된장, 고추장 및 고춧가루 등에 대해서는 15 μg/kg 이하(B_1 10 μg/kg 이하), 아플라톡신 M_1은 제조 · 가공 직전의 원유 및 우유류에 대해 0.5 μg/kg 이하로 규정하고 있다.

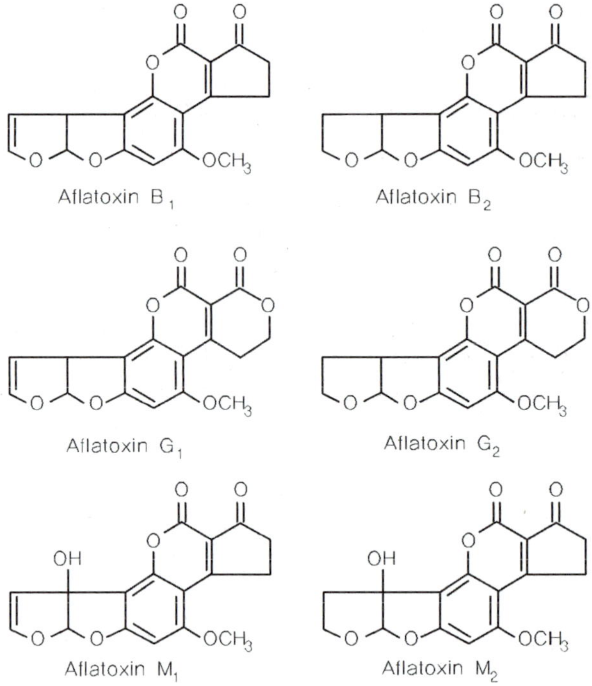

[그림 3-12] 아플라톡신의 구조에 따른 분류

2) 황변미독소(citrinin)

황변미독소인 시트리닌(citrinin)은 쌀을 황색으로 변화시키는 독소로, 원인 곰팡이는 *Penicillium citrininum* 등이며, 건강상 장애로 신장장애를 일으키며, 아플라톡신과 생성 최적조건은 유사하지만 수분에 대한 조건은 약간 낮은 14% 이상이다. 유사한 황변비독소로 시트레오비리딘(citreoviridin)이 있으며, 이는 *Penicillium citreoviride*가 원인 곰팡이이며, 신경독소로 중독되면 호흡장애, 신경장애, 경련, 혈액순환장애 등을 일으킨다.

3) 기타 곰팡이독소

아플라톡신과 황변미독소 외 곰팡이독소로는 맥각독(Ergotoxin), 파툴린(Patulin), 푸모니신(Fumonisins), 제아랄레논(Zearalenone), 오크라톡신(Ochratoxin) 등이 있으며, 각각의 원인곰팡이 및 관련 식품, 증상 등의 특성은 <표 3-11>과 같다.

〈표 3-11〉 기타 곰팡이독소와 원인균 및 특성

곰팡이독소	원인곰팡이	관련 식품 및 증상 등
맥각독 (Ergotoxin)	*Claviceps purpurea*	보리 등에 오염되며, 증상으로 혈관 수축(최종 사지와 수족에 괴저 발생)이 발생하며, 과거 중세시대 크게 발생, 현재는 잘 발생하지 않음
파툴린 (Patulin)	*Pencillium patulum*	사과, 배, 포도 등 상한 과일류에서 주로 발생, 뇌 및 중추신경계 장애 유도, 잔류기준은 사과주스, 사과주스 농축액 등 대상 50 μg/kg 이하임
푸모니신 (Fumonisins)	*Fusarium moniliforme*	옥수수 등에 오염되며, 간암과 식도암 유발
제아랄레논 (Zearalenone)	*Fusarium roseum*	여성호르몬인 에스트로겐과 유사한 구조로, 동물에게는 생식계통에 영향을 미치고, 사람에게서는 유방암과의 관련성 의심
오크라톡신 (Ochratoxin)	*Aspergillus ochraceus*	A, B, C 3종류가 있으며, A의 독성이 가장 강하며, 신장 및 간에 독성 유도

05 기생충에 의한 식중독

기생충에 의한 식중독은 세균성이나 바이러스성 식중독에 비해 발생수준은 낮으나 식품을 매개로 하는 또 다른 생물학적 위해요소라 할 수 있다. 기생충은 살아가기 위해 숙주에 기생하며 숙주로부터 필요한 영양분을 얻으면서 생활한다. 이로 인해 기생충의 인체 영향은 주로 소화방해, 영양결핍 등을 유도한다.

기생충 감염은 토양유래와 식품유래로 구분할 수 있다. 토양유래는 주로 채소류를 통한 경구감염으로 충란(蟲卵)이나 유충을 섭취하여 감염되는 경우로, 회충, 요충, 편충, 십이장충 등이 있다. 이들 토양유래 기생충 감염은 화학비료의 사용과 의약품의 발달로 전파경로가 차단되고 구제가 동시에 이루어져 국내에서의 감염률은 1971년 85 %에서 2002년에는 0.3 % 이하로 감소되었다.

하지만 수산물이나 육류, 물 등을 통한 식품유래 기생충으로 민물고기를 통한 간디스토마를 유발하는 간흡충, 수산물 생식과 관련이 있는 아니사키스(Anisakis), 육류와 관련이 있는 톡소플라스마(Toxoplasma) 등의 식품유래 기생충은 꾸준히 발생하고 있어 식품위생학적으로 관리가 필요하다.

1) 수산물 유래 기생충

주로 수산물 유래 기생충은 담수어에 서식하는 물고기를 중간 숙주로 하여 인체 감염되는 경우로 대표적이면서 감염률이 가장 높은 간흡충(간디스토마: *Clonorchis sinensis*)은 강이나 호수에 서식하는 민물고기(잉어, 붕어 등)를 중간 숙주로 하여 이들을 생으로 섭취할 경우 감염되어 사람 간에 기생, 간경화 및 간암을 유발한다. 그 밖에 개울이나 논에 서식하는 가재 및 게 등을 중간 숙주로 십이지장을 뚫고 폐에 기생하는 폐흡충(*Paragonimus westermani*), 은어, 숭어, 농어 등의 반담수어를 중간 매개로 인체 장내에 기생하는 장흡층(요꼬가와흡충: *Metagonimus yoko-gawai*), 그리고 길이 10 m 정도의 긴 촌충으로 연어, 숭어, 농어 등의 반담수어를 중간 매개로 하여 인체 소장 내에서 기생하는 광절열두조충(긴촌충: *Diphylloboth-rium latum*) 등이 있다.

한편 해산포유류(고래 등) 및 해산어류(조기, 명태 광어 등) 또는 두족류(낙지, 오징어 등) 등의 해양 수산물의 생식과 관련이 있는 기생충으로는 아니사키스(Anisakis)가 있다. 아니사키스는 어류로부터 식품매개 감염과 관련이 있는 선충류이며, 지름은 사람 머리카락 굵기에 길이는 2~4 cm 정도의 크기를 가지고 있다(그림 3-13).

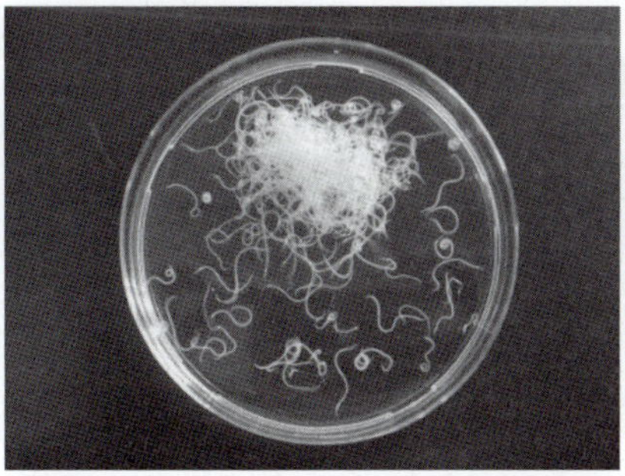

[그림 3-13] 해양 수산물 생식과 관련이 있는 기생충인 아니사키스(Anisakis)

출처: Hay un anisakis tras el cáncer gastrointestinal? (http://www.madrimasd.org/blogs/biocienciatecnologia/2016/04/10/133437)

아니사키스의 감염 증상으로는 위에 부착될 경우 구토와 복부의 통증이 있으며, 목구멍에 부착할 경우 대부분 공통적인 증상으로 기침이 생긴다. 경우에 따라 대장에 부착할 경우에는 날카로운 고통과 발열을 일으키며 맹장염과 유사한 증상을 동반한다.

아니사키스의 감염에 대한 예방은 생식으로 해양 수산물 섭취를 자제하며, 충분히 가열하거나 수산물을 냉동할 경우 대부분은 사멸한다.

2) 육류 유래 기생충

육류 유래 기생충에는 주로 소고기, 돼지고기의 생식과 관련된 기생충으로 두절에 갈고리 유무에 따라 무구조충(아시아조충, 민촌충: *Taenia saginata*)과 유구조충(갈고리촌충: *Taenia solium*)으로 구분되며, 고양이, 쥐, 돼지, 소, 양, 닭, 조류 등 항온동물에서 발견되며, 이들의 분변을 통해 감염된 생식용 육류를 섭취할 경우 감염되는 톡소플라스마(*Toxoplasma godii*)가 있다.

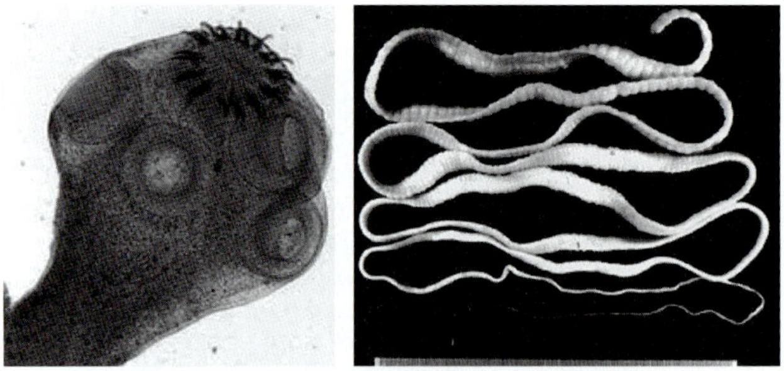

[그림 3-14] 두절에 갈고리가 있는 유구조충

출처: Taenia solium and the leaky brain cyst
(http://microscopicblog.blogspot.kr/2015/03/taenia-solium-and-leaky-brain-cyst.html)
Taenia solium: Its Eating Your Brain!
(http://bio390parasitology.blogspot.kr/2012/03/taenia-solium-its-eating-your-brain.html)

3) 오염된 식수 유래 기생충

오염된 물을 통해 감염되는 기생충으로는 크립토스포리듐(작은와포자충: *Cryptos-porudium parvum*)과 지아르디아(람블편모충: *Giardia lamblia*)가 있다. 이들은 단세포인 원충류이며, 주로 소나 야생동물의 분변에 오염된 물에서 발견되며, 오염된 물을 이용한 채소류를 세척한 경우에도 감염될 수 있다. 주요 증상으로는 심한 설사를 동반하며 수인성 설사 질환의 주요 원인이 된다.

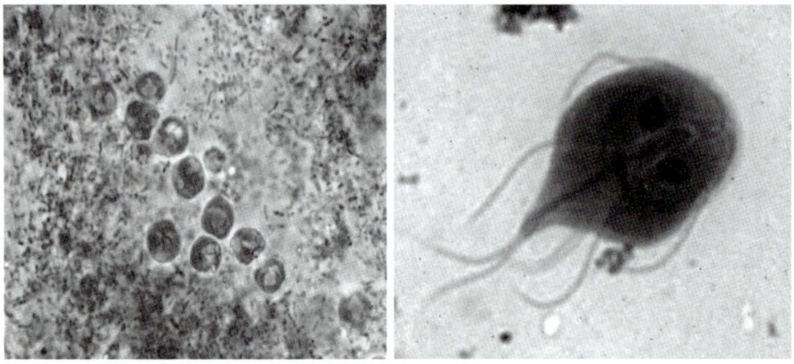

[그림 3-15] *Cryptosporudium parvum*과 *Giardi*

출처: Cryptosporidium parvum (http://parasites.ftz.czu.cz/food/parasite.php?idParasite=73)
Protozoa-Giardia lamblia (http://memorize.com/parasit-lab-quiz-1-2/drraythe)

참고문헌

강동현(2013). 생각이 필요한 식품위생학. 수학사. pp. 136-154.

국립수산과학원 식품안전연구단(2009). 기후변화에 따른 해양생물독소의 영향. 한국보건산업진흥원.

권동혁 · 류정상 · 김성한 · 김수현 · 김연희 · 김종현 · 박상희 · 신나리 · 심수경 · 여상구 · 유재일 · 이점규 · 전정훈 · 정영의 · 정윤석 · 조민희 · 조성학 · 최병선 · 최영실 · 한명국 · 황규잠(2006). 고위험병원체 실험실 진단지침. 질병관리본부 국립보건원. pp. 1-12.

권훈정 · 김정현 · 유화춘(2003). 식품위생학. 교문사. pp. 118-143.

김덕웅 · 정수현 · 염동민 · 신성균 · 여생규 · 조원대(2013). 21C 식품위생학. 수학사. pp. 126-153.

김옥경 · 박인숙 · 방우석 · 범봉수 · 임용숙 · 장재선 · 채기수 · 하상철(2014). 식품위생학. 지구문화사. pp. 200-207.

문창규 · 박민경 · 박영서 · 박영현 · 박훈 · 송은승 · 이숙경 · 이효구 · 임동균 · 장영상 · 조영희 · 홍제훈(2014). 식품위생학. 보문각. pp. 277-313.

박영현 · 박민경 · 박훈 · 송은승 · 고종호 · 조영희 · 홍재훈 · 서영호(2016). 식품위생안전성학. 보문각. pp. 259- 295.

보건복지부 · 질병관리본부(2016). 법정감염병 진단 · 신고 기준. pp. 29-42, 47-56, 79-91, 119-125, 151-172.

서울특별시 식품안전추진단(2010). 식품알레르기: 교육 및 급식 관리매뉴얼.

식품의약품안전처(2016). 식품알레르기 표시 바로알기.

식품의약품안전처 · 식품안전정보포털(http://www.foodsafetykorea.go.kr/)

신동화 · 오덕환 · 우건조 · 정상희 · 하상도(2011). 식품위생안전성학. 한미의학. pp. 105-130.

심창환 · 서현창 · 박헌국 · 김현대 · 김종국(2010). 식품위생학. 문운당. pp. 208-231.

아름다운 버섯나라(http://www.mushroom114.or.kr/)

About Green Potatoes (http://www.simplyrecipes.com/about_green_potatoes/)

Acheson, D., Allos, B. M. (2001). *Campylobacter jejuni Infections: Update on Emerging Issues and Trends*, *32*(8), 1201-1206.

Bottone, E. J. (1999). Yersinia enterocolitica: overview and epidemiologic correlates. *Microbes and*

Infection, *1*(4), 323-333.

Brynestad, S., Granum, P. E. (2002). Clostridium perfringens and foodborne infections. *International Journal of Food Microbiology*, *74*, 195-202.

Cryptosporidium parvum (http://parasites.ftz.czu.cz/food/parasite.php?idParasite=73)

Farberr, J. M., Peterkin, P. I. (1991). Listeria monocytogenes, a Food-Borne Pathogen. *Microbiological Reviews*, *55*(3), 476-511.

Granum. P. E., Lund, T. (1997). Bacillus cereus and its food poisoning toxins. *FEMS Microbiology Letters*, *157*(1997), 223-228.

Hambleton, P. (1992). Clostridium botulinum toxins: a general review of involvement in disease, structure, mode of action and preparation for clinical use. *Journal of Neurology*, *239*(1), 16-20.

Hay un anisakis tras el cáncer gastrointestinal? (http://www.madrimasd.org/blogs/ biocienciatecnologia/2016/04/10/133437)

Hennekinne, J. A., De Buyser, M. L., Dragacci, S. (2012). Staphylococcus aureus and its food poisoning toxins: characterization and outbreak investigation. *FEMS Microbiology Reviews*, *36*(4), 815-836.

Introduction: What is saxitoxin? (https://sites.google.com/site/saxitoxinbiounm/introduction-what-is-saxitoxin)

Kim, J. B., Park, Y. B., Kang, S. H., Lee, M. J., Kim, K. C., Jeong, H. R., Kim, D. H., Yoon, M. Y., Lee, J. B., Oh, D. H. (2011). Prevalence, Genetic Diversity, and Antibiotic Susceptibility of Cronobacter spp. (Enterobacter sakazakii) Isolated from Sunshik, Its Ingredients and Soils. *Food Science and Biotechnology*, *20*(4), 941-948.

Matthew, A. C., Robyn J. L., Roland S., Kristie M. K., Marta W. B., Brett F. (2013). *Recent Advances in Understanding Enteric Pathogenic Escherichia coli.*, *26*(4), 822-880.

McSwane, D. Z., Rue, N. R., & Linton, R. (2003). *Essentials of food safety and sanitation*. Prentice Hall.

Park, M. S., & Bahk, G. J. (2015). Estimate of the prevalence and burden of food poisoning by natural toxic compounds in South Korea. *Food Research Inter-national*, *78*, 108-113.

Patricia T. T., Anatoli F. (2004). The story of Clostridium botulinum: from food poisoning to Botox. *Clinical Medicine*, *4*(3), 258-261.

Protozoa-Giardia lamblia (http://memorize.com/parasit-lab-quiz-1-2/drraythe)

Shaw, I. C. (2012). *Food safety: the science of keeping food safe*. John Wiley & Sons.

Sua, Y.C., Liu, C. (2007). Vibrio parahaemolyticus: A concern of seafood safety. *Food Microbiology*, *24*, 549-558.

Taenia solium and the leaky brain cyst (http://microscopicblog.blogspot.kr/2015/03/ taenia-solium-and-leaky-brain-cyst.html)

Taenia solium: Its Eating Your Brain! (http://bio390parasitology.blogspot.kr/2012/03/ taenia-solium-its-eating-your-brain.html)

Toxins in Potatoes (http://smallbites.andybellatti.com/you-ask-i-answer-toxins-in-potatoes/)

CHAPTER
04

식품매개질환 - 감염병

01 감염병

감염병이란 어떤 질병이 집단적으로 발병하여 유행하는 것으로 병원체, 감염경로(환경), 숙주(사람, 동물)의 감수성 등이 충족되는 경우 환자가 발생하여 유행하게 된다. 이 세 가지 요건 중 하나만 제거하여도 감염을 예방할 수 있기 때문에 병원체, 감염경로, 숙주의 관리가 매우 중요하다.

「감염병의 예방 및 관리에 관한 법률」에 따른 '감염병'이란 다음 각 호의 어느 하나에 해당되는 질환을 말한다(「감염병 예방 및 관리에 관한 법률」, 2023. 6. 29. 일부개정). 감염병의 법적 분류는 <표 4-1>과 같다.

〈표 4-1〉 감염병의 법적 분류(「감염병의 예방 및 관리에 관한 법률」 제2조)

분류	질병명
제1급 감염병	- 생물테러감염병 또는 치명률이 높거나 집단 발생의 우려가 커서 발생 또는 유행 즉시 신고하여야 하고, 음압격리와 같은 높은 수준의 격리가 필요한 감염병으로서 다음 각 목의 감염병을 말한다. 다만, 갑작스러운 국내 유입 또는 유행이 예견되어 긴급한 예방 · 관리가 필요하여 질병관리청장이 보건복지부장관과 협의하여 지정하는 감염병을 포함한다. - 에볼라바이러스병, 마버그열, 라싸열, 크리미안콩고출혈열, 남아메리카출혈열, 리프트밸리열, 두창, 페스트, 탄저, 보툴리눔독소증, 야토병, 신종감염병증후군, 중증급성호흡기증후군(SARS), 중동호흡기증후군(MERS), 동물인플루엔자 인체감염증, 신종인플루엔자, 디프테리아
제2급 감염병	- 전파가능성을 고려하여 발생 또는 유행 시 24시간 이내에 신고하여야 하고, 격리가 필요한 다음 각 목의 감염병을 말한다. 다만, 갑작스러운 국내 유입 또는 유행이 예견되어 긴급한 예방 · 관리가 필요하여 질병관리청장이 보건복지부장관과 협의하여 지정하는 감염병을 포함한다. - 결핵, 수두, 홍역, 콜레라, 장티푸스, 파라티푸스, 세균성이질, 장출혈성대장균감염증, A형간염, 백일해, 유행성이하선염, 풍진, 폴리오, 수막구균 감염증, B형헤모필루스인플루엔자, 폐렴구균 감염증, 한센병, 성홍열, 반코마이신내성황색포도알균(VRSA) 감염증, 카바페넴내성장내세균속균종(CRE) 감염증, E형간염

분류	질병명
제3급 감염병	- 그 발생을 계속 감시할 필요가 있어 발생 또는 유행 시 24시간 이내에 신고하여야 하는 다음 각 목의 감염병을 말한다. 다만, 갑작스러운 국내 유입 또는 유행이 예견되어 긴급한 예방·관리가 필요하여 질병관리청장이 보건복지부장관과 협의하여 지정하는 감염병을 포함한다. - 파상풍, B형간염, 일본뇌염, C형간염, 말라리아, 레지오넬라증, 비브리오패혈증, 발진티푸스, 발진열, 쯔쯔가무시증, 렙토스피라증, 브루셀라증, 공수병, 신증후군출혈열, 후천성면역결핍증(AIDS), 크로이츠펠트-야콥병(CJD) 및 변종크로이츠펠트-야콥병(vCJD), 황열, 뎅기열, 큐열, 웨스트나일열, 라임병, 진드기매개뇌염, 유비저, 치쿤구니야열, 중증열성혈소판감소증후군(SFTS), 지카바이러스 감염증
제4급 감염병	- 제1급감염병부터 제3급감염병까지의 감염병 외에 유행 여부를 조사하기 위하여 표본감시 활동이 필요한 다음 각 목의 감염병을 말한다. - 인플루엔자, 매독, 회충증, 편충증, 요충증, 간흡충증, 폐흡충증, 장흡충증, 수족구병, 임질, 클라미디아감염증, 연성하감, 성기단순포진, 첨규콘딜롬, 반코마이신내성장알균(VRE) 감염증, 메티실린내성황색포도알균(MRSA) 감염증, 다제내성녹농균(MRPA) 감염증, 다제내성아시네토박터바우마니균(MRAB) 감염증, 장관감염증, 급성호흡기감염증, 해외유입기생충감염증, 엔테로바이러스감염증, 사람유두종바이러스 감염증
인수공통 감염병	동물과 사람 간의 상호 전파되는 병원체에 의하여 발생되는 감염병으로 질병관리청장이 고시하는 감염병

02 경구감염병

식품, 손, 기구, 음용수, 위생동물 등에 오염되어 있던 감염성 병원체가 입(경구)을 통하여 인체에 침입하여 질병을 일으키는 것을 '경구감염병'이라 하며 주로 소화기계에 감염되기 때문에 소화기계 감염병이라고도 한다. 그러나 경구감염병 병원체인 폴리오(소아마비)처럼 소화기계에 감염을 일으키지 않고 신경계통에 감연을 일으키는 경우도 있다.

1) 병원체 종류와 감염경로

(1) 병원체의 종류

경구감염병의 원인 병원체는 세균, 바이러스, 기생충으로 나눌 수 있고 병원체와 사람(숙주) 사이에 감염고리를 형성하고 매우 적은 균수로도 감염된다. 또한, 사람 간 전파도 가능하여 2차, 3차 감염이 나타나는 경우도 있다.

(2) 감염경로

1 식품에 의한 감염

세균, 바이러스, 기생충 등 병원체에 오염된 식품을 섭취하였을 때 일어나는 감염병으로 장티푸스, 파라티푸스, 이질, 콜레라 등이 있다.

2 물에 의한 감염

세균, 바이러스, 기생충 등 병원체에 오염된 물을 음용하였을 때 일어나는 감염병으로 장티푸스, 파라티푸스, 이질, 콜레라, 유행성 간염 등이 있다.

3 매개동물에 의한 감염

곤충이나 쥐 등 위생해충과 위생동물을 매개체로 전염되는 감염병으로 대부분의 감염은 식품과 물에 의해서 발생하나 환자 또는 보균자와의 접촉에 의한 직접 감염도 발생한다. 그 외 환자 또는 보균자의 분뇨나 배설물에 의해 감염되는 경우도 있다.

03 주요한 경구감염병

병원체에 따른 경구감염병은 크게 세균성, 바이러스성, 기생충성으로 구분되며 감염경로, 임상증상, 예방 및 관리방법 등에 차이가 있다.

1) 세균성 경구감염병

(1) 콜레라(Cholera)

콜레라는 인도 토착질환으로 19세기 이후 21세기 초까지 세계적으로 수차례 유행하였다. 1991년 남아메리카 10개국에서 39만 명의 환자가 발생하였고 2014년 47개국에서 12만 명의 환자가 발생하였다. 우리나라에서는 1963년부터 최근까지 콜레라 환자가 발생하고 있는데 2001년 전국적으로 162명의 환자가 발생한 후 대부분의 환자는 해외에서 유입된 것으로 보고되고 있다. 그러나 2016년 남해안에서 콜레라 환자가 발생하는 등 지구온난화에 따른 국내 콜레라 환자 발생 위험이 증가하고 있어 주의가 필요하다. 콜레라는 설사가 주 증상으로 나타나며 전염력이 매우 높아「감염병의 예방 및 관리에 관한 법률」에 제1군 감염병으로 분류되어 있다.

[1] 병원체

*Vibrio cholerae*균은 그람 음성 막대균으로 편모를 가지며 포자를 형성하지 않는다. 감염을 일으키는 주요 병원체는 *V. cholerae* O1 균과 *V. cholerae* O139 균이다.

[2] 감염경로

위생환경이 열악했던 시기에는 환자의 분변, 구토물 등으로 오염된 물에 의한 수인성 감염이 대부분을 차지하였으나 최근에는 어패류 등 오염된 식품 섭취로 감염, 전파된다. 대부분의 환자는 회복된 후 2~3일 정도만 균을 배출하나 드물게 수개월간 균을 배출하는 보균자도 있다.

[3] 증상

잠복기는 섭취한 병원체 균수에 따라 다르나 6시간에서 5일(통상 24시간 이내)로 알려져 있으며 증상으로는 갑작스런 쌀뜨물 같은 심한 설사 후 복통을 나타낸다. 무증상 감염환자의 경우 감염균수가 적으나 환자의 경우 분변 중 10^8 CFU/g 이상이 된다.

4 예방방법

환자는 설사 증상이 소실된 후 48시간까지 격리 치료되어야 하며 환자 및 보균자 배설물에 의한 교차오염 가능성을 차단하기 위해 철저한 개인위생 관리가 필요하다. 어패류의 생식을 피하고 음식물은 충분히 열처리하여 섭취하도록 한다. 콜레라 발생지역 여행 시 물은 반드시 끓여서 섭취하여야 한다.

(2) 장티푸스(Typhoid fever)

장티푸스는 「감염병의 예방 및 관리에 관한 법률」에 제1군 감염병으로 분류된 급성 전신성 열성 질환으로 전 세계적으로 발생하며 특히 아시아, 아프리카, 라틴아메리카에서 많이 발생한다. 국내에서도 지속적으로 환자가 발생하고 있다. 환자에서 다양한 혈청형의 병원체가 분리된다.

1 병원체

Salmonella Typhi균은 그람 음성 막대균이며 편모가 있어 운동성이 있다. 균체항원(O)과 편모항원(H)에 따라 다양한 혈청형으로 분류된다. 보통 대변에서 60시간 내외, 물에서 15일, 얼음에서 3개월 정도까지 생존 가능하나 60 ℃에서 20분간 가열살균하면 사멸된다.

2 감염경로

환자나 보균자의 혈액, 배설물에 의해 균이 배출되고 배설물에 오염된 음식물이나 물에 의해 전파된다. 치료 후에도 수일에서 수주일까지 균이 배출되고 치료하지 않을 경우 발병 후 3개월까지 균이 배출된다. 임상증상을 나타내지 않는 건강한 사람도 보균하는(건강보균자) 경우가 있다.

3 증상

일반적으로 잠복기는 10~14일(3~21일) 정도로 감염 정도에 따라 증상이 다르다. 지속적인 고열(2주간), 피부 발진, 두통이 생기고 간장비장종대와 서맥증상이 나타난다. 적절한 항생제 치료를 받지 못하면 장 천공, 담낭염 등의 합병증이 발생하고 사망률이 10~20 %에 이르게 된다.

[4] 예방 및 관리

손 씻기 등 철저한 개인위생 관리와 위생동물에 의한 오염을 예방하여야 하며 식품원료 및 환경으로부터 교차오염을 예방하기 위한 철저한 환경위생 관리가 필요하다. 대변배양검사를 통한 설사 환자와 건강보균자 추적관리가 필요하며 회복 후에도 24시간 간격으로 3회 대변배양검사에서 음성을 확인하여야 한다.

(3) 파라티푸스(Paratyphoid fever)

장티푸스와 임상증상이 유사하나 발병기간, 증상, 사망률이 장티푸스에 비하여 낮다. 2004년 이후 국내에서 50명 내외의 환자가 매년 발생하는 급성 전신성 발열질환이다. 「감염병의 예방 및 관리에 관한 법률」에 제1군 감염병으로 분류되어 있다.

[1] 병원체

Salmonella Paratyphi균은 그람 음성 막대균으로 편모가 있어 운동성을 가진다. 혈청형은 A, B, C 세 가지 형이 알려져 있으나 A, C형만이 사람에게 감염된다. 장티푸스균과 매우 유사하여 물과 대변에서 각각 15일, 60시간까지 생존 가능하다.

[2] 감염경로

주로 감염환자나 보균자의 배설물에 오염된 식품, 물을 섭취하거나 병원체에 오염된 환경가건물 등을 통해 간접적으로 감염되기도 한다.

[3] 증상

일반적으로 잠복기는 10~14일(3~21일) 정도로 지속적인 고열, 두통이 생기고 간장비장종대와 서맥증상이 나타난다. 적절한 항생제 치료를 받지 못하면 장 천공, 담낭염, 뇌병증 등의 합병증이 발생한다.

④ 예방방법

장티푸스와 동일하게 철저한 개인위생과 환경위생 관리가 필요하다.

(4) 세균성 이질(Shigellosis)

세균성 이질은 *Shigella*속 세균에 의해 발생하는 급성 염증성 장염질환으로 「감염병의 예방 및 관리에 관한 법률」에 제1군 감염병으로 분류되어 있다. 세균성이질에 의한 사망자가 세계적으로 연간 60만 명 이상 보고되고 있으며 국내 발생 환자 수는 1998년 906명에서 2005년 317명으로 감소하는 추세이나 국외유입 사례가 2001년 1%에서 2012년 47%로 증가하는 추세이다.

① 병원체

*Shigella*속은 장내세균과에 속하는 그람 음성 막대균으로 포자를 형성하지 않는다. 균체항원(O)과 당의 발효형태에 따라 *S. dysenteriae*(A 혈청군), *S. flexneri*(B 혈청군), *S. boydii*(C 혈청군)와 *S. sonnei*(D 혈청군)로 분류된다. 네 가지 균종 중 혈청군 A가 병원성이 가장 강하고 혈청군 D가 가장 약한 것으로 보고되고 있다. 선진국에서는 혈청군 D가, 후진국에서는 혈청군 A가 주로 발생한다.

② 감염경로

대부분 비위생적인 식품과 음용수에 의해 감염되고 적은 수(10~100개)의 세균으로도 감염되기 때문에 환자나 보균자와의 직접 또는 간접적인 접촉으로도 전염된다. 가족 간의 2차 감염에 의한 발병률이 10~40 %로 높게 보고되고 있다.

③ 증상

잠복기는 12시간에서 7일까지(보통 1~3일)이며 고열, 복통, 구토를 동반한 설사가 주 증상이다. 때때로 경련, 두통, 환각 등의 중추신경계 증상이 나타날 수 있다. 설사 증상에 따라 이질형(dysenteric type), 설사형(diarrhea type), 콜레라형(choleric type)으로 구분된다. 이질형은 고열을 동반한 물과 같은 설사를 나타내고, 콜레라형은 심한 탈수 증상을 나타낸다. 설사형은 수차례의 설사를 동반하는 경미한 증상이다. 합병증으로 용혈성요독증후군, 폐렴 등을 동반하기도 한다. 임상증상이 나타난 후 보통 4주까지 전염이 가능하나 드물게 수개월 이상 무증상 보균하며 전염력이 있는 경우도 있다.

4 예방방법

가열 살균으로 대부분 병원체를 사멸시킬 수 있고 손 씻기 등 철저한 개인위생관리가 필요하다. 환자를 격리치료하고 설사 환자가 식품을 취급하지 못하도록 한다. 설사가 소실되거나 항생제 치료가 종료된 후 48시간이 경과한 시점에서 24시간 간격 2회 대변배양검사에서 균이 검출되지 않아야 격리를 해제한다.

(5) 디프테리아(Diphtheriae)

디프테리아균에 의해서 발생하는 급성, 독소 매개성 호흡기 감염병으로 예방접종으로 발생을 방지할 수 있다.「감염병의 예방 및 관리에 관한 법률」에 따라 제2군 감염병으로 분류되어 있다. 1987년 이후 국내 발생 보고가 없다.

1 병원체

원인균인 *Corynebacterium diphthereae*는 그람 양성, 막대균으로 편모가 없고 포자를 형성하지 않는다. 열과 빛에 약하여 58 ℃, 10분간 가열하면 사멸한다.

2 감염경로

잠복기는 통상 2~7일이고 주로 감염자의 분비물, 비말 등이 인후(편도선) 부위나 피부에 감염되어 질병을 일으킨다. 때때로 환자 분비물에 오염된 식품을 매개로 전염되기도 한다.

3 증상

잠복기는 평균 2~7일 정도이고 상기도(코, 편도, 후드 등)를 침범하여 발열과 함께 염증을 일으킨다. 합병증으로 심근염, 호흡기 폐색을 일으키며 때때로 피부와 결막을 침범하기도 한다.

4 예방방법

환자와 보균자 격리를 통한 접촉 차단과 식품에 오염 방지가 중요하다. 또한, 생후 2개월부터 2개월 간격으로 3회 DTap 백신을 접종하고 생후 15~18개월 사이와 4~6세에 추가 접종을 실시하면 예방 가능하다.

(6) 성홍열(Scarlet fever)

β-용혈성 연쇄상 구균(group A)의 외독소에 의한 급성 발열성 피부질환으로 온대지역 6~12세 아동에게 주로 발생하며 국내에서도 지속적으로 발생하고 있다. 「감염병의 예방 및 관리에 관한 법률」에 의하여 제3군 감염병으로 분류되어 있다.

1 병원체

병원체는 *Streptococcus pyogenes*이며 그람 양성의 연쇄상 구균으로 유제품, 아이스크림, 물 등 자연계에 널리 분포되어 있다. 용혈성에 따라 α, β, δ 3가지로 구분되며 β-용혈성 연쇄상 구균의 병원성이 가장 강하다.

2 감염경로

환자나 보균자 분비물이나 비말에 직접 접촉하는 것이 주요 감염경로이고 드물게 식품을 통해서도 감염된다.

3 증상

39 ℃ 이상의 갑작스런 발열을 동반한 인두통, 두통, 구토, 복통, 인두염의 증상을 일으킨다. 합병증으로 류마티스열, 급성사구체신염, 중이염, 기관지 폐렴 등을 일으키기도 한다.

4 예방방법

항생제 투여로 치료가 가능하나 최근 에리스로마이신 내성균주가 증가하고 있다. 환자의 조기 발견 및 치료가 중요하다. 항생제 치료 후 24시간까지 보육시설과 학교로 등원 및 등교를 제한하여야 한다.

2) 바이러스성 경구감염병

(1) 급성회백수염-소아마비(Poliomyelitis)

폴리오(polio) 또는 소아마비로 불리는 급성회백수염은 폴리오바이러스가 중추신경계를 침범하여 급성 이완성 마비를 일으키는 감염병으로 유일하게 사람에게만 증상을 나타내며 불현성 감염부터 마비까지 증상이 다양하다. 1983년 5명의 환자발생 보고 이후 국내 환자발생이 보고되지 않았다.「감염병의 예방 및 관리에 관한 법률」에 의하여 제2군 감염병으로 분류되어 있다.

1 병원체

Picornaviridae과의 Enterovirus속의 Poliomyelitis 바이러스로 24~30 nm 크기이며 피막이 없고, RNA만 갖고 있는 바이러스이다. 이 바이러스는 열에 약해 55 ℃, 30분 간 가열살균, 염소, 자외선 등에 의해 불활성화된다.

2 감염경로

환자 분변에 의한 경구감염과 직접 접촉에 의한 감염이 주요 전파경로이다. 위장관에서 1차 증식한 후 중추신경계로 진출하여 신경마비를 일으킨다.

3 증상

주로 불현성 감염과 발열, 권태감, 두통 등의 비특이적 열성질환을 나타낸다. 잠복기는 비마비성 폴리오가 3~6일, 마비성 폴리오가 7~21일이며 초기에 발열, 인후통, 권태감, 구토, 사지통증 등이 나타난 후 마비현상이 온다.

4 예방방법

항바이러스 치료제는 아직 개발되지 않았으며 예방접종이 최선의 방법으로 생후 2, 4, 6개월과 만 4~6세에 접종한다. 경구접종, 백신주사 등이 있다.

(2) 바이러스성 간염

간염을 일으키는 바이러스는 현재까지 A, B, C, D 및 E형이 보고되고 있으며 A형은 「감염병의 예방 및 관리에 관한 법률」에 의하여 제1군 감염병으로 분류되고, B형은 제2군 감염병으로 분류되어 있다. 음식물을 통한 전파가 가능한 A, E형 간염 바이러스가 식품위생 측면에서 매우 중요하다.

[1] 병원체

바이러스 종류에 따라 A형은 Picornaviridae과 Hepatovirus속(Hepatitis A virus), B형은 Hepadnaviridae과 Orthohepadnavirus속(Hepatitis B virus), C형은 Hepatitis C virus, D형은 Hepatitis D virus, E형은 Hepatitis E virus로 구분하고 있다.

[2] 감염경로

A형: 환자의 분변, 오염된 음식물 등에 의해서 경구로 감염되거나 혈액, 주사기를 통해서도 감염된다. 특히, 오염된 물에서 수확한 생식품이나 약간만 조리된 굴과 대합을 섭취할 경우, 오염된 물로 재배하거나 세척한 생채소를 섭취할 경우 감염된다. 또한, A형 간염바이러스에 감염된 작업자가 식품을 잘못 취급하여 바이러스를 전파하면 잠재적 위험 식품이 발생한다.

B형: 바이러스를 보유한 산모로부터 신생아가 감염되는 수직감염과 혈액, 타액 등의 접촉에 의해 감염되는 수평감염이 대표적이다.

C형: 비경구적 감염으로 수혈에 의한 감염이 90% 이상이다.

D형: 전파경로가 B형 간염과 유사하고 약물 사용과 연관되기도 한다.

E형: 전파경로가 A형 간염과 유사하고 음용수에 의한 전파가 가능해 대규모로 감염자 발생이 가능하다.

3 증상

A형: 잠복기는 평균 28일이며 발열, 식욕감퇴, 구역, 구토, 복통, 쇠약감, 설사 등의 증상이 나타난다. 6세 이하 소아에서는 불현성 감염이 50% 이상이나 연령이 증가할수록 임상증상이 심해진다.

B형: 급성의 경우 오심, 식욕부진, 근육통 등의 증상이 나타나고 간장비대, 황달 증상이 나타난다. 간혹 무증상 감염도 나타난다.

C형: 초기 80%의 환자가 무증상이나 전신권태, 식욕감퇴, 복통, 구토 등의 증상이 나타나고 만성화될 가능성이 높다.

D형: 황달, 권태감, 식욕감퇴 등 급만성 간질환을 일으키며 간경변으로 진행되기도 한다.

E형: 황달, 메스꺼움, 구토, 복통, 발진, 설사, 가려움증이 나타난다.

4 예방방법

A형: A형 간염 백신 주사로 예방이 가능하며 식수 및 하수 등 공중위생시설관리와 손 씻기 등 개인위생 관리를 철저히 하여야 한다.

B형: B형 간염 백신 주사로 예방이 가능하며 신생아 예방접종이 매우 중요하다.

C형: 백신이 개발되지 않아 수혈 등의 혈액관리와 칫솔, 면도기 등 개인용품의 공동사용을 지양하여야 한다.

D형: B형 간염백신 주사로 예방이 가능하다.

E형: 백신이 개발되어 있지 않아 음용수 관리와 철저한 개인위생 관리가 필요하다.

04 동물매개 감염병

1) 페스트(Pest)

설치류에 기생하는 쥐벼룩에 물려 감염되며 세계적으로 연평균 2,500여 명이 발생하고 있다. 흑사병(black death)이라고도 하며 국내 환자발생 사례는 아직 보고되지 않았다. 아프리카, 아시아, 아메리카 등 전 세계에 퍼져 있다.「감염병의 예방 및 관리에 관한 법률」에 의하여 제4군 감염병으로 분류되어 있다.

1 병원체

병원균은 *Yersinia pestis*로 그람 음성 막대균으로 운동성과 포자가 없다. 통성혐기성균으로 40 ℃까지 생육이 가능하다.

2 감염경로

쥐 등의 설치류에 기생하는 쥐벼룩에 물려 감염되거나 폐 페스트 환자가 배출하는 비말을 통해서 감염될 수 있다. 최근 애완동물과 감염된 야생동물에 의한 감염사례가 보고되고 있다. 우리나라에는 아직까지 발병 사례나 페스트균에 오염된 설치류가 발견되지 않았다.

3 증상

페스트균에 의한 증상은 림프절 페스트, 패혈증 페스트, 폐 페스트로 대별되며 사람 페스트의 80~90 %는 림프절 페스트이다. 림프절 페스트는 쥐벼룩에 물린 후 1~6일째 통증을 동반한 림프절 종창, 두통, 저혈압 등의 증상이 나타난다.

4 예방법

환자와의 접촉을 차단하고 쥐벼룩에 물리지 않도록 한다.

2) 일본뇌염(Japanese encephalitis)

일본뇌염 바이러스를 가지고 있는 빨간 집모기에 의해 전파되는 인수공통 감염병으로 국내에서도 매년 20명 정도 지속적으로 환자가 보고되고 있다. 모기가 뇌염 바이러스를 갖고 있는 돼지, 말 등의 피를 빨고 사람을 흡혈할 때 바이러스가 이행된다. 「감염병의 예방 및 관리에 관한 법률」에 의하여 제2군 감염병으로 분류되어 있다.

1 병원체

Flavivirus속에 속하는 Japanese encephalitis virus로 단일 가닥의 RNA를 갖고 있는 직경이 40~50 nm인 구형 바이러스이다.

2 감염경로

모기가 Japanese encephalitis virus에 감염된 동물의 피를 흡혈할 때 감염된 후 감염된 모기가 사람을 흡혈할 때 타액을 통해 바이러스가 사람에게 감염된다.

3 증상

대부분 불현성 감염으로 증상이 나타나지 않으나 250명당 한 명 정도가 증상을 나타낸다. 잠복기는 7~14일이며 갑작스런 발열로 체온이 39 ℃ 이상이 된다. 발병 초기에는 두통, 발열 후 의식장애, 경련, 혼수 등을 일으킨다. 사망률이 높고 회복되어도 1/3 정도 환자에서 후유증이 발생한다.

4 예방법

모기에 물리지 않도록 하는 것이 최선의 방법이고 아직까지 치료제는 개발되지 않았지만 예방접종을 통해 예방이 가능하다.

3) 뎅기열(Dengue fever)

모기가 매개하는 뎅기 바이러스(Dengue virus)에 의한 급성 발열성 질환으로 뎅기 출혈열과 출혈에 혈압까지 저하되는 뎅기 쇼크증후군으로 분류된다. 「감염병의 예방 및 관리에 관한 법률」에 의하여 제4군 감염병으로 분류되어 있다.

1 병원체

Flavivirus속의 Dengue virus로 단일가닥 RNA로 되어 있다.

2 감염경로

사람 간 전파는 아직 보고되지 않았고 감염된 사람의 혈액을 흡혈한 모기에 의해 다른 사람에게 전파될 수 있다. 주요 매개모기는 흰줄숲모기(Aedes albopictus) 등이 있다.

3 증상

평균 잠복기는 3~8일이며 갑작스런 고열과 함께 근육통, 관절통, 출혈 등이 나타난다. 증상은 대부분 가볍지만 사망률이 약 5 %에 이른다. 국내에서 신고된 환자 대부분은 동남아시아 지역에 체류 중 감염된 국외 체류 감염자로 분류되고 있다.

4 예방방법

모기에 물리지 않는 것이 최선의 방법이다.

05 인수공통 감염병(Zoonosis)

인수공통 감염병이란 동물과 사람 간에 전염되는 병원체에 의해 발생하는 감염병을 지칭하며 인수공통 병원체에 오염된 식육과 우유를 섭취하였을 경우나 감염 동물과 직접 접촉하였을 경우 감염된다.

〈표 4-2〉 인수공통 감염병의 종류와 원인균

병명	병에 감염되는 동물	병원체
결핵(Tuberculosis)	소, 산양	*Mycobacterium tuberculosis*
조류인플루엔자 (Avian influenza)	가금류, 야생조류	Avian influenza virus A
프리온성 질병 (Bovine spongiform encephalopathy)	소	Abnormal prion protein
브루셀라증(Brucellosis)	소, 돼지, 양, 염소, 개	*Brusella melitensis* *Brusella suis* *Brusella abortus* *Brusella canis*
탄저(Anthrax)	소, 양, 염소, 돼지	*Bacillus anthracis*
렙토스피라(Leptospirosis)	쥐, 소, 돼지, 개	*Leptospira interrogans*
공수병(Hydrophobia)	너구리, 박쥐, 개, 고양이	*Rabies virus*
Q 열(Q-fever)	소, 양, 사슴, 개, 고양이	*Coxiella burnetii*
야토병(Tularemia)	산토끼, 사향쥐, 다람쥐	*Pasteurella tularensis*

1) 주요 인수공통 감염병

(1) 결핵(Tuberculosis)

신체의 모든 부분에 침범하여 전신 감염증을 나타내며 특히 폐에 침범률이 높다. 국내에서 매년 약 3만여 명의 환자가 새로이 보고되고 「감염병의 예방 및 관리에 관한 법률」에 의하여 제3군 감염병으로 분류되어 있다.

1 병원체

사람에게 결핵을 일으키는 *Mycobacterium tuberculosis*는 그람 양성 막대균으로 80 ℃ 이상에서 5분간 가열하면 사멸한다. *Mycobacterium bovis*는 사람과 소에 결핵을 일으키는 인수공통 결핵균이다. 결핵균은 사람에게 감염되는 것(human type), 소에 감염되는 것(bovine type), 조류에 감염되는 것(avian type)이 있다.

2 감염경로

주로 활동성 폐결핵환자의 비말 접촉에 의해 감염된다. 결핵균에 오염된 우유, 소고기 등에 의해 감염될 수 있으며 사람이 소를 감염시킬 수도 있다.

3 증상

결핵은 침범한 부위에 따라 증상이 다르나 일반적으로 발열, 전신피로감, 체중 감소가 나타난다. 폐결핵인 경우 기침, 가래 증상이 주를 이루고 폐 외 결핵은 두통, 오심, 흉통 등이 나타난다.

4 예방법

흉부 X-선 촬영과 객담 검사에서 결핵균이나 결핵균 핵산을 검출하여 감염 여부를 확인한다. 모든 신생아에게 생후 1개월 이내 비씨지(Bacillus Calmette Guerin: BCG)를 예방접종한다.

(2) 조류 인플루엔자(Avian influenza: AI)

신종플루라고 지칭되던 조류 인플루엔자는 철새 등 야생 조류와 가금류에 발생하는 전염병으로 고병원성(H5N1)인 경우 사람을 감염시킬 수도 있어 주의가 필요하다.

1 병원체

인플루엔자 바이러스는 일반적으로 표면항원유전자인 HA(hemagglutinin)와 NA (neuraminidase)를 가지고 있으며 사람과 조류에게 질병을 일으키는 고병원성 인플루엔자 바이러스는 avian influenza virus A(H5N1)로 알려져 있다.

2 감염경로

감염된 철새나 가금류의 배설물이나 분비물에 의해서 전파되며 인체 감염의 경우 대부분 가금류와 직접 접촉하는 관계자에서 발생한다.

③ 증상

감기나 독감과 비슷한 고열(38 ℃ 이상), 기침, 인후통, 호흡곤란 등의 하부호흡기감염 증상을 나타낸다.

④ 예방법

아직 완벽한 치료제가 개발되지 않아 감염된 가금류와 접촉하지 않는 것이 최상의 예방법이다.

(3) 프리온성 질병(Bovine spongiform encephalopathy: BSE)

일명 광우병으로 알려져 있는 BSE는 프리온(prion)이라는 변형 단백질이 소에게 해면상 뇌 병변을 일으키는 질병이다. BSE에 감염된 소를 섭취할 경우 사람에게 변종크로이츠펠트 야콥병(variant Creutzfeldt-Jakob Disase: vCJD)이 발생한다. 「감염병의 예방 및 관리에 관한 법률」에 의하여 제3군 감염병으로 분류되어 있다.

① 병원체

병원체는 정상 프리온 단백질의 아미노산 서열이 변형된 변형 프리온 단백질(abnormal prion protein)이다.

② 감염경로

vCJD는 광우병에 걸린 소고기 섭취가 직접적 원인으로 조사되고 있으며 변형 프리온 단백질이 축적되는 소의 뇌, 척수 등을 특정 위험 물질로 분류하고 이다.

③ 증상

인간에게 나타나는 vCJD는 초기에 우울증, 불안감 등의 이상증상과 감각이상 현상이 나타난다. 팔, 다리의 감각이상이 나타난 후 운동실조, 무언증을 일으키고 발병 후 평균 14개월 내에 사망한다. 잠복기가 2년에서 30년으로 매우 다양하게 나타난다.

④ 예방방법

변형 프리온 단백질이 축적되는 소의 뇌, 골, 척수 등 위험부위를 섭취하지 말아야 한다.

(4) 브루셀라증(Brucellosis)

파상열(undulant fever)로 지칭되는 브루셀라증은 전 세계적으로 발생하며 국내에서도 매년 10여 명의 환자가 지속적으로 발생하고 있다. 「감염병의 예방 및 관리에 관한 법률」에 의하여 제3군 감염병으로 분류되어 있다.

① 병원체

원인균은 *Brucella melitensis*(양, 염소), *B. abortus*(소), *B. suis*(돼지), *B. canis*(개), *B. maris*(해양생물) 등으로 그람 음성, 포자를 형성하지 않는 구균이다.

② 감염경로

인수공통 감염병으로 감염된 동물 또는 동물의 분비물이 피부 상처에 접촉하거나 비말흡입 등으로 감염될 수 있다. 멸균되지 않은 유제품을 섭취하거나 드물게 육류 섭취를 통해 감염될 수 있다. 수혈 등을 제외하고 사람 간 감염 환례는 보고되지 않았다.

③ 증상

침범한 장기에 따라 증상이 다양하나 대부분 발한, 피로, 식욕부진, 두통 증상을 나타낸다.

④ 예방방법

예방접종을 통해 가축 브루셀라증을 예방하고 살균되지 않은 고기, 우유 등을 섭취하지 말아야 한다.

(5) 탄저병(Anthrax)

인수공통 질환으로 감염된 소, 양, 돼지 등에 의해 사람에게 이행된다. 2000년 경남 창녕에서 발생한 이후 국내 발생보고가 없다. 「감염병의 예방 및 관리에 관한 법률」에 의하여 제3군 감염병으로 분류되어 있다.

1 병원체

*Bacillus anthracis*는 그람 양성, 막대균으로 포자를 형성하여 열, pH, 건조, 살균제 등에 내성이 있다. 탄저균의 독소는 대수증식기에 생성되며 병원성을 나타낸다.

2 감염경로

감염 동물과 접촉하거나 오염된 양모, 뼈 등과 접촉할 경우 감염될 수 있다. 오염된 육류를 섭취하거나 상처를 통해서도 감염된다.

3 증상

잠복기는 1~60일(보통 1~7일)로 피부상처를 통한 감염의 경우 수포성궤양, 부종이 나타난다. 탄저균의 침입경로에 따라 피부탄저, 위장관탄저, 흡입탄저로 나눠지나 대부분 피부탄저가 가장 많이 발생한다.

4 예방방법

매년 가축 예방접종이 필요하며 탄저균에 오염될 가능성이 높은 작업장에는 포름알데하이드 증기 배출기를 설치한다. 노출 위험이 큰 작업자에게는 피부 상처 치료 등 지속적 교육이 필요하다.

(6) 렙토스피라(Leptospirosis)

렙토스피라증은 남극과 북극을 제외한 전 세계 어느 지역에서나 발생할 수 있으나 주로 열대, 아열대 지역에서 많이 발생한다. 우리나라의 경우 가을철 3대 발열성 질환(렙토스피라증, 신증후군출혈열, 쯔쯔가무시병) 중 하나이다. 「감염병의 예방 및 관리에 관한 법률」에 의하여 제3군 감염병으로 분류되어 있다.

① 병원체

Leptospria spp.가 원인균이며 *L. interro-gans*와 *L. biflexa*가 가장 잘 알려져 있다. 그람 음성 나선균이며 편모가 있다.

② 감염경로

감염된 동물(들쥐 등)의 분비물에 오염된 물 또는 토양과 상처 난 피부가 접촉하면 감염되고, 오염된 식품을 섭취하는 경우도 감염된다.

③ 증상

잠복기는 2일에서 4주까지(평균 10일) 다양하며 가벼운 감기 증상부터 발열, 두통, 구토 등이 나타나고 중증인 경우 신부전, 중증 출혈 등이 나타난다. 적절히 치료받지 못하면 사망률이 20~30 %에 이른다.

④ 예방법

들쥐를 포획하고 유행지역 내에서 작업할 경우 피부가 노출되지 않도록 보호하여야 한다.

(7) 공수병(Hydrophobia)

공수병(물을 두려워하는 증상) 또는 광견병(rabies)이라고 불리우며 공수병 바이러스가 신경계에 뇌척수염을 발생시킨다. 국내에서는 2005년 이후 발생보고가 없으나 비무장지대 근방에서 동물 광견병이 발생하고 있어 이 지역에서 공수병 발생 가능성이 높다. 「감염병의 예방 및 관리에 관한 법률」에 의하여 제3군 감염병으로 분류되어 있다.

1 병원체

바이러스는 Rhabdoviridae과 Lyssa virus속 rabies virus로 탄환모양의 단일 가닥의 RNA로 구성되어 있다.

2 감염경로

바이러스 감염은 감염동물(너구리, 여우, 박쥐, 개, 고양이 등)에게 물리거나 감염동물의 타액, 조직에 직접 접촉하여 감염된다.

3 증상

잠복기는 감염된 후 13일에서 2년까지 다양하며 발병초기 두통, 발열, 전신쇠약감 등이 나타나고 발병후기 불면증, 환청, 공수병이 나타난다.

4 예방법

애완동물의 경우 예방접종을 실시하고 감염이 의심되는 야생동물과 접촉을 피한다.

(8) Q 열(Q fever)

호주에서 발생한 최초 환자에게서 원인균을 분리하지 못해 Query fever(의문의 열병)라 부른 데서 Q 열이라 지칭되었다는 가설이 있다. 「감염병의 예방 및 관리에 관한 법률」에 의하여 제4군 감염병으로 분류되어 있다.

1 병원체

리케치아속 *Coxiella burnetii*가 원인 병원체이며 막대기형으로 운동성이 없다. 열에 약해 71.5 ℃, 15분간 열처리하면 사멸한다.

2 감염경로

감염된 소, 양, 염소 등의 태반과 직접 접촉하거나 멸균처리되지 않은 유제품과 오염된 식품을 섭취 시 감염된다. 사람 간의 감염이나 진드기에 물려서 감염되는 경우는 드물다.

③ 증상

잠복기는 2~3주 정도이고 감염된 사람의 절반 정도만 임상증상을 나타낸다. 주요 증상으로는 갑작스런 고열(38~40 ℃), 두통, 오심, 구토 등을 나타낸다.

④ 예방방법

감염된 양, 염소 등의 축산 적출물과 접촉을 차단한다. 멸균된 유제품만 섭취하며 진드기 등에 물리지 않도록 한다.

(9) 야토병(Tularemia)

미국 Tular지방 다람쥐에서 처음 분리되었고, 페스트와 비슷한 증상을 보이는 질병으로 일본에서 산토끼를 통해 사람에게 감염되어 야토병이라 불리게 되었다.

① 병원체

원인 병원체는 *Francisella tularensis*로 그람 음성, 작은 구형 혹은 막대균 형태의 균으로 호기성이며 포자를 형성하지 않는다.

② 감염경로

감염된 진드기, 사슴등애(deerfly) 등 곤충에게 물렸을 때나 감염된 동물의 혈액, 배설물과 접촉하거나 고기 등을 섭취하였을 때 감염된다.

③ 증상

잠복기는 3~5일이나 2주일 후에 증상이 나타나는 경우도 있다. 피부궤양, 결막염, 오한, 발열, 복통, 구토, 편도염 등 매우 다양하며 장관성인 경우 장티푸스와 비슷한 증상을 나타낸다.

④ 예방방법

감염된 동물과 접촉을 피하고 감염된 곤충에 물리지 않도록 한다. 물과 음식물은 충분히 익혀서 섭취하고 손 씻기 등 개인위생을 철저히 관리한다.

06 식품위생 관련 동물

식품위생동물이란 식품을 오염시켜 인간에게 질병을 일으키는 동물을 말하며 특히 쥐(rat), 파리(fly), 바퀴(cockroach), 진드기류 등으로 구분할 수 있다. 식품위생동물은 식중독 및 감염성 미생물을 전파시키고 식품의 경제적 가치를 저하시키기 때문에 특별한 관리가 필요하다.

1) 쥐류(Rats)

설치동물인 쥐는 세계적으로 2,000여 종이 서식하고 있으며 우리나라에는 20여 종이 서식하고 있는 것으로 보고되고 있다. 식품위생과 관련 구제대상인 쥐는 곰쥐, 시궁쥐(집쥐), 생쥐 세 가지로 구분할 수 있다. 곰쥐(*Rattus rattus*)는 실내에 서식하는 대표적 쥐로 크기가 15~23 cm로 꼬리의 길이가 몸길이보다 긴 것이 특징이다. 시궁쥐(*Rattus norvegicus*)는 곰쥐에 비해 약간 크고 꼬리의 길이가 몸길이보다 짧다. 환경 적응성이 좋아 주방, 하수도에 서식하거나 흙 속에 구멍을 파고 서식하기도 한다. 하천이나 연못, 늪의 구멍에 서식하며 물고기 등을 포식하는 경우도 있다. 생쥐(*Mus musculus*)는 실험용 마우스로 곰쥐나 시궁쥐에 비해 체형이 작다. 서식지는 밭, 농가, 창고, 도심 빌딩 등이다.

(1) 쥐에 의한 피해

쥐에 의한 피해는 곡류피해와 질병매개로 대표되며 쥐에 의한 곡류 손실은 10 % 정도로 알려져 있다. 쥐의 분변, 쥐벼룩 등은 질병 매개체로서 유행성출혈열, 페스트 등 질병과 살모넬라증과 같은 식중독을 발생시킨다.

(2) 구제방법

쥐를 구제하는 방법으로는 쥐약을 이용한 살서방법, 쥐덫과 같은 포서기를 이용한 포획, 쥐가 침입하지 못하도록 건물 내 틈새 마감방법, 쥐의 먹이가 노출되지 않도록 주변 환경을 청결히 하는 방법 등이 있다. 이 중 살서제를 이용한 방법은 식품에 오염될 가능성이 있어 사용이 매우 어렵고 기타 방법으로 쥐를 구제한다.

2) 곤충류

식품안전에 문제를 일으키는 곤충은 감염병과 식중독 미생물의 매개체로 파리, 바퀴벌레, 진드기 등이 대표적이다.

(1) 파리류(Flies)

파리는 쌍시목에 속하는 곤충으로 세계적으로 수천여 종이 보고되고 있다. 식품안전에 문제가 되는 파리는 주로 집파리(*Musca domestica*), 쉬파리(*Sarcophaga* spp.), 금파리(*Lucilia caesar*), 큰검정파리류(*Muscina stabulans*) 등이다.

1 파리에 의한 피해

파리는 이질, 콜레라, 장티푸스, 파라티푸스 등 감염병과 *Salmonella* 식중독균을 전파시키기고 기생충, 결핵, 화농성 질환의 매개에도 관여한다. 또한, 식품 중 발견 시 이물로 간주되어 식품안전문제를 야기한다.

2 구제방법

파리 구제 방법으로 가장 좋은 것은 쓰레기, 하수구 등 파리의 발생장소를 제거하는 환경관리이다. 또한, 방충망, 방충문, 에어커튼 등을 설치하여 식품공장 내로 파리가 침입하는 것을 차단하여야 한다.

(2) 바퀴(Cockroaches)

4억 년 전부터 지구상에 존재한 곤충으로 약 4,000여 종이 보고되고 있으며 우리나라에는 10종 정도가 분포하고 있다. 독일바퀴, 이질바퀴, 검정바퀴, 일본바퀴 등 4종이 주로 식품위생상 문제를 야기한다. 독일바퀴(*Blattella germanica*)는 황갈색이고 몸 크기가 1~1.5 cm로 바퀴 중 가장 작고 국내에 가장 많이 서식하는 종이다. 이질바퀴(*Periplaneta americana*)는 몸 크기가 3~4.3 cm에 이르고 광택이 있는 다갈색이다. 검정바퀴(*Periplaneta fulginosa*)는 흑갈색으로 몸의 길이가 3~4 cm 이다. 일본바퀴(*Periplaneta japonica*)는 검정바퀴와 비슷하나 몸집이 가늘고 흉부와 배면이 울퉁불퉁한 것이 검정바퀴와의 차이점이다.

1 바퀴에 의한 피해

바퀴는 살모넬라, 황색포도상구균 등 식중독균과 장티푸스, 콜레라 등의 감염병 및 기생충 전파에 관여한다. 또한, 식품 중 발견 시 이물로 간주되어 식품안전 문제를 야기한다.

2 구제방법

바퀴 구제 방법으로 가장 좋은 것은 먹이가 될 수 있는 것을 차단하고 외진 곳, 어두운 곳, 습기가 많은 곳을 청결하게 하는 환경관리이다. 가정에서는 접촉 살충제로 디엘드린(dieldrin), 클로로피크린(chloropicrine) 등을 사용할 수 있으나 식품에 오염될 가능성이 있는 식품공장에서는 사용을 자제하여야 한다.

(3) 진드기류(Mite, Tick)

진드기류는 몸길이 1 mm 이하의 작은 진드기(mite)와 1~2 cm의 타원형의 큰 진드기(참진드기, tick)로 분류한다. 세계적으로 1만여 종이 있으며 식품위생상 문제가 되는 진드기는 100여 종으로 보고되고 있다. 대표적 진드기는 긴털가루진드기, 수중다리가루진드기, 설탕진드기, 보리가루진드기, 집고지진드기, 보리먼지진드기 등이 있다.

1 진드기에 의한 피해

진드기류는 식품 중에 번식하여 식품을 손상시키거나 식중독균을 오염시켜 비뇨기계(혈뇨, 부종 등), 호흡기계(천식, 폐렴 등), 소화기계(복통, 설사 등) 질병을 유발한다. 특히, 식품 중에 사체가 발견되면 불쾌감과 함께 이물질로 취급되어 식품안전상 문제를 야기한다.

2 진드기의 구제

진드기는 20 ℃ 이상, 상대습도 75 % 이상일 때 잘 번식하나 건조한 환경이나 0 ℃ 이하, 60 ℃ 이상에서 잘 번식하지 못한다. 진드기 구제를 위해 곡류와 관련 제품은 수분 10 %, 상대습도 60 % 이하에서 보관한다. 식품 저장 장소는 통풍, 방습에 주의하고 깨끗한 환경을 유지한다. 진드기는 말라티온(malathion), 다이아진(diazine) 등 살충제로 구제할 수 있으나 식품공장에서 사용은 제한하여야 한다.

참고문헌

강동현(2013). 생각이 필요한 식품위생학. 수학사. pp. 69-92.

권동혁 · 류정상 · 김성한 · 김수현 · 김연희 · 김종현 · 박상희 · 신나리 · 심수경 · 여상구 · 유재일 · 이점규 · 전정훈 · 정영의 · 정윤석 · 조민희 · 조성학 · 최병선 · 최영실 · 한명국 · 황규잠(2006). 고위험병원체 실험실 진단지침. 질병관리본부 국립보건원. pp. 45-52.

김덕웅 · 정수현 · 염동민 · 신성균 · 여생규 · 조원대(2013). 21C 식품위생학. 수학사. pp. 239-248.

김미정 · 윤혜현(2014). 식품위생관리 이론과 실무. 라이프사이언스. pp. 216-221.

김옥경 · 박인숙 · 방우석 · 범봉수 · 임용숙 · 장재선 · 채기수 · 하상철(2014). 식품위생학. 지구문화사. pp. 58-92.

문창규 · 박민경 · 박영서 · 박영현 · 박훈 · 송은승 · 이숙경 · 이효구 · 임동균 · 장영상 · 조영희 · 홍제훈(2014). 식품위생학. 보문각. pp. 63-169.

박영현 · 박민경 · 박훈 · 송은승 · 고종호 · 조영희 · 홍재훈 · 서영호(2016). 식품위생안전성학. 보문각. pp. 148- 167.

법제처, 감염병의 예방 및 관리에 관한 법률(http://www.law.go.kr/)

보건복지부 · 질병관리본부(2016). 법정감염병 진단 · 신고 기준. pp. 43-46.

식품의약품안전처 · 식품안전정보포털(http://www.foodsafetykorea.go.kr/)

신동화 · 오덕환 · 우건조 · 정상희 · 하상도(2011). 식품위생안전성학. 한미의학. pp. 125-130.

심창환 · 서현창 · 박헌국 · 김현대 · 김종국(2010). 식품위생학. 문운당. pp. 68-114.

한국식품영양학회(2015). 식품위생관계법규. 문운당. pp. 10.

Reidl J., Klose, K. E. (2002). Vibrio cholerae and cholera: out of the water and into the host. *FEMS Microbiology Reviews*, *26*, 125-139.

Harris R Stutman, MD. (1994). Salmonella, Shigella, and Campylobacter: Common Bacterial Causes of Infectious Diarrhea.

Efstratiou, A., George, R. C. (1999). Laboratory guidelines for the diagnosis of infections caused by Corynebacterium diphtheriae and C. ulcerans. *Communiacble Disease and Public Health*, *2*(4), 250-257.

CHAPTER 05

식 품 과 화학물질

화학적 식중독은 유해한 화학물질에 의해 오염된 식품을 섭취함으로써 발생하는 식중독으로 세균성 식중독 등에 비해 발생건수는 적지만 집단적으로 발생하기도 한다. 원인물질로는 잔류농약, 중금속 등과 같이 우연 또는 과실에 의하여 식품에 가해진 유해물질에 의한 식중독, 금지된 화학물질을 식품에 첨가하거나, 허가 첨가물을 사용 규정 이상으로 다량 사용하는 경우, 유해성 식품첨가물, 식품 포장재, 용기 및 기구에서 용출되는 유해물질 등 음식물에 사용하는 기구나 포장 용기에서 유래되는 유해물질, 식품제조 · 조리 중에 생성되는 유독성분 등이 있다. 또한, 식품을 포장하는 용기를 만들 때 사용된 내분비교란물질인 환경호르몬 등이 식품에 용출되어 만성적인 중독을 일으키기도 한다.

01 잔류농약

농약은 농작물이나 축수산물의 생육이나 저장 유통 중 발생하는 미생물, 해충, 잡초 등을 구제하는 데 사용하는 제초제나 살균제 등을 통칭하여 말한다.

다양한 종류의 농약이 이용되고 있으며 사용 목적이나 화학성분, 사용 시기 등에 따라 분류하기도 한다(표 5-1). 대표적으로 화학적 특성에 따라 무기농약, 합성유기농약, 천연 유기농약으로 구분된다. 무기농약에는 비소계, 수은계, 불소계, 및 붕소계 농약이 있으며, 합성유기농약에는 유기인계, 유기염소계, 카바메이트계 등이 있다. 천연유기농약에는 로테논, 니코틴 등이 있다.

〈표 5-1〉 농약의 분류

분류	특성	종류
사용 목적에 따른 분류		
살충제	해충의 방제	소화중독제, 접촉독제, 침투성살충제, 훈증제

분류	특성	종류
살균제	병원성 미생물 제거	살포용 살균제, 종자소독제, 토양살균제
제초제	잡초 제거	선택적 제초제, 비선택성 제초제
식물성장 조정제	식물의 성장촉진, 억제, 개화촉진, 착색촉진	
살균, 살충제	병원성 미생물과 해충의 방제	
보조제		유화제, 증량제
성분 특성에 따른 분류		
무기농약		비소계, 수은계, 붕소계, 불소계
유기농약	천연	로테논, 니코틴
유기농약	합성	유기염소계, 유기인계, 카바메이트계

1) 농약의 오염경로와 특성

농약은 살포 후 빛, 바람, 비 등에 의해 자연적으로 분해되거나 자체 분해되므로 잔류농약에 의한 건강상 피해를 입을 가능성은 적다. 그러나 농약은 식품이나, 공기, 물 등을 통해 사람에게 이행될 수 있으며, 살포 후 농작물의 표면에 부착되어 있거나 식물의 내부조직에 흡수되어 분해되지 않고 남는 경우가 있어 관리가 필요하다. 농약은 화학구조와 종류에 따라 분해속도와 잔류성이 다르므로 잔류기간에 따라 비잔류성(유기인계, 카바메이트계), 중간잔류성(유기염소계), 영구잔류성(금속화합물) 등으로 구분한다.

농약의 독성은 동물에 대한 투여실험으로 급·만성 독성이 결정된다. 단기간에 다량의 농약에 노출될 경우 간 등의 장기에 손상을 주며, 신경계에도 치명적인 영향을 미치며, 만성독성의 경우 발암성, 유전적 돌연변이성 등을 유발한다. 농약의 독성이 알려짐에 따라 농약은 비교적 잔류기간이 짧고 일반 동물과 인체에 독성이 낮은 유기인계 농약이나 카바메이트계 농약, 천연 농약이 주로 이용되고 있다.

2) 화학성분에 따른 농약의 분류와 증상

(1) 유기염소계 농약

유기염소계는 가장 대표적인 농약으로 살충력이 강하고 적용범위가 넓어 살충제, 살균제, 제초제로 이용된다. 화학구조에 염소(Cl)원자를 포함하는 유기물질인 농약의 종류는 DDT(dichlorodiphenyltrichloroethane)와 그 이성질체, BHC (benzene hexachloride), 디엘드린(dieldrin), 알드린(aldrin), 헵타클로르(hepta-chlor) 등이 있다.

유기염소계는 유기인계에 비해 독성이 적어 급성중독 사고는 적은 편이나 안정하고 잔류성이 커서 95 %가 소실하는 데 3~10년 정도가 소요되므로 위험하다. 또한, 물이나 다른 생물체를 통하여 음식물로 이행, 농축되고 생체 내에서도 분해가 잘 되지 않아 장기간 체류함으로써 만성중독을 일으킬 가능성이 크다. 유기염소계는 지방 친화성으로 지방조직에 주로 축적되므로 인체 내에 장기간 쌓여 건강에 나쁜 영향을 미칠 수 있다. 특히, DDT와 BHC는 해충방제를 위해 최초로 사용되었으나, 잔류성의 문제로 현재는 사용이 금지되었다.

중독증상으로는 신경독으로 작용하여 초기에는 식욕부진, 구역질, 구토, 두통 등을 일으키다가, 중독이 진행됨에 따라 자극 흥분성이 심해지며 사지마비, 경련 등 중추신경계에 영향을 미치고, 간헐적 또는 강직성의 심한 경련증을 일으켜 결국 혼수상태로 사망하게 된다. 간과 신장의 변성도 발생한다. 중독 시에는 특효약은 없으나 중추신경 진정제, phenobarbital 등을 사용하여 경련을 억제할 수 있다.

(2) 유기인계 농약

유기인계 농약은 농약 성분 중 인(P)이 들어 있는 유기물질로 현재 사용하고 있는 농약의 가장 많은 수가 유기인계에 해당한다. 유기인계 농약으로는 파라티온과 파라옥손 등이 살충제로 널리 쓰였으나 독성이 크므로 사용상 규제를 받으며, 최근에는 독성이 약하며, 효력이 크고 선택성이 강한 것들로 수미티온, 말라티온, 페니트로티온, 바이시드 등이 개발되어 농약이나 가정용 살충제로 사용되고 있다.

유기인계 농약은 유기염소계 농약과 달리 동식물 체내에서 분해가 빠르고 광선이나 자외선에 의한 분해가 빠르므로 잔류성으로 인한 위해는 크지 않으며 만성중독이 거의 없다.

유기인계는 신경독으로 인체에 흡수되면 체내 효소인 콜린에스테레이스(아세틸콜린분해효소, acetylcholine esterase)의 작용을 억제한다. 따라서 자극전달물질인 아세틸콜린이 분해되지 않고 과잉으로 축적되므로 신경흥분의 전도가 불가능하게 된다. 특히, 곤충류의 뇌신경에는 온혈동물보다 다량의 콜린에스테레이스가 존재하기 때문에 더 큰 살충효과가 나타나게 된다.

급성중독으로 오심, 구토, 발한, 혈압상승, 현기증, 두통, 발열 증상이 있으며 근력감퇴와 전신경련 등을 수반하기도 한다. 유기인계를 사용할 때는 피부나 손에 묻지 않도록 주의하고, 흡입하지 않도록 주의해야 한다.

(3) 카바메이트계 농약

카바메이트계는 아미노기와 카르복실기가 결합한 카바믹산(carbamic acid)의 골격을 가진 화합물로, 유기염소계의 사용이 금지됨에 따라 그 대용으로 만들어져 살충제 및 제초제로 널리 사용되고 있다.

카바메이트계는 유기인계와 유사하게 작용하지만 유기인계 농약의 콜린에스테레이스 억제작용은 비가역적인 반면 카바메이트계의 작용은 가역적이다. 또한, 사람과 가축에 대한 독성이 비교적 낮으며 다른 농약보다 잔류성도 낮은 편이다. 주요 카바메이트계 농약으로는 살충제인 카바릴이 있으며, 살균제인 베노밀과 티오파네이트메틸 등과 제초제인 바르반, 클로르프로팜 등이 있다.

중독 증상은 유기인계와 유사하나 카바메이트계 살충제는 혈액-뇌 장벽을 잘 통과하지 못하므로 두통, 호흡마비 및 중추신경증상은 약하다. 독성증상으로는 눈물, 침의 과다분비, 경련, 사망 등이 있다. 카바메이트계는 생체 내에서의 대사가 빠르므로 중독 시 회복이 빠르고 만성중독을 일으킬 가능성은 낮다.

(4) 유기불소계 농약

불소화합물 중 살충력이 가장 강한 불화나트륨(NaF)은 오래전부터 개미방제용으로, 불화수소(HF)는 닭과 소를 키우는 축사의 살충제로 사용되어 왔다. 대표적인 유기불소계 농약으로는 살서제인 프라톨(Fratol, sodium monofluoroacetate), 깍지벌레나 진딧물 살충제인 풋솔(Fussol, monofluoroacetamide)과 닛솔[Nissol, N-methyl-N-(1-naptyl) monofluoroacetamide] 등이 있다. 불소계 농약은 모두 독성이 강하며 침투성이 있고 잔류 가능성이 있다.

(5) 중금속계 농약

중금속계 농약에는 수은, 납, 카드뮴, 비소 등이 있다.

유기수은제는 금속제 농약 중 제일 축적성이 강하며 만성중독이 문제 된다. 살균제로서 종자소독, 토양소독, 벼 도열병의 방제 그리고 과일과 채소의 병해방제 등에 널리 사용되었으나 강한 독성과 축적성 때문에 사용이 금지된 것이 많다.

수은제나 납제는 축적성이 강하고 일정량이 축적되면 운동신경이나 뇌신경 등의 신경계에 작용하여 시야축소, 언어장애, 정신착란 등의 중독 증상을 일으킨다. 구리제로는 살균제로 쓰이는 보르도액(bordeaux mixture)과 황산동이 있다.

02 중금속

중금속은 동식물에 유해성이 큰 유해금속으로서 수은, 납, 카드뮴, 비소 등이 있다. 중금속의 체내에서의 유해 여부는 금속의 화학성, 농도, 배설속도, 건강 상태 등에 따라 차이가 있으며, 축적성이 있어 먹이연쇄에 따라 농축되기도 한다. 식품의 중금속 오염은 오염된 물이나 토양, 그리고 오염된 지역에서 재배되는 농작물과 오염된 수역에서 수확된 수산물의 생물농축이 사람에 적용될 경우 문제가 된다.

1) 수은

수은(Hg, mercury)은 상온에서 유일한 액체금속으로 무기수은(Hg^0, Hg^+, Hg^{2+})과 유기수은(CH_3Hg^+, $C_6H_5Hg^+$)의 형태로 존재한다.

무기수은은 온도와 압력에 따라 일정하게 부피가 증가하는 특성을 가지고 있어 온도계나 기압계에 사용된다. 무기수은 중 승홍으로 알려진 염화 제2수은($HgCl_2$)은 강력한 살균작용이 있어 과거 주류 등의 제조제 방부제로 사용된 바 있다. 사람의 경구치사량은 0.5 g 정도이고, 소변의 수은량이 1 L당 300 μg을 초과하면 중독증상이 나타난다.

유기수은 중독은 1950년대 일본의 구마모토현 미나마타만 근처 어촌지역에서 어패류를 먹은 주민들이 원인불명의 중추신경증상을 보이면서 알려지기 시작하였다. 역학조사 연구결과 미나마타시의 질소비료 공장 폐수에 함유된 메틸수은(CH_3Hg^+)중독에 의한 미나마타병으로 알려졌으며, 1965년 말까지 발생 환자 수 111명 중 41명이 사망한 것으로 나타났다. 유기수은 중 메틸수은은 독성이 강하고, 지용성으로 소화관과 폐에 흡수가 잘 되며, 중추신경계와 태아조직에 농축되어 독성을 나타낸다. 지속적으로 수은에 노출될 경우, 뇌와 신장에 영구적 손상을 일으킬 수 있다. 유기수은은 주로 메틸수은의 형태로 섭취되며, 어패류 중에서도 특히 다량어류의 오염도가 가장 크다.

수은의 오염경로를 살펴보면 제조공장에서 사용한 무기수은 화합물이 토양이나 바다 밑에 존재하는 세균과 진균에 의해 메틸수은으로 변환이 가능하며, 이는 어류나 포유동물의 간에서도 일어나는 것으로 알려져 있다. 반대로 메틸수은을 무기수은으로 변환시키는 것도 미생물과 포유류의 체내에 존재하는 것으로 알려져 있다. 또한, 메틸수은은 미생물에서 동식물 플랑크톤, 그리고 어패류로의 생물농축이 되므로 인체의 축적성은 커지게 된다.

수은은 체내에 흡수되면 신장과 간에 축적되고 소뇌의 기능을 마비시킨다. 체내 총 수은량이 30 ppm 이상이 되면 수은중독 현상이 나타나는데 150~300 mg 이상에 노출되면 사망한다. 급성중독증상은 구내염, 난청, 언어장애, 정신증상 등이며 만성증상은 사지저림, 운동실조, 보행장애, 언어장애, 어지러움, 시야협착, 연하곤란 등이다. 심한 경우 사망하기도 하며 임산부에 축적된 수은은 태아에 영향을 주어 선천적 장애아가 태어날 수 있다.

2) 납

납(Pb, lead)은 융점이 낮고, 연질이므로 가공하기 쉽고 부식성이 적은 것이 장점으로 상수도용 납관, 도료나 안료 등 화합물, 살충제 농약의 납(비산납), 유연휘발유, 도자기, 법랑제품 등 생활용 기구나 용기부터 장난감까지 다양한 분야에서 활용되고 있다.

식품을 통해 흡수된 납은 간으로 들어가 대부분은 담즙을 통해 배설되지만 일부는 혈액을 통해 뼈 등의 조직에 침착한다. 뼈에 침착한 납은 특정조건에서 혈액으로 녹아 나오거나 침착되지 않은 납이 혈액으로 들어가 표적조직인 골수에 대해 독성을 나타낸다.

납은 독성이 강한 중금속이나, 일시에 다량 섭취하여 발생하는 급성중독의 경우는 매우 드물고, 소량의 납이 장기간에 걸쳐서 체내에 축적되어 나타나는 만성중독이 대부분이다.

납중독은 무기납과 유기납에 의한 것으로 나눌 수 있다. 무기납은 주로 호흡기와 소화기를 통해 인체로 이행되며 중독증상은 빈혈, 조혈기관, 중추신경계, 신장, 소화기계 장애 등이 있다. 납중독이 진행되면 안면창백, 연녹(치아의 흑록색 착색현상), 연산통 등의 납중독 증상이 나타난다. 유기납은 주로 기도나 피부를 통하여 흡수되며 다량에 노출될 경우 뇌에 축적되므로 중추신경계에 강한 급성장애를 일으킨다. 가벼운 증상의 경우 구토, 복통, 신경장애, 모세혈관마비 등이 나타나며 만성의 증상은 권태감, 피부, 치아의 장해, 근육마비 등으로 나타난다. 납은 태반을 통과하기 때문에 태아의 신경계 발달에 치명적인 영향을 미치고 미숙아, 저체중아 출산의 원인이 되기도 한다.

납은 대기오염으로 인한 납보다는 오염된 환경으로부터 생산되는 농수축산물의 생물농축과 먹이연쇄에 의해 인체에 많은 양의 납이 축적되어 만성중독을 일으키는 것이 큰 문제로 여겨진다.

3) 카드뮴

카드뮴(Cd, cadmium)은 환경오염물질로 식품용 기구나 용기를 포함하여 많은 기구나 콘덴서, 건전지 제조, 도료 제조 등 다양한 용도로 사용되며, 이들로부터 용출되어 토양, 폐수를 거쳐 식품에 이행될 수 있다.

카드뮴은 1946년경 일본의 도야마현 진즈강 유역에서 발생한 이타이이타이병의 원인물질로 알려져 있다. '이타이이타이'는 '아프다아프다'라는 일본어로 이 지역에서 전신이 매우 아프고 쑤신 특이한 증상의 환자가 발생하였다. 원인으로는 광석을 채광하는 제련소에서 나온 폐수에 들어 있는 카드뮴이 하류에 있는 물과 토양을 오염시켰으며, 그 결과 어류와 농작물에 축적되어 이를 장시간에 걸쳐 섭취한 지역주민 사이에 발생한 것으로 환자 수는 130명, 사망자는 30명이나 되었다. 이타이이타이 병은 신경통으로부터 뼈의 만곡, 변형이 생기고, 따라서 보행이 불가능해지며, 약간의 충격에도 골절이 발생하며 죽어가는 병이다. 1968년 일본정부에서는 '카드뮴에 의해 뼈 속 칼슘분이 녹아서 생긴 신장장애와 골연화증'이라고 발표했고, 그해 공해병으로 인정하였다.

사람은 농산물과 물고기를 섭취함으로써 카드뮴에 노출되는데 위장관을 통해서 5~8 % 정도가 흡수되며 체내에 들어온 카드뮴은 간과 신장에 축적된다. 신장에서의 생물학적 반감기는 약 6~38년으로 체내에 축적되는 경향이 크다. 만성중독일 경우, 신장의 세뇨관에 이상이 생겨 당과 저분자단백질의 재흡수를 방해하여 단백뇨를 야기하므로 카드뮴 중독의 초기증상 판정에 이용된다. 이차적으로 칼슘과 인 등이 소변으로 새어 나가 칼슘과 인이 결핍되어 뼈 연화증을 일으킨다.

카드뮴의 급성중독은 3 mg/70 kg일때 발생하며 일반적으로 식중독과 같이 오심, 위통, 구토, 설사 등 소화기장애이나, 그 외에 두통, 근육통, 복통, 체중감소와 함께 간과 신장 기능장해가 나타난다. 만성적인 증상으로는 신장, 골격, 호흡기,

심혈관계 장해를 일으키며 대퇴통, 요통, 보행곤란, 골절 등이 나타난다. 카드뮴은 염색체 및 DNA 손상을 일으키는 유전독성 물질이며 인체에서 폐암과 전립선암을 유발하여 국제암연구소(International Agency for Research on Cancer: IARC) 인체발암물질(Group 1)로 분류된다.

4) 비소

비소(As, arsenic)는 자연계에서 주로 As^{3+}, As^{5+}의 원소로 삼산화비소(아비산, As_2O_3)나 오산화비소(비산, As_2O_5) 및 이들 염류로 존재한다. 비소는 광석에 존재하며 환경과 식품 중에 미량으로 존재하는 광물질로 광산이나 제련소 등에서 나오는 폐수, 분진과 농작물에 사용된 살충제 중의 비소가 주변지역의 토양과 하천 등에 오염되어 식품으로 이행된다. 비소는 농약, 살충제, 방부제, 제초제, 의약품 등에 널리 사용되어 왔으며, 식품위생과 관련해서는 아비산이 가장 문제가 된다.

비소중독의 예로는 1955년 일본의 서부지역에서 비소가 함유된 건조우유를 먹고 총 환자 수 12,159명, 사망자 13명의 중독사고가 발생하였다. 조사 결과 분유에 아비산이 30 ppm 이상 함유된 것으로 밝혀졌으며, 이는 유아 1일 섭취량의 약 8배가 되는 양이었다.

비소는 공기, 물, 흙, 음식물 등의 경로를 통해 인체에 유입되며, 식품 중에서는 해조류, 갑각류, 연체류 등의 수산물에서 다량의 비소가 검출되었다.

비소는 주로 활성부위에 시스테인(cysteine)을 이용하는 효소의 작용을 저해하여 독성을 나타내는 것으로 알려져 있다. 비소의 표적 장기는 뼈, 모발, 손톱, 발톱으로 뼈에는 비산칼륨의 형태로 존재하고 모발과 손톱, 발톱에는 -SH기와 결합하여 축적된다. 흡수된 비소의 대부분은 소변으로 배설되고 대변으로도 소량 배출된다.

경구 섭취의 경우, 급성중독증상으로는 심한 구토와 설사 등 소화관장애가 나타나며, 위장증상, 신경증상, 근육경직, 안면부종, 심장장애 등이 나타난다. 말초신경계 기능이상으로 사지마비, 다발성 신경염 등도 수반한다. 살충, 살균제에 이용되고 있는 비산, 아비산염은 만성중독의 원인이 되는데, 만성중독증상으로는 영양장애, 설사, 변비, 신경증상, 안점막 염증, 흑색증(melanosis) 등이 나타나며 손톱에 횡초백선(mee's line)이 나타나기도 한다.

03 식품과 동물용의약품

동물용의약품은 항생물질, 합성항균제 및 성장호르몬제 등을 포함하며 동물의 상처나 질병 등의 치료나, 예방 및 생산성 향상을 위하여 미량 사용되어 왔다. 그러나 1986년 이후, 가축이나, 가금류, 그리고 양식 물고기 등의 사료에 첨가물로 배합되거나 농작물에 사용됨으로써 이들이 식육, 우유 또는 수산물에 잔류하여 식품을 통해 인체로 이행될 가능성이 있으며, 식품 중의 잔류 문제가 대두되는 실정이다.

농림축산식품부령인 <동물용의약품 등 취급규칙>에서는 "동물용의약품은 동물용으로만 사용하는 의약품을 말하며 양봉용, 양잠용, 수산용 및 애완용(관상어 포함) 의약품을 포함한다"라고 정의하고 있다. 축산식품 중 동물용의약품의 잔류 조사 결과에 의하면 항생제와 합성항균제가 높은 빈도로 검출되는 것으로 나타났다. 국내 가축에 사용이 허가된 동물의약품 중에서는 구충제, 항생제, 합성항균제가 전체의 57 %를 차지하며, 그중 특히 테트라사이클린계, 플로르퀴놀론계, 설파제가 많이 검출되고 있다.

동물성의약품은 항생제에 노출된 내성균을 출현시킬 수 있으며, 항생제에 노출된 식품을 섭취한 사람에게는 알러지 반응 및 급성이나 만성독성을 유발할 수 있다. 항생물질의 사용은 피할 수 없는 일이므로 식품에서 불검출을 기대하기는 어렵지만, 잔류기준을 초과하지 않도록 안전사용기준을 지키고, 정확한 잔류량 측정을 위한 검출 정량법을 확립하는 것이 중요하다.

1) 니트로푸란계(Nitrofuranes)

니트로푸란계 동물용의약품은 5-니트로기를 갖는 모노니트로 화합물군에 속하는 합성항균제로 푸라졸리돈, 푸랄타돈, 니트로푸라존, 니트로푸란토인 등이 있다. 이들 항균제는 가축에서 세균성 장염과 콕시듐증의 예방 및 치료를 위해 사용되었으나 유전자변이, 염색체 손상, 발암성, 기형, 유산, 난소위축, 정자 수 감소 등을 초래하는 것으로 알려졌다. 니트로푸란계의 대사물질들은 안정하여 식품을 조리하거나 저장하는 과정에서도 분해되지 않는 것으로 나타났다. 니트로푸란계는 대사물질의 생체 내 잔류기간이 원물질보다 길어 잔류검사 시에는 대사물질을 검사한다. 니트로푸란의 발암성이 보고되면서 가축에서 사용이 금지되었으며, 식품 중 불검출 기준으로 관리되고 있다.

2) 클로람페니콜(Chloramphenicol)

클로람페니콜은 방선균인 *Streptomyces venezuela*가 생산하는 2차 대사산물로 세균의 단백질 합성을 저해하는 광범위 항생제이다. 사람과 동물의 이질, 장티푸스, 장염 등의 세균성 질환의 치료 및 예방에 오랫동안 사용되었으나 재생불량성 빈혈 등의 독성으로 인하여 사용이 금지되고 있다. 또한, 클로람페니콜은 유전독성물질이며 IARC에서는 인체발암가능성 물질(Group 2A)로 분류하고 있다.

3) 카바독스(Carbadox)

카바독스는 퀴녹살린계 합성항균제로 돼지에서 증체율 향상과 사료효율 개선을 위하여 사료첨가제로 사용하거나 세균성 장염의 치료제로 사용하였으나, 동물실험에서 태자독성, 기형독성, 발생독성 등을 유발하는 것으로 나타났다. 또한, 카바독스와 그 대사물질들은 동물실험에서 간암, 유선암, 피부암 등을 유발하는 것으로 나타나 국내에서는 사료첨가제로서의 사용을 금지하고 있다.

4) 말라카이트그린(Malachite green)

말라카이트그린은 실크, 가죽, 목면, 종이 등을 염색하는 데 사용하는 합성염료이며, 곰팡이 구제를 위한 항균물질로도 사용된다. 말라카이트그린은 값이 싸고 효과적이나 체내에서 적혈구, 헤모글로빈, 혈소판 감소를 유발하며 간세포 변성 및 간암을 유발한다. 따라서 수의분야에서는 식용으로는 공여하지 않는 관상어류 또는 이들의 알에서 곰팡이 구제를 위하여 사용되나 식용어류에서는 말라카이트그린의 사용을 금지하고 있다. 식품 중 잔류허용 기준도 불검출로 관리하고 있다.

5) 배합사료첨가용 항생 · 항균제

배합사료첨가용 항생 · 항균제는 가축의 질병예방 및 사료효율 개선을 위하여 사료제조 시 첨가하는 항생제, 항균제 및 구충제를 말한다. 이들 항생제는 사료와 배합되어 가축에 급여되므로 가축에서의 항생제 내성균 발생이 우려되며, 인체로의 내성균 전이 가능성도 의심되고 있다. 따라서 배합사료첨가용 동물용의약품의 식품 중 잔류를 최대한 방지하기 위하여 비유기 젖소, 비육후기 소, 비육후기 돼지, 산란계, 출하용 육계에는 사용하지 못하도록 규정하고 있다.

6) 성장촉진 호르몬제

성장촉진 호르몬제는 생체에서 근육단백질 합성증가, 성장촉진 효과를 발휘하는 생리호르몬 또는 호르몬량 물질로 물질대사과정 전반에 작용하여 체내 질소저류량을 증대시키고 단백질 및 근육형성을 증가시키고, 적혈구 생성을 활성화하여 가축의 성장 및 비육촉진을 유도한다.

성장촉진 호르몬제는 체내에서 정상적인 분비과정을 통하여 생성되는 스테로이드계 성호르몬과 화학적으로 제조된 합싱호르몬이 있다. 천연호르몬의 경우 생체 내 흡수 후 체내 존재하는 호르몬과 동일한 형태가 되며 적절한 사양관리가 이루어질 경우 식품 중 잔류는 무시할 만하므로 별도의 잔류기준을 설정하지 않는다. 그러나 성장촉진을 목적으로 가축에 투여하는 호르몬제제는 축산식품을 통해 인체로 이행되면 발육이상이나 발암 등과 같은 부작용을 초래할 우려가 있다. 우리나라에서는 가축의 성장촉진을 목적으로 내인성호르몬 3종(에스트라디올, 프로게스테론, 테스토스테론)과 합성호르몬 2종(제라놀, 멜렌제스트롤)에 대하여 사용을 허가하고 있다.

7) 소성장 호르몬(Recombinant bovine somatotropin)

소성장 호르몬은 소 뇌하수체에서 생산되는 펩타이드계 호르몬으로 성장촉진 및 산유량 증대효과를 나타낸다. 최근에는 유전자 조작기술로 소의 성장호르몬 생산유전자를 대장균에 삽입하여, 천연의 소성장 호르몬과 생리, 화학적으로 동일한 물질을 대장균으로부터 분리, 정제하여 대량으로 생산하여 사용하고 있다.

JECFA(FAD/WHO 합동식품첨가물전문가위원회)에서 조사 결과, 소성장 호르몬은 종간 특이성이 있어 소 이외의 동물에서는 생물학적 활성을 띠지 못하며, 경구섭취 시 소화효소에 의해 분해되므로 우유나 소고기 등을 통하여 인체 내로 유입되더라도 안전한 것으로 평가되었다. 국내에서는 소성장 호르몬의 식품에서의 안전성에 대해서는 소비자에게 유의할 만한 위해를 유발하지 않는 것으로 평가하여 잔류허용기준을 설정하지 않고 있다.

04 식품 포장물질

1) 비스페놀 A(Bisphenol A)

비스페놀 A는 아세톤 1분자와 페놀 2분자의 축합에 의해 합성되는 물질로 내분비계 장애물질이다. 비스페놀 A는 주로 폴리카보네이트(polycarbonate)와 에폭시수지(epoxy resin)의 생산에 사용되고 있다(그림 5-1).

비스페놀 A를 원료로 한 폴리카보네이트수지는 플라스틱이지만 쉽게 깨지지 않아 젖병, 식기 등 주방 용기나 전자레인지용 용기, 생수병 등에 이용되고 있으며 에폭시 페놀수지는 기계적 특성이 뛰어나 캔 내부 코팅제, 주택의 음료수 저장 탱크의 코팅제, 열쇠고리, 핸드폰 줄의 장식물 재료 등의 원료로 사용되고 있다. 그러나 폴리카보네이트수지 용기에 액체를 넣고 가열하면 비스페놀 A가 음식으로 이행되어 인체에 영향을 미칠 수 있으며 에폭시 페놀수지로 만든 캔의 경우 음료의 보온이나 재가열 시 캔 음료의 뚜껑 안쪽이나 이음새 부분으로부터 비스페놀 A가 용출될 수 있다. 국내에서도 유아용 젖병을 끓인 물과 철제 캔에 담긴 커피음료에서 비스페놀 A가 검출되어 보고된 바 있다.

이와 같이 비스페놀 A는 식품섭취, 흡입, 피부접촉을 통해 인체로 들어올 수 있으며, 용기포장 내 존재하는 비스페놀 A는 포장된 식품에 이행되어 인체에 노출될 수 있다. 생체로 이행되면 소량으로도 에스트로겐 유사체로 작용하여 에스트로겐 수용체와 결합하여 호르몬 작용을 나타내어 내분비 교란을 일으킨다.

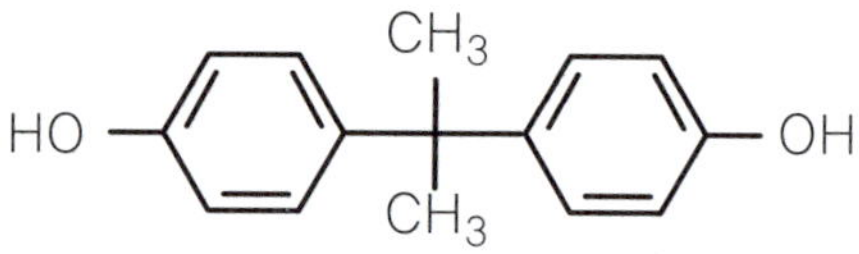

[그림 5-1] 비스페놀 A의 화학구조

비스페놀 A는 쥐에서 초기 단계의 유방암과 전립선암을 발병시켰고 수컷의 정자 수를 감소시키고 사춘기를 빨리 나타나게 하며 유방과 생식기를 손상, 퇴화시키는 것으로 보고되었으며 비스페놀 A를 첨가한 사료를 먹인 동물실험에서 분만 횟수 감소, 출생 마리 수 감소, 체중 감소 등이 보고되었다. 국내에서는 기구 및 식품 용기 포장에 대하여 비스페놀 A의 용출 기준을 2.5 ppm, 유럽은 3.0 ppm 이하로 엄격하게 규제하고 있다.

2) 프탈레이트(Phthalate)

프탈레이트류는 염화비닐(polyvinyl chloride: PVC) 등의 플라스틱에 유연성을 주기 위해 첨가하는 가소제로서 diethyl hexyl phthalate(DEHP), dioctyl phthalate (DOP), di-n-butyl phthalate(DBP), butylbenzyl phthalate(BBP), diethyl phthalate (DEP)와 그 외 adipate 계통인 diethyl hexyl adipate(DEHA) 등 10여 종이 있으며, 이 중에서 DEHP(di-2-ethylhexyl phthalate)는 대표적인 프탈레이트로서, 생산되는 전체 가소제의 1/4가량을 차지한다.

프탈레이트는 1930년대 이후 생활에 밀접하게 이용되는 플라스틱 소재에 광범위하게 사용되어 왔다. 의료통, 혈액보관백, 일회용 의료장비, 수술장갑 등의 의료용품을 포함하여, 인형, 장난감, 화장품 등에도 많이 쓰이며, 이 밖에도 다양한 신발, 케이블선, 바닥타일, 가구장식품 등의 생활용품에 사용되고 있다. 국내에서는 유아용 장난감, 치아발육기, 그리고 PVC로 만든 수혈세트, 일회용 주사기 등의 의료기구에서 DEHP가 검출되었다. 따라서 인체에 대한 프탈레이트의 주요 노출경로는 흡입, 피부 등의 경로를 통해 쉽게 인체에 노출될 수 있으며, 식품의 포장과 제조공정 시 식품으로 이행된 프탈레이트를 섭취하기 때문인 것으로 알려져 있다.

체내에 흡수된 프탈레이트는 간, 신장, 지방조직에 소량 축적된다. 실험동물에서는 폐, 신장, 간에 악영향을 주고 수컷 쥐의 정소위축, 정자 수 감소, 정자 DNA 파괴, 태자, 배자의 발육저하 등 생식 기능에 이상을 일으켜 태아의 사망률을 높이는 것으로 알려졌다. 인체에서는 생식능력을 저하시키고 간암 등의 발암원인으로 작용한다.

3) 스티렌 모노머, 스티렌 다이머

스티렌($C_6H_5CH=CH_2$)은 식품용기, 포장재의 원료물질로 즉석라면 용기와 같은 일회용 식기를 만들 때 널리 사용된다. 스티렌은 무색이고, 상온에서 매우 안정하며 지용성으로 벤젠과 같은 유기용매에 잘 녹는다. 스티렌은 인화성이 매우 크고, 특유한 냄새를 가진 화합물로 비닐기가 있어 쉽게 중합하므로 폴리스티렌 수지나 폴리에스테르 수지의 구성 물질로 이용된다.

폴리스티렌은 도시락, 두부포장, 요구르트병과 같이 딱딱하게 굳힌 재질과 일회용 식기, 컵라면 용기, 도시락 용기와 같이 가스를 충진하여 발포시킨 재질로 구분된다. 즉석면 용기에 끓는 물을 부어 익히는 동안 폴리스티렌의 성분인 스티렌 다이머나 스티렌 트리머가 용출되어 식품으로 이행될 수 있다. 폴리스티렌의 용출실험 결과, 시판 중인 컵라면 용기에 끓는 물을 부어 30분간 두었을 때 이들 물질이 각각 9 ppb 및 19 ppb가 검출되었으며, 특히 전자레인지 사용 시 용출량이 증가할 가능성이 있는 것으로 나타났다.

스티렌은 섭취 후 소화관 내에서 바로 흡수가 이루어지며 조직 중 농도는 신장, 간, 췌장의 순서로 높으며 섭취량의 90% 이상이 24시간 이내에 뇨 중으로 배출된다. 스티렌은 중추 및 말초신경계, 간, 폐 등에 이상을 초래한다. 실험동물에서는 폐종양 등을 유발하여 IARC에서는 인체발암가능물질(Group 2B)로 분류된다. 우리나라 식품의약품안전처에서는 폴리스티렌 컵라면 용기와 멜라민수지 식기류는 전자레인지에 사용하지 않을 것을 권고하고 있다.

4) 구리와 안티몬

구리(Cu, copper)는 부식성이 낮고 열전도성이 좋아 조리용 기구나 합금용기, 동파이프 등의 소재로 널리 사용되고 있다. 구리는 인체에서는 알부민 등에 결합되어 많은 효소의 필수성분으로 작용하나 다량 섭취 시 중독증상을 일으킨다. 구리는 중성이나 알칼리성 용액에서는 안정하지만 산성 용액에서는 용출되기 쉬우며, 특히 음식물용 구리제 기구나 용기에서 물이나 탄산에 의해 부식되어 생긴 유독성 녹청에 의한 식중독에 주의하여야 한다. 놋쇠, 청동, 양은 등의 구리 합금도 역시 주의가 필요하다. 구리의 중독증상은 구강의 작열감, 다량의 타액분비, 메스꺼움, 구토, 설사, 복통, 경련 등이며 다량섭취 시 사망에 이르게 된다.

안티몬(Sb, antimony)은 식기, 도자기, 고무관 등의 착색료나 에나멜 도료에 사용된다. 안티몬을 사용한 법랑제 식기나 캔에 안티몬이 닳아서 벗겨지면 안티몬이 용출될 수 있다. 특히, 레모네이드와 같은 산성식품(특히 음료)이 안티몬을 함유하는 용기와 접촉하면 식품 중의 유기산과 반응하여 토주석(안티몬의 타르타르산 착염)이 생성되어 중독을 일으킨다. 중독증상은 메스꺼움, 구토, 복통, 설사, 경련 등이 있으며, 실신이나 심장마비에 의해 사망하는 경우도 있다.

5) 카드뮴, 아연, 주석

카드뮴(Cd, cadmium)은 아연과 함께 공존하며 내수성이 좋아 많은 기구나 기계의 도금, 건전지 제조, 알루미늄 용제나 유약의 안료, 도료 제조 등 다양한 용도에 이용되며 식품용 기구나 용기를 만들 때에도 사용된다. 특히, 아연과 공존하여 용출되면 미량에서도 중독을 일으킬 위험성이 있으며, 용출된 카드뮴은 토양, 폐수를 거쳐 식품으로 이행된다.

카드뮴이 도금된 식기나 용기를 사용할 경우 산성식품(특히 액체)에서는 카드뮴이 용출되기 쉬우므로 사용하지 않는 것이 좋다. 카드뮴의 급성중독은 일반적으로 구토, 설사, 복통 등 소화기장애를 일으키나 그 외에 신장, 폐에서 장애를 일으키며, 육종, 전립선암에도 관여한다는 보고도 있다. 만성중독일 경우 신장의 세뇨관의 기능장애로 칼슘과 인 등이 소변으로 새어 나가 뼈연화증을 일으킨다.

아연(Zn, zinc)은 주로 구리와 합금한 황동(놋쇠)의 형태로 각종 용기에 사용되며, 함석, 백색 안료, 놋쇠 등의 합금으로 널리 사용되고 있다. 아연을 도금한 식기구나 용기가 다양하게 많이 사용되는데, 산성 식품을 장기간 담아 둘 경우, 용기에서 다량의 아연이 용출되어 중독을 일으킬 수 있다. 중독 사례로는 아연이 함유된 양철판을 사용한 제빵기에서 만든 빵을 먹고 중독된 경우, 양동이에 담아 두었던 유산균 음료를 마시고 중독된 경우, 그리고 아연이 섞인 양철지붕에서 샌 빗물을 마시고 중독된 경우 등이 있다. 아연의 중독증상은 메스꺼움, 구토, 설사, 복통 등이 있으며 심한 경우 호흡곤란, 경련, 허탈감을 나타낸다.

주석(Sn, tin)은 고대 청동기 시대에 구리와 합금으로 주조된 청동이 용기 등으로 사용된 기록이 있다. 식품 용기 및 포장으로 사용하는 금속 캔은 철판에 주석을 도금한 것이 많이 사용되는데 주석으로 도금하면 철의 용출이 지연되지만 도금이 불안정하여 작은 구멍이 있을 때나 칼 등으로 인해 스크래치가 났을 때, 산성 물질, 또는 산소 등이 존재할 때 주석이 용해되어 식품에 용출된다. 이는 사용된 식품 중에 질산염이 많이 함유되어 있을 경우 주석이 과일이나 채소 중에 함유된 유기산과 물에 잘 녹는 착화합물을 형성하여 용출되기 쉽게 되는 것으로 알려졌으며, 이러한 문제를 예방하기 위하여 보통의 금속 캔 이외에 내면도장을 한 캔을 많이 사용한다. 특히, 통조림의 경우가 가장 심하여 수백 명의 식중독 환자가 발생한 과즙통조림이나 과일통조림에서 수백 ppm의 주석이 검출된 예가 있다. 주석화합물은 장기간 섭취 시, 면역기능을 저하시키거나 혈류계에 영향을 미치므로 위해요소를 감소시키기 위해서는 캔을 열고 난 후 내용물을 바로 이용하거나 남길 경우 유리그릇에 옮겨 냉장 보관하는 것이 좋다.

05 환경오염물질

1) 다이옥신(Dioxin)

다이옥신은 내분비계 장애물질의 일종으로 연소나 농약 제조 등에서 비의도적으로 생성되는 물질이다. 다이옥신류란 고리가 3개인 방향족 화합물에 1~8개의 염소가 붙어 있는 화합물로 가운데 고리에 산소원자가 2개인 다이옥신계 화합물(polychlorinated dibenzo-p-dioxins: PCDD)과 산소원자가 하나인 퓨란계화합물(polychlorinated dibenzofurans: PCDF)이 모두 포함되어 이론적으로 210여 개의 이성질체가 존재한다(그림 5-2). 다이옥신(TCDD) 중에서도 염소 4개가 치환된 사염화 2,3,7,8-TCDD는 독성이 매우 강하며 최기형성이 있는 것으로 알려져 있다(그림 5-3).

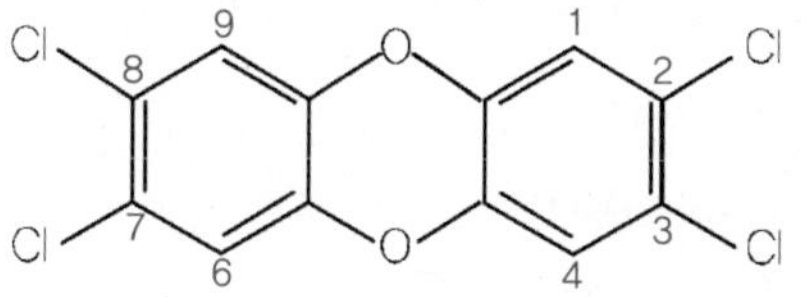

2,3,7,8-Tetrachlorodibenzo-p-dioxin

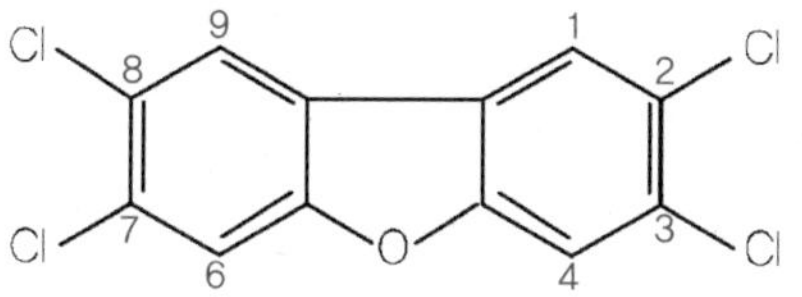

2,3,7,8-Tetrachlorodibenzofuran

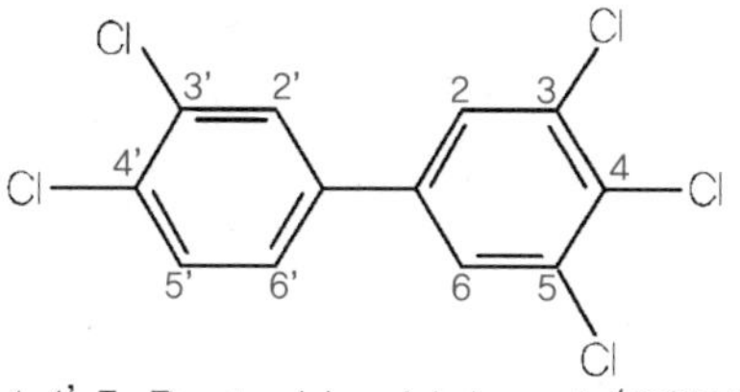

3,3',4,4',5-Pentachlorobiphenyl (PCB126)

[그림 5-2] 다이옥신의 분류

출처: Reiner et al.(2006)

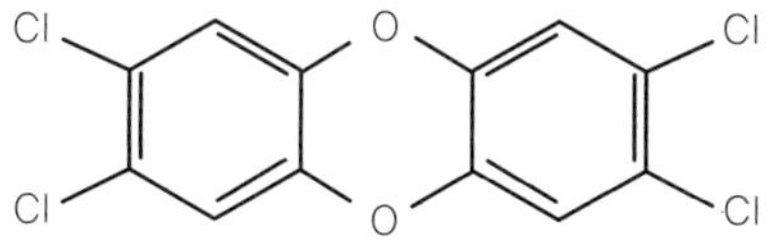

[그림 5-3] 2,3,7,8-TCDD 화학구조

다이옥신은 제초제나 농약 등에도 함유되어 있으며, 소각장, 석유화학발전소, 자동차배기가스, 열매체인 PCB 및 농약 등이 주 요인으로 알려진다. 또한, 일반 가정, 의료 및 산업 폐기물 중에서 특히 벤젠고리와 염소를 동시에 가지는 염화비닐 제품(polyvinyl chloride[PVC], polyvinylidene chloride[PVDC]) 등을 소각장에서 태울 때 많이 발생하며 세계 각지에서 빈번히 발생하는 대규모의 삼림화재도 다이옥신의 발생원으로 알려졌다(표 5-2). 다이옥신은 소각로에서 800~850 ℃ 이상의 고온에서는 대부분 파괴되는데, 250~400 ℃에서는 재형성될 수 있기 때문에 폐기물 소각에도 주의해야 한다.

여러 가지 발생원에서 생성되는 다이옥신은 토양, 하천 및 해양을 통하여 우리가 섭취하는 식품을 오염시키며, 인체에 다이옥신이 유입되는 경로는 90 % 이상이 물이나 식품을 통한 것으로 추정되고 있다(그림 5-4). 식품을 통한 다이옥신의 섭취량은 식습관과 주변 환경의 오염 정도에 따라 차이가 있다. 식품 중에는 종류에 따른 차이는 있으나 동물성 식품이 식물성 식품에 비하여 높고, 농축산물보다 수산물에서 많은 양의 다이옥신이 검출되는 것으로 나타났다.

〈표 5-2〉 다이옥신의 발생원

배출원	대기배출량(g/년)	비율(%)
화력발전소, 제지 및 철강산업 등	5	0.06
도시쓰레기 소각	3,000	36.50
위해쓰레기 소각	35	0.43
병원쓰레기 소각	5,100	61.90
무연자동차 배기가스	1	0.02
디젤자동차 배기가스	85	1.04
합 계	8,226	100.00

출처: 한국과학기술연구원(1996)

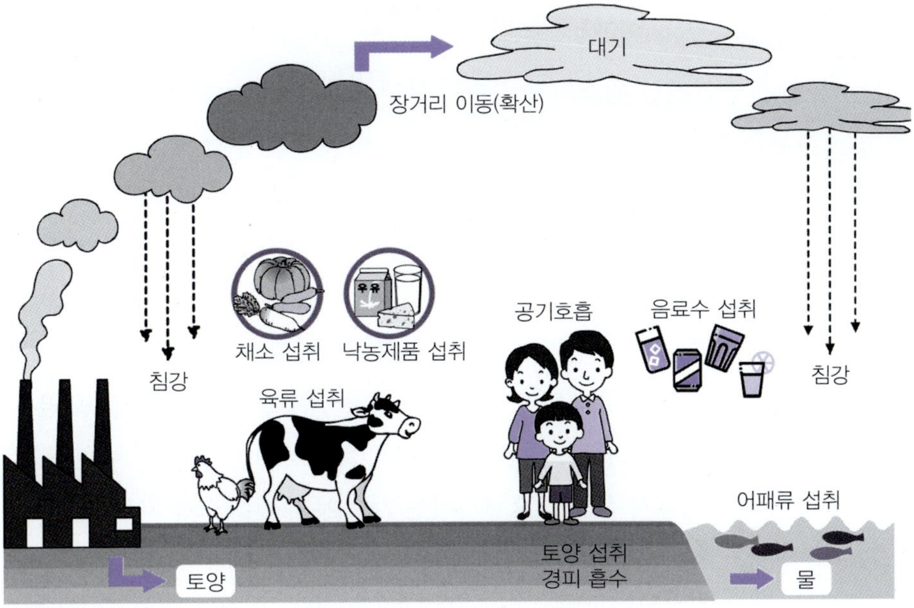

[그림 5-4] 다이옥신의 인체 노출경로

출처: Rice(2004)

다이옥신은 수중이나, 토양, 공기 중에서는 유기물과 결합하여 존재하며, 연기를 통해 대기로 확산되고 난분해성으로 먼지나 토양에 흡착되어 오래 잔류한다. 또한, 지용성으로 지방친화성이 높아 어패류나 육류의 지방조직에 잔류 축적된다. 따라서 사람의 주요 노출원으로 동물성 식품이 약 90 % 이상을 차지하며 생체에 유입된 다이옥신은 약 7년 정도의 반감기를 갖는다.

다이옥신은 생식기계 장애와 발달장애를 유발하며, 강력한 발암물질로서 간암, 유방암, 폐암, 자궁내막증 등을 유발하여 IARC에서는 인체발암가능성물질(Group 1)로 분류된다.

2) 방사능 오염

방사능이란 불안전한 원소의 원자핵이 붕괴하면서 α, β, γ선 등의 방사선을 방출하는 현상을 말한다. 방사능 물질의 오염원은 핵폭발 실험에 의한 방사성 낙진 강하물이나 방사선 동위원소의 의학, 농학 등 산업에의 이용 등으로부터 유출되거나 방출될 수 있다. 또한, 원자력발전소의 핵연료 이용 및 재처리 시설로부터 유출될 수 있는데, 2011년 3월 일본 후쿠시마 지역에서 발생한 지진에 의한 쓰나미의 영향으로 후쿠오카 원자력발전소가 붕괴되었고, 많은 양의 방사능이 바다와 육지로 유출되었다. 유출된 방사능은 토양, 물, 원료 농축수산물을 오염시킬 뿐만 아니라, 방사능에 노출된 식품을 섭취한 인체에까지 영향을 미쳐 현재 방사능은 세계 여러 나라에서 식품을 오염시키는 가장 무서운 요소가 되고 있다.

체르노빌 원자력발전사고(1986년 4월 26일 발생)의 경우 방사능물질이 10일간 유출되었으며 인근 국가의 채소, 과일, 유제품뿐만 아니라 멀리 떨어진 핀란드 남부, 스웨덴 등에서도 방사능이 검출되었다.

(1) 방사성 강하물과 폐기물

대기 중에 방출된 핵분열 방사성 강하물은 성층권이나 대기권에 확산되어, 여러 곳으로 이동하면서 장기간에 걸쳐 지표나 해수면에 떨어진다. 방사성 핵분열 생성물은 70~90 %가 비에 섞여 지상에 내려온다고 알려져 있으며 물, 토양, 식품 등을 오염시키는데, 특히 핵분열에 의한 생성률이 비교적 크고 반감기가 비교적 긴 스트론튬-90(Sr-90, 28년)과 세슘-137(Cs-137, 30년)과 반감기가 짧은 요오드-131(I-131, 8일)이 식품위생상 중요하다. 요오드-131은 물리적 반감기가 약 8일이고 유효 반감기는 약 7.6일이나 비교적 생성량이 많아 문제가 된다.

방사성 물질은 원자력 발전소나 핵연료 재처리시설로부터 배출되며, 산업 및 의료시설 등에서도 배출되고 있다. 원자력 발전소에서 배출되는 방사능 폐기물 처리는 안전성을 위해 일성 용기에 담아 지하 저장 특수시설에서 관리하거나 남극 또는 암염층에 매장하고 있다.

(2) 생체영향과 식품오염

방사성 물질이나 그 동위원소는 방사선의 종류와 에너지의 세기에 따라 위험도의 차이는 있으나, 일반적으로 방사능이나 생물학적 반감기가 길수록 위험하며, 생체기관의 감수성이 클수록, 혈액 흡수율이 높을수록 위험하며, 조직에 침착되는 정도가 클수록 위험하다.

스트론튬-90의 경우, 칼슘과 유사한 화학적 성질을 가지므로 체내에 흡수되면 뼈에 침착하고 잘 배설되지 않는다. 스트론튬-90의 물리적 반감기는 28년이나, 인체에서의 반감기는 35년이고, 뼈는 약 50년으로, 골수가 장시간 β선에 노출될 경우 조혈기능에 장애를 일으키게 된다. 즉, 방사성 물질은 백혈구, 적혈구, 헤모글로빈, 혈소판 등의 감소를 초래하고, 림프세포도 고도의 장해를 받으므로 세균에 감염되기 쉬우며, 백혈병이나 골육종 등의 질병에 걸리기 쉽다. 또 피부의 모낭이 침해당하므로 털이 빠지며, 전신권태, 식욕감퇴, 피로감 등을 동반한다.

방사성 물질은 장기친화성이 있어, 간, 비장, 폐, 신장 등에 기능장해를 일으키고, 유방, 갑상선, 폐, 대장, 난소 그리고 다발성골수종 등의 암을 유발한다.

농산물의 오염은 방사능 강하물이 식물의 표면에 부착하거나 직접 흡수되거나 일부는 토양에 축적된 후 뿌리에 흡수되어 일어난다. 식물의 표면에 의한 흡수는 강하율이 높은 기간이나, 이삭이나 열매가 생길 때 부착하면 오염이 커져 문제가 된다.

축산물의 방사능 오염은 먹이사슬을 따라 토양에서 자란 목초나 사료를 먹은 가축이나 가금류의 우유나 달걀, 고기를 먹은 인체를 경유하게 된다. 가축의 오염 경로는 주로 경구적으로 섭취되는 사료와 음용수가 원인이 된다. 특히, 반감기가 짧은 요오드-131은 젖소가 방사성 강하물에 직접 오염된 사료를 섭취하면 쉽게 흡수되어 우유 중에 나타나므로 생유로 음용할 때는 문제가 된다. 수산물은 방사성 생성물이 어패류의 입이나 아가미 및 체표면을 통해 흡수되거나, 오염된 플랑크톤이나 해조류 등을 먹이로 섭취하여 오염되는 경우가 많으며 주로 내장에 농축하게 된다.

방사능의 직접오염을 방지하기 위해서 농작물과 지하수저장고에는 적당한 덮

개를 사용하고, 식물의 뿌리에서 스트론튬-90을 빨아올리는 것을 방지하기 위해 미리 토양에 칼슘염을 혼합시켜 두는 방법도 있지만 이는 비용이 많이 든다. 과일이나 채소 등 농작물의 방사능 오염을 방지하는 것은 어려운 일이나, 표면의 오염물 제거는 세척을 통해 가능하므로 물이나 중성세제로 깨끗이 씻어서 먹는 것이 좋다.

참고문헌

김덕웅 · 정수현 · 염동민 · 신성균 · 여생규 · 조원대(2016). 21C 식품위생학. 수학사. pp. 276-357.

신동화 · 오덕환 · 우건조 · 정상희 · 하상도(2011). 식품위생안전성학. 한미의학. pp. 151-205.

오세욱 · 김건희 · 방우석 · 윤요한 · 최창순 · 이선영(2016). 재미있는 식품위생학. 수학사. pp. 100-114.

정덕화 · 강진순(2013). 식품위생안전성학. 정문각. pp. 234-257.

한국과학기술연구원 환경연구센터 편저(1996). 다이옥신 핸드북. 동화기술. pp. 50-60.

Reiner, E. J., Clement, R. E., Okey, A. B. Marvin, C. H. (2006). Advances in analytical techniques for polychlorinated dibenzo-p-dioxins, polychlorinated dibenzofurans and dioxin-like PCBs. *Analytical and Bioanalytical Chemistry*, *386*, 791-806.

Rice, D. A. (2004). Consequences of exposure from persistent organic pollutants (POPs): Session X summary and research needs. *NeuroToxicology*, *25*(4), 521-523.

CHAPTER 06

식품가공 및 조리 중 생성되는 유해물질

식품은 원료의 보존성을 높이고 안전성, 품질, 맛을 증진시키기 위해 가공, 조리, 건조, 염장, 발효 등의 과정을 거친다. 이러한 과정에서 식품성분이 서로 화학적으로 반응하거나 분해되면서 여러 가지 새로운 물질을 생성하는데 일부는 위해성이 있는 성분으로 변화되기도 한다. 또한, 식품의 원재료에는 존재하지 않았으나, 식품의 제조, 조리 중에 생성되는 화학적 위해물질도 있다. 이 장에서는 식품의 조리 중 생성되는 다환방향족탄화수소류, 아크릴아마이드 등과, 제조, 가공 중 생성되는 벤젠, 에틸카바메이트, 바이오제닉 아민 등과 같은 발암 가능 물질들의 특징을 알아보고, 생성기작과 위해성, 저감화 방안을 알아본다.

01 다환방향족탄화수소(Polycyclic aromatic hydrocarbons: PAHs)

다환방향족탄화수소(PAHs)는 벤젠고리가 여러 개 겹쳐 있는 구조를 갖는 화합물로 비슷한 성질을 갖는 화합물군을 총칭하는 이름이다. 현재까지 수많은 구조가 알려져 있으며, 이들 대부분이 암을 유발하는 물질로 알려져 있다(그림 6-1). PAHs는 300~600 ℃ 사이의 온도에서 유기물질이 분해되다가 불완전 연소되면서 재결합하여 생성된다. 1930년대 최초로 구조가 알려진 화합물 벤조피렌이 대표적인 PAHs로 주로 음식을 볶거나 태울 때 발생한다.

벤조피렌은 식품성분 중 특히 지질이 분해되어 합성되는데, 바비큐, 햄버거, 치킨, 스테이크, 삼겹살 등의 고기를 굽는 과정과 같이 지방 함유 식품이 불꽃과 직접 접촉할 때 가장 많이 생성되므로 검게 탄 고기에 특히 많이 존재한다. 지방을 많이 함유한 참깨나 들깨에서 고열로 기름을 추출하는 과정이나, 땅콩이나 커피를 볶는 직화구이에서 벤조피렌이 많이 검출되는 것으로 분석되었다(표 6-1).

벤조피렌은 조리 중에도 생성되지만, 환경오염으로 인해 농산물, 어패류 등 조리 · 가공하지 않은 식품에도 존재하고, 유기물질이 불완전 연소하면서 생성되므로 담배연기, 자동차 배기가스나 건물의 굴뚝 등에서도 분출된다. 환경오염물질로 널리 퍼져 있기 때문에 성인의 경우 매일 12~80 mg의 벤조피렌에 노출되고 있다.

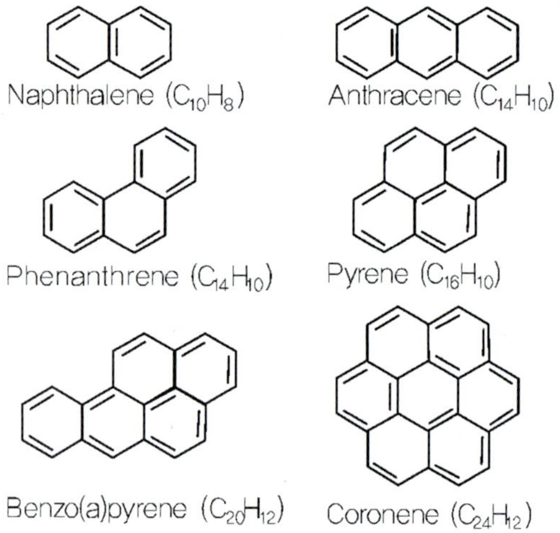

[그림 6-1] 벤조피렌의 화학구조

출처: Samanta et al.(2002)

1) 위해성

벤조피렌은 동물실험에서는 태반을 통과해 발암성을 나타내는 것이 관찰되었으며 산모에게 노출이 심할 경우에는 태아에게도 영향을 줄 수 있다. 짧은 기간 동안 벤조피렌에 다량 노출되었을 경우에는 적혈구가 파괴되어 빈혈을 일으키고 면역계가 저하된다. 장기간 노출될 경우 벤조피렌을 포함한 대부분의 PAHs가 DNA와 결합함으로써 전사(transcription)를 방해하여 신경계와 생식계에 암을 유발하는 것으로 알려져 있다. 발암성의 정도는 화합물에 따라 차이가 있으나 벤조피렌은 잔류기간이 길고 독성도 강하여 Codex 및 JECFA(Joint Expert Committee on Food Additives)의 위해성 평가를 위한 우선순위 목록에 포함되어 있다. 우리나라에서도 2006년 올리브유에서 벤조피렌이 검출되면서 사회적으로 문제가 되었다. 벤조피렌 기준을 올리브유 및 기타 식용유지 및 혼합식용유지에 대해 2.0

ppb 이하로 설정하고 있으며 일부 한약재에 대해서는 5 ppb 이하로 관리하고 있다.

2) 저감화

벤조피렌의 생성을 줄이고, 섭취를 예방하려면, 불꽃이 직접 고기에 닿지 않도록 석쇠보다는 불판을 사용하는 것이 좋으며, 숯불 가까이에서 고기를 구울 때 연기를 마시지 않도록 주의한다. 고기를 구울 때 검게 탄 부분이 생기지 않도록 조리하고, 검게 탄 부분을 제거하면 벤조피렌의 섭취량을 줄일 수 있다. 또한, 조리법으로는 구이나 튀김, 볶음보다는 삶기, 찌기 등의 조리법을 이용하는 것이 좋다.

〈표 6-1〉 식품의 벤조피렌 함량

식품	PAHs(단위: ppb)
채소	2.85~24.5
식물성 식용유	0.41~1.4
커피	0.31~1.3
차	3.9
소시지(익힌 것)	12.5~18.8
소시지(훈연)	0.8
칠면조 지방(훈연)	12.0
스테이크(직화)	0.8
갈비 바비큐	10.5

출처: 식품의약품안전처(2001). 내분비계 장애물질 연구 보고서

02 헤테로사이클릭아민(Heterocyclic amines: HCAs)

육류나 어류의 가열 조리 시 생성되는 헤테로사이클릭아민(heterocyclic amines: HCAs)은 강력한 유전독성 물질로, 현재까지 약 20여 종의 HCAs의 구조가 알려져 있으며 그중 PhIP(2-amino-1-methyl-6-phenylimidazo [4,5-b] pyridine)는 HCAs 중 가장 다량으로 분포한다(그림 6-2).

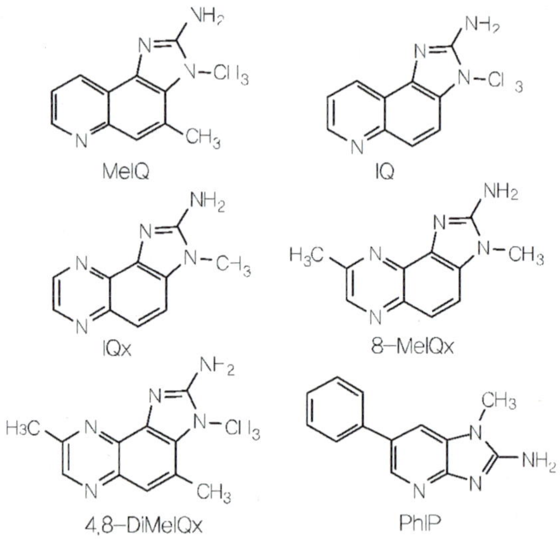

[그림 6-2] 헤테로사이클릭아민의 화학구조

출처: Gooderham et al.(2001)

1) 위해성

HCAs는 대부분 유전독성 물질로서 박테리아에서 돌연변이를 유발하며 설치류에 대하여 간, 위, 대장, 유방 등 다양한 기관에 암을 유발하는 것으로 보고되었다. 특히, PhIP와 IQ(2-amino-3-methylimidazo[4, 5-f]quinoline)는 동물실험에서 간암을 일으키는 것으로 보고되었다.

2) 저감화

HCAs는 주로 단백질이 풍부한 고기를 가공할 때 많이 생성되며, 육류 단백질의 아미노산과 크레아틴이 식품 중의 당과 고온에서 반응하여 생성된다. HCAs의 생성량은 조리온도와 시간에 의해 영향을 받는다. 조리온도 100 ℃ 이하에서는 거의 생성되지 않지만 조리온도가 200~250 ℃로 높아지면 생성량이 3배로 증가된다. 높은 온도에서 이루어지는 튀기기, 굽기, 바비큐 등의 방법은 상대적으로 많은 양의 HCAs을 생성하므로, HCAs의 생성을 최소화하기 위해서는 튀김이나 직화구이보다는 끓이기, 찌기 등의 조리방법을 선택하는 것이 좋다.

03 아크릴아마이드(Acrylamide)

아크릴아마이드(acrylamide)는 특히 감자나 곡류의 주요 아미노산인 아스파라긴산이 glucose나 fructose 와 같은 환원당의 카보닐 그룹과 열에 의해 결합하는 메일라드 반응을 통해 생성되는 물질이다(그림 6-3). 아크릴아마이드는 2002년 스웨덴 국립식품청에 의해 밝혀진 잠재적 발암물질로, 탄수화물 함량이 높은 감자나 시리얼이 120 ℃ 이상의 높은 온도에서 튀기거나 굽는 과정에서 식품 표면의 수분이 감소하고 표면 온도가 상승하면서 최종 단계에서 축적되는 것으로 알려졌다.

아크릴아마이드는 당함량이 높으며 고온에서 제조, 가공되는 감자가공식품, 특히 감자튀김, 빵, 시리얼, 비스킷, 쿠키, 스낵류, 커피 등의 식품에서 생성되는 것으로 보고되었다.

1) 위해성

아크릴아마이드는 동물실험에서 많은 양의 아크릴아마이드를 쥐에 투여했을 때 급성 신경 독성을 보였으며, 유전자 변형 및 암을 일으키는 것으로 알려져 있다. 식품 중 낮은 함량의 아크릴아마이드에 대한 인체 발암 여부는 밝혀진 바 없으나, 동물실험의 결과 사람에게도 남성 생식능력 저하 및 잠재적 발암 가능성이 있는 것으로 보고되고 있다.

2) 저감화

식품의 조리 과정에서 아크릴아마이드의 생성을 억제하고 섭취를 줄이기 위해서는 튀기거나 기름진 식품의 섭취를 줄이고 낮은 온도에서 찌거나 삶아서 익힌 식품을 섭취하는 것이 좋다. 튀김요리를 할 경우 160 ℃ 이하의 온도에서 식품을 튀기는 것이 좋으며, 오븐에서 조리할 경우에도 200 ℃를 넘지 않는 것이 바람직하다. 튀김의 정도는 색이 황금색 정도로 튀기는 것이 좋으며 진한 갈색으로 조리되지 않도록 주의해야 하며 고온에서 장시간 조리하지 않는 것이 좋다.

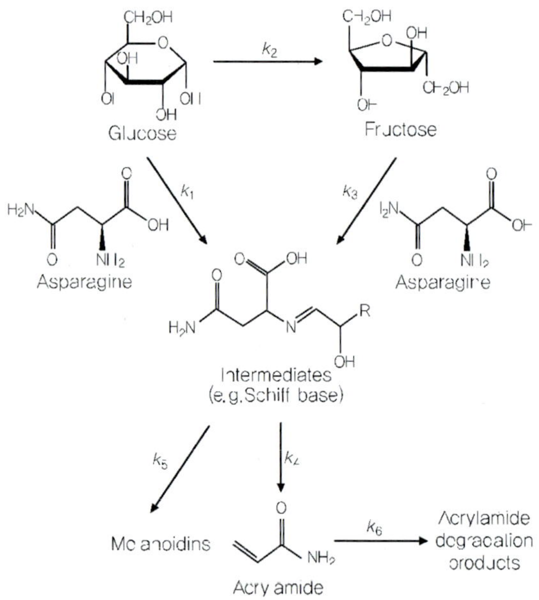

[그림 6-3] 아크릴아마이드의 생성기작

출처: Cheng et al.(2014)

04 에틸카바메이트(Ethyl carbamate)

에틸카바메이트는 주로 발효된 식품과 음료에 존재하는 발암물질로 인체노출은 주로 발효된 식품의 섭취를 통해 일어난다. 에틸카바메이트의 형성기작으로는 식품 중에 존재하는 아르기닌 또는 시트룰린을 이용한 효모의 대사과정에서 생성된 요소(urea)가 발효과정이나 식품 저장 및 숙성 과정 중 생성된 알코올과 반응하여 생성되는 것으로 알려져 있다(그림 6-4).

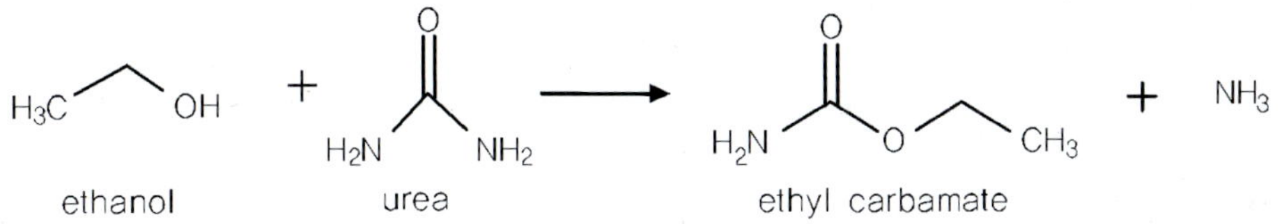

[그림 6-4] 에틸카바메이트의 생성기작

에틸카바메이트 존재는 1970년대 초기에 발효된 식품 및 알코올성 음료에서 확인되었고, 서양에서는 주로 브랜디, 위스키, 포도주 등의 알코올성 음료에서 많은 양이 검출되었다. 이는 주류를 발효시킬 때 효모의 식량으로 첨가한 요소에서 생성한 것으로 밝혀져 최근에는 요소를 주류첨가제로 사용하지 않고 있다. 발효식품의 경우, 한국인의 상용 식품인 된장, 간장, 김치 등에서 검출되었으며, 일본식 된장(miso), 일본식 청국장(natto), 요구르트, 치즈 등에서도 검출되었다.

에틸카바메이트 생성은 숙성 기간과 온도에 비례하여 함량이 증가하며 가열하면 생성 속도가 빨라진다. 따라서 가열공정을 포함하는 디저트와인, 과일 브랜디, 위스키 등 음료에서 고농도로 검출된다.

1) 위해성

쥐, 토끼 등을 대상으로 한 동물실험에서 에틸카바메이트에는 간, 신장, 폐, 유선, 심장 등에서 종양을 형성하는 것으로 확인되었으며 특히, 암컷 쥐의 경우 유선이, 수컷의 경우 폐가 주요 감수성 기관으로 나타났다. 인체에서도 에틸카바메이는 단기간 동안 체내에 일정 농도 이상 노출되면 구토, 의식불명, 출혈을 일으키고 간과 신장에 손상을 일으키는 것으로 알려졌다. 현재 IARC에서는 인간에게 암을 일으키는 것으로 추정되는 물질(Group 2A)로 분류하고 있다.

2) 저감화

저감화 방법으로는 발효식품의 저장과 운송 시 온도가 상승되지 않도록 하는 것이 좋다. 알코올 음료 제조업체는 보리를 원료로 사용함으로써 에틸카바메이트의 전구체를 자연적으로 낮추어 에틸카바메이트의 함량을 감소시키고 있다. 와인의 원료가 되는 포도를 재배할 때 질소 비료의 사용량을 줄이면 에틸카바메이트 생성량을 낮출 수 있다. 발효식품인 김치의 경우 젓갈의 첨가량과 숙성시간에 비례하여 에틸카바메이트가 많이 생성되므로 에틸카바메이트 생성을 억제하도록 조건을 조절한다. 간장을 담글 때 광선을 쪼여 주면서 보관하면 에틸카바메이트의 형성을 억제할 수 있다.

05 바이오제닉 아민(Biogenic amines: BAs)

바이오제닉 아민은 미생물, 식물 및 동물의 대사과정에서 생성되는 저분자량의 물질로, 주로 식품의 저장, 발효 과정 중에 존재하는 미생물에 의한 유리아미노산의 탈탄산 반응에 의해 생성된다.

식품에서 바이오제닉 아민의 생성은 단백질이 분해되면서 히스티딘, 티로신 등과 같은 아미노산의 CHCOOH 말단기로부터 효소적 탈탄산 반응에 의해 CO2가 빠지면서 생성된다. 바이오제닉 아민은 천연적으로 생성되는 것과 가공 저장 중 생성되는 것의 두 그룹으로 크게 나뉘며, 식품에서 가장 중요한 바이오제닉 아민으로는 히스타민, 트립타민, 카다베린, 푸트레신 등이 있다(그림 6-5).

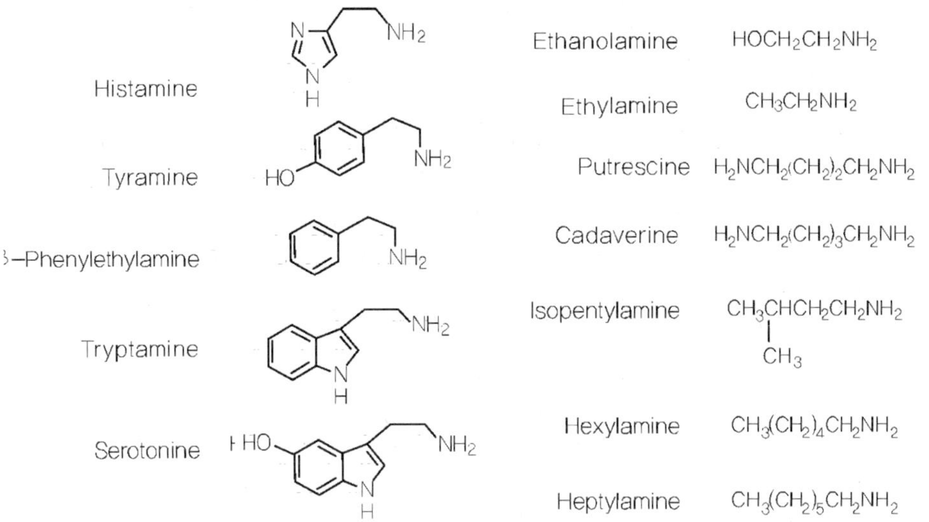

[그림 6-5] 바이오제닉 아민의 화학구조

출처: Bäumlisberger et al.(2015)

관련 식품으로는 고등어나 꽁치, 정어리, 참치 등의 생선을 비위생적으로 관리하여 부패할 경우 미생물의 증식으로 히스타민, 푸트레신, 카다베린, 티라민, 스페르민 등이 생성된다. 이 밖에도 육류제품, 우유, 유제품, 시금치, 토마토 등의 채소, 오렌지, 바나나 등의 과일과 견과류 등에서도 검출된다. 발효식품으로는 우리나라 전통 식품인 된장, 간장, 청국장, 멸치젓, 까나리 액젓, 배추김치 등에서 검출되었으나 모두 식품의 부재료로서 소량섭취하기 때문에 건강한 사람에게는 유해한 수준은 아닌 것으로 보고되었다.

바이오제닉 아민은 열에 안정하며 가공 및 조리 후에도 식품 내에 존재하는데 바이오제닉 아민의 생성에 가장 큰 영향을 주는 조건은 온도와 저장기간이다.

온도가 높을수록, 저장기간이 길수록 바이오제닉 아민은 많이 생성되며, 다양한 미생물들이 바이오제닉 아민의 형성에 관여한다. *Bacillus*, *Citrobacter*, *Klebsiella*, *Escherichia*, *Morganella*, *Pseudomonas*, *Salmonella*, *Shigella*, *Lactobacillus*, *Pediococcus*, *Streptococcus* 등은 아미노산 탈탄산효소를 가지고 있어 바이오제닉 아민을 생성할 수 있다(그림 6-6). Morganella morganii 는 히스티딘이 다량 존재하는 생선제품에서 히스타민을 생성한다.

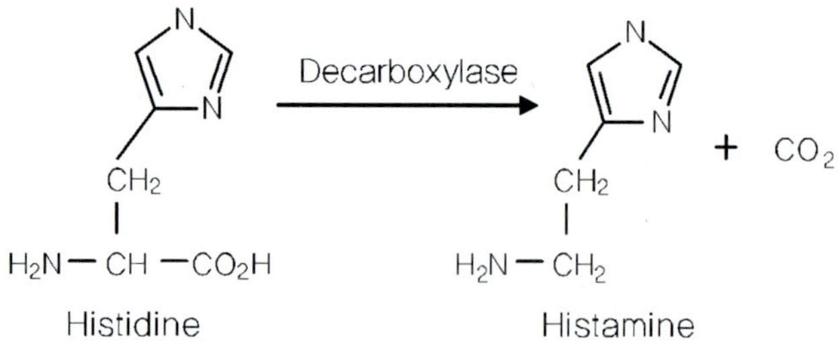

[그림 6-6] 히스타민의 생성기작

1) 위해성

바이오제닉 아민은 체내에서 직 · 간접적으로 신경전달물질로 작용하고, 혈압조절 및 혈류 등의 심혈관계에도 영향을 미친다. 고등어에 존재하는 히스타민은 국소적 피부염증이나 구토, 오심, 설사, 복통, 저혈압, 울렁거림, 호흡곤란 등의 중독증상을 유발한다. 티라민은 교감신경계에서 노르아드레날린을 분비함으로써 혈관수축과 심박활동을 증가시켜 혈압상승 및 고혈압을 유발한다. 독성증상은 섭취 농도, 다른 아민류의 혼재 여부 및 개인의 건강 상태에 따라 달라질 수 있다. 발효식품에 존재하는 바이오제닉 아민은 식품을 소량 섭취할 경우 유해한 수준은 아니지만, 과다 섭취하거나 이를 소량 섭취했어도 분해효소가 제대로 작용하지 않는 경우에는 증상이 나타날 수 있다.

2) 저감화

바이오제닉 아민의 저감화 방법으로는 원료와 제조공정을 청결하게 유지하여 부패미생물 오염을 차단하고 발효온도 및 저장온도를 낮추는 것이 좋다. 발효 식품의 경우 자연 발효 대신 발효 종균을 이용하여 발효시키면 아민 생성량을 낮출 수 있다. 젓갈류 및 장류 제조 시 글라이신이나 마늘 추출물을 첨가하면 바이오제닉 아민 생성을 억제하는 효과가 있다. 어류 가공품 생산 시 부산물의 pH를 4.5 이하로 낮춤으로써 데카르복실레이스 활성을 효과적으로 억제할 수 있다.

06 니트로사민(Nitrosamine)

니트로사민(nitrosamine)은 육류나 생선 등에 존재하는 2급 아민이 발색제로 첨가하는 아질산염(nitrite, NO_2)과 산성조건에서 반응하여 생성되는 발암물질이다. 니트로사민의 전구체가 되는 아질산염이나 질산염(nitrate, NO_3)은 사용량은 적으나, 베이컨, 소시지를 비롯하여 식육, 어육, 어란 등 제품에 발색 및 보존을 목적으로 첨가하는 화합물이며, 질산염으로부터 인체 내에서 환원되기도 한다. 따라서 아질산염이 발색제로 첨가된 햄이나 소시지 등은 니트로사민이 생성될 가능성이 높고, 이들 물질을 포함하는 식품이 있으면 가열조리 때나 섭취 후 위장 내에서 생성될 수 있다(그림 6-7).

1950년대 노르웨이에서 아질산염을 첨가하여 가열한 청어사료를 먹은 가축들이 심한 간장장해로 떼죽음을 당하는 사건이 발생했다. 그 원인은 *Clostridium botulinum* 균의 억제를 위해 보존료로 첨가한 아질산나트륨이 어분 중의 디메틸아민(dimethyl amine)과 반응하여 생긴 니트로소디메틸아민(nitrosodimethylamine)의 독성 때문인 것으로 밝혀졌다.

동물성 식품에는 2급 아민이 흔히 존재하기 때문에 아질산염을 처리한 육류제품의 섭취나 질산비료를 사용한 채소의 섭취에 대한 우려가 일반 소비자들 사이에 널리 퍼지기도 했다. 니트로사민은 아민기에 니트로소기(-N=O)가 결합된 형태로 아민기에 연결된 탄소수와 구조에 따라 매우 다양한 종류의 니트로사민이 형성되며 화합물에 따라 장기특이성을 가진다.

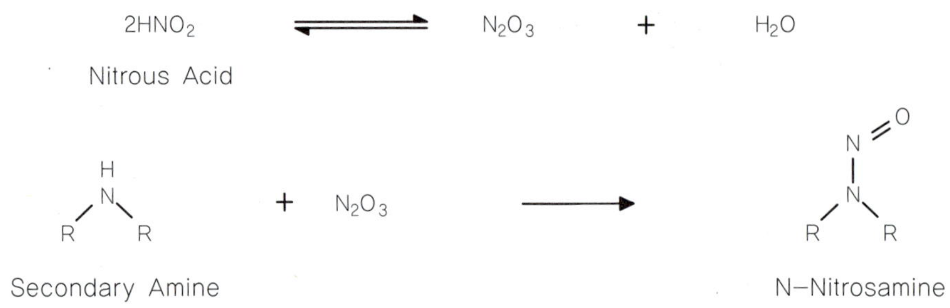

[그림 6-7] 니트로사민의 생성기작

출처: Mirvish(1975)

1) 위해성

현재까지 실험된 니트로사민의 경우 80 % 이상이 동물실험에서 암을 유발하는 것으로 나타나 구조적으로 매우 독성이 강한 물질로 여겨지고 있다.

2) 저감화

니트로사민 저감화 방법으로는 식품의 제조나 가공 시 식품의 산도(pH)를 1~2 이하 또는 4 이상으로 조절하면 화합물 간의 반응을 억제해 니트로사민의 양을 줄일 수 있다. 비타민 C, 마늘추출물 등의 항산화제를 첨가하여 니트로사민의 생성을 억제한다. 전자레인지와 같은 간접적인 열원을 이용하여 식품을 데우거나 낮은 온도에서 동결건조하면 니트로사민 생성이 억제된다.

07 NCPD

MCPD(3-monochloropropane-1, 2-diol)는 단백질 등이 함유된 식품에서 맛을 좋게 하기 위해 단백질을 아미노산으로 산분해하는 과정에서 얻어지는 부산물로 산분해 간장, 빵, 크래커, 비스킷, 훈제살라미 등에서 검출되었고, 곡류 및 맥아 등을 볶는 열 가공 중에도 많이 발생된다. 산분해 간장의 경우, 염산과 반응하여 콩의 중성지방의 glycerol backbone에 붙은 3개의 지방산 중 1~2개의 지방산에 염산의 염소기가 치환되어 만들어진다(그림 6-8).

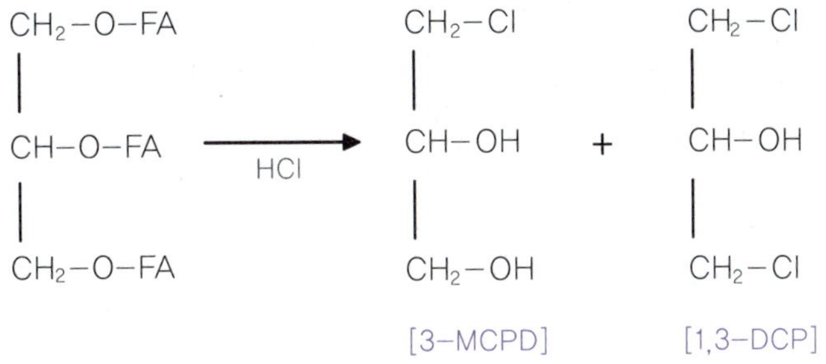

[그림 6-8] Triglyceride로부터 3-MCPD 생성기전

3-MCPD의 생성률은 glyceride보다 triolein에서 약 4배 정도 높다. 최근 식품 중 3-MCPD를 분석하는 기술이 발전함에 따라 그 위해성이 제기되고 있다. 3-MCPD는 실험동물에게 장기간 섭취시켰을 때 발암 가능성이 있는 것으로 나타났다.

참고문헌

노봉수 · 김명화 · 어중혁 · 윤현근 · 이성준 · 이원종 · 이재환 · 임재연 · 정현정 · 조미숙(2013). 생각이 필요한 건강과 식생활. 수학사. pp. 291-299.

신동화 · 오덕환 · 우건조 · 정상희 · 하상도(2011). 식품위생안전성학. 한미의학. pp. 210-235.

오세욱 · 김건희 · 방우석 · 윤요한 · 최창순 · 이선영(2016). 재미있는 식품위생학. 수학사. pp. 143-148.

Bäumlisberger, M., Moellecken, U., König, H., Claus, H. (2015). The potential of the yeast Debaryomyces hansenii H525 to degrade biogenic amines in food. *Microorganisms*, *3*, 839-850.

Cheng, J., Chen, X., Lu, H., Chen, Q. Zhung, Y. (2014). Antioxidant-related and kinetic studies on the reduction effect of catechins and esterified catechins on acrylamide formation in a microwave heating model system. *RCS Advances*, *4*, 43378-43386.

Gooderham, N. J., Murray, S., Lynch, A. M., Yadollahi-Farsani, M., Zhao, K., Boobis, A. R., Davis, D. (2001). Food-derived heterocyclic amine mutagens: variable metabolism and significance to humans. *Drug Metabolism and Disposition*, *29*, 529-534.

Mirvish, S. S. (1975). Formation of N-nitroso compounds－Chemistry, kinetics and in vivo occurrence. *Toxicology and Applied Pharmacology*, *31*, 325-351.

Samanta, S. K., Singh, O. V., Jain, R. K. (2002). Polycyclic aromatic hydrocarbons: environmental pollution and bioremediation. *Trends in Biotechnology*, *20*(6), 243-248.

CHAPTER

07

식품첨가물

01 식품첨가물의 정의 및 필요성

1) 식품첨가물의 정의

식품첨가물은 식품산업의 발달과 더불어 식생활이 향상되고 식품의 종류와 형태가 다양화됨에 따라 첨가물의 종류와 사용량이 증가되는 추세이다. 최근에는 식품첨가물의 안전성에 대한 소비자의 관심도 날로 높아지고 있다.

식품첨가물(food additives)의 정의를 살펴보면, Codex(국제식품규격)에서는 "일반적으로 그 자체를 식품으로 섭취하지 않고, 영양적 가치에 상관없이 식품의 일반 성분으로서 사용되지 않는 물질을 의미하며, 식품의 제조, 가공, 조리, 처리, 포장 및 보관 시에 기술적인 목적을 달성하기 위해 식품에 첨가하여 효과를 나타내거나, 식품의 특성에 영향을 끼칠 수 있는 물질을 말한다. 다만, 오염물질, 영양적 품질 개선을 목적으로 첨가하는 물질은 제외된다"라고 정의한다.

우리나라 「식품위생법」 제2조(정의)에서 "식품첨가물이라 함은 식품을 제조 · 가공 또는 보존함에 있어 식품에 첨가 · 혼합 · 침윤 기타의 방법으로 사용되는 물질(기구 및 용기 · 포장의 살균 · 소독의 목적에 사용되어 간접적으로 식품에 이행될 수 있는 물질을 포함한다)을 말한다"라고 정의하고 있다. 식품첨가물은 다양한 식품의 가공에 사용되고 있으며 식품이 아닌 첨가물이기 때문에 사용목적이 뚜렷하고, 생산자나 소비자에게 유익한 효과를 줄 수 있어야 하며, 유해성이 없어야 한다. 따라서 세계적으로 여러 나라 및 기구에서 식품에 사용 가능한 식품첨가물에 대한 정의를 법적으로 규정하고 관리하고 있다.

2) 식품첨가물의 사용 필요성

식품첨가물은 식품의 조리, 가공 또는 제조과정에서 식품의 상품적, 영양적 및 위생적인 가치를 향상시키고, 식품의 품질을 좋게 하여 기호성이나 보존성을 증진시키고 영양가 및 식품의 실질적 가치를 증진시키기 위해 첨가되는 등 다양한 목적을 위해 식품에 사용된다. 일반적으로 국가에서 사용이 허용된 식품첨가물은 이와 같은 사용의 정당성, 안전성 및 기술적 필요성이 인정된 것이다. 우리나라에서 사용이 허가된 식품첨가물은 대략 600 품목이 있다. 허가된 식품첨가물은 허용량 이상을 사용하거나 잘못 사용할 경우 식품 위해 사고를 일으킬 수 있으므로 식품 첨가물은 목적에 맞는 적합한 품목을 선택하여 정해진 방법이나 사용량 등에 따라 적정량을 첨가해야 한다. 현재 사용이 허가되었다 하더라도 과학기술의 발달에 따라 유해성이 증명되면 사용이 금지될 수 있다.

〈식품첨가물의 사용원칙〉

▶ 보조제의 용도로 최소한의 사용원칙 ▶ 안전성 측면 • 사용으로 인한 건강상의 해가 없어야 함	▶ 기술적 측면 ▶ 사용으로 인한 이익 존재 - 건강상의 이익: 안전성 향상, 영양소 보충 또는 생리적 기능 증진 - 관능적 이익: 향, 맛, 색 등의 개선 - 경제적 이익: 식품제조 가공 등의 개선 및 보조적인 역할

식품첨가물은 소비자 측면에서 고려할 때 화학적 합성품의 경우 천연첨가물에 비해 인체에 해롭다는 부정적 개념이 깊이 자리 잡고 있으나, 과학적 측면에서는 인체에 대해 충분한 안전성이 확보되고, 식품에 사용했을 때 충분한 효과가 있고 이익이 큰 경우 허용해야 할 것이다. 산화되기 쉽거나 고유지함유 식품과 같이 저장기간이 한정된 식품의 경우, 항산화제를 첨가하면 제품이 산화되는 것을 방지할 뿐 아니라 저장기간을 연장할 수 있다.

또한, 미생물에 의해 쉽게 변질이 일어날 수 있는 육가공제품의 부패를 방지하고, 식중독균으로부터 소비자를 보호할 수 있으며, 저장기간을 연장함으로써 제조 원가를 낮추고 자원의 활용도를 높일 수 있다. 안전성이 확보된 식품첨가물을 적절히 사용함으로써 색이나, 향, 조직, 맛에 변화를 주고 새로운 상품을 개발하여 소비자의 기호성을 만족시킬 수 있으며, 식품에 따라 부족한 비타민, 무기질, 아미노산 등 부족한 영양소를 첨가함으로써 균형 잡힌 영양 공급에 기여할 수 있다. 이와 같이 식품첨가물은 정해진 사용 기준에 따라 부정적 측면을 최소화시키고 긍정적 효과를 극대화시킬 수 있는 방향으로 사용할 경우 우리 식생활을 풍요롭게 하고 식품산업을 발전시키는 데 기여할 것이다.

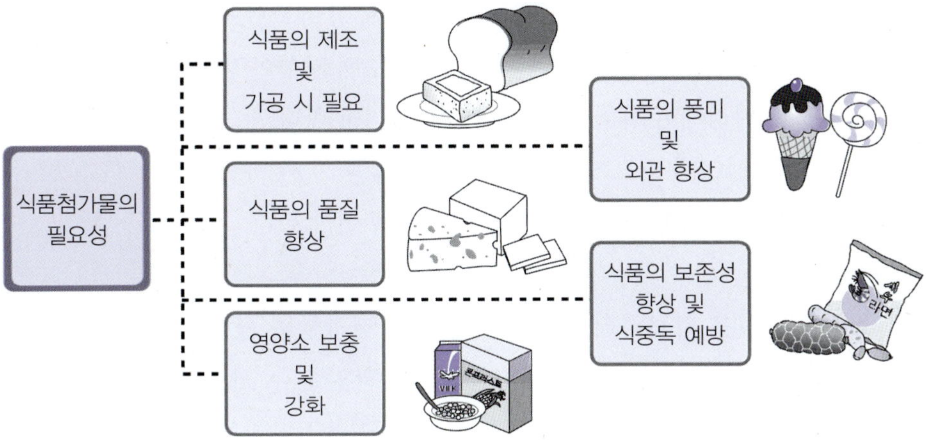

[그림 7-1] 식품첨가물의 필요성

출처: 식품의약품안전처, 식품안전정보 포털(2016)

02 식품첨가물의 사용 원칙 및 사용 기준

식품첨가물은 세척제나 살균제와 같이 식품의 제조 · 가공 과정에서 보조적 역할을 위해 사용하였으나 세척하는 과정에서 제거되는 경우도 있지만, 대부분의 첨가물은 식품에 남아 식품과 함께 인체 내로 섭취된다. 식품첨가물의 종류와 사용범위는 식품산업이 발달함에 따라 크게 늘어나는 추세이므로 식품첨가물의 안전성 확보는 가장 기본적인 필수조건이며, 다음과 같은 요건을 갖춰야 한다.

① 일반적인 사용법에 의할 경우, 첨가하는 수준에서 인체에 대한 충분한 안전성이 확보되어야 한다.
② 식품에 사용했을 때 소량으로 사용목적에 따른 효과를 나타낼 수 있어야 한다.
③ 화학명과 제조방법이 명확하여 식품에 첨가되는 첨가물의 양을 정량적으로 확인할 수 있어야 한다.
④ 식품의 특성이나 가공 공정 개선 그리고 상품성 제고에 꼭 필요해야 한다.
⑤ 식품의 구성성분에 어떠한 부정적 영향도 주지 않아야 한다.
⑥ 사용하기 편리해야 하며 경제적 이익이 있어야 한다.
⑦ 저장 중 안전성이 확보되어야 한다.
⑧ 어떤 형태로든 소비자에게 긍정적 영향을 주어야 한다.

식품의 안전성을 확보하기 위해 화학물질을 첨가물로 사용할 때에는 동물실험을 통한 충분한 독성검사를 거쳐서 안전성을 확인한 후 사용하도록 되어 있으며 여러 가지 법적 규제 조치를 취하고 있다. 즉, 식품첨가물은 식품의 종류, 사용량, 사용목적 및 사용방법 등을 제한하고 있으며, 식품첨가물을 안전하게 사용하기 위하여 식품첨가물의 사용량은 식품의 1일 섭취허용량(acceptable daily intake: ADI)을 고려하여 결정된다. 1일 섭취허용량은 어떠한 식품첨가물에 대하여 사람이 일생 동안 매일 섭취하여도 건강에 영향을 주지 않는 안전한 양을 의미한다. 1일 섭취허용량은 동물을 이용한 독성시험을 통하여 동물에게 제공된 식품첨가물이 아무런 영향을 나타내지 않는 최대무작용량(maximum no observed adverse effect level)을 찾고 이 양에 안전계수 100을 적용하여 산출한다. 그러나 한 종류의 식품첨가물은 한 가지 품목의 식품에만 사용되지 않고, 여러 품목의 식품에서 사용되므로, 각 식품의 1일 섭취량을 고려하여 사용량을 결정하게 되며, 그 합계량이 1일 섭취허용량을 초과해서는 안 된다.

03 식품첨가물의 분류

식품첨가물은 국가별로 허용되는 품목을 정하여 고시하고 있으며 우리나라 식품첨가물은 1962년「식품위생법」에 근거해 217개 품목을 지정하면서 안전관리가 시작되었다. 1973년 11월 <식품첨가물공전>을 만들어 성분규격, 사용기준, 표시기준, 보존기준, 제조기준 등을 수록했으며, 현재 600 여개 품목의 식품첨가물을 허용하고 있다.

식품첨가물 분류체계는 그동안 합성첨가물과 천연첨가물로 구분되어 왔으나, 2018년 1월 1일부터 용도중심으로 개편되어 화학적합성품과 천연첨가물의 구분없이 31 개 용도 중심으로 분류되며, 품목별 사용기준에 주용도와 사용기준을 제시하고 있다.

31 개 용도는 감미료, 고결방지제, 껌기초제, 밀가루개량제, 발색제, 보존료, 분사제, 산도조절제, 산화방지제, 살균제, 거품제거제, 습윤제, 안정제, 여과보조제, 영양강화제, 유화제, 이형제, 응고제, 제조용제, 젤형성제, 증점제, 착색료, 착향료, 추출용제, 충전제, 팽창제, 표백제, 표면처리제, 피막제, 향미증진제, 효소제 등이다.

우리나라 식품의약품안전처는 식품첨가물에 대하여 매년 재평가와 과학적인 안전성 평가를 통하여 지속적인 안전하게 관리하고 있으며, 안전성이 확보된 식품첨가물에 대해 지속적으로 허용을 추진하고 있다.

1) 사용목적에 따른 분류

기능과 용도, 사용목적에 따른 식품첨가물의 분류는 다음과 같다.

- 기호성을 높이고 관능을 만족시키는 것: 조미료, 감미료, 산미료, 착색료, 착향료, 발색제, 표백제
- 식품의 변질을 방지하는 것: 보존료, 살균료, 산화방지제

- 식품의 영양을 강화하는 것: 강화제
- 식품의 품질개량이나 품질유지에 사용되는 첨가물: 품질개량제, 밀가루 개량제, 호료, 안정제, 피막제, 유화제, 용제
- 식품제조에 필요한 것: 식품제조용 첨가제, 소포제

식품첨가물은 사용하는 용도가 뚜렷하므로 용도별로 분류할 수 있으나 비타민 C나 비타민 E와 같이 항산화 효과가 있으면서 영양강화제로 분류되는 경우도 있다.

2) 사용방법에 따른 분류

식품첨가물은 그 용도에 따라서 최종적으로 식용하는 제품에 잔존하는 첨가물, 가공 공정 중 사용하는 첨가물, 세척, 살균에 사용하는 첨가물 등으로 분류할 수 있다.

최종제품에 잔존하는 첨가물은 향이나 맛을 주는 감미료, 착향료, 영양강화제 등과 같이 식품제조 과정 중에 첨가하여 소비자가 섭취할 때 같이 먹게 되는 첨가물들로, 최종제품에 잔존하므로 안전성에 더 주의하여야 한다.

가공 공정 중 사용하는 첨가물은 새로운 형태의 제품을 만들기 위하여 사용하거나 가공 공정을 편리하게 하기 위해 첨가하는 첨가물들로 산으로 가수분해할 때 사용하는 염산(HCl)이나 이를 중화하는 데 사용하는 수산화나트륨(NaOH), 알칼리 박피 시 사용하는 수산화나트륨 등이 해당된다. 이 첨가물들은 사용 후 최종제품에 잔존해서는 안 되는 첨가물이다.

세척, 살균에 사용하는 첨가물은 용기의 세척이나 기계 등의 살균목적으로 사용하는 첨가물로 이산화염소(ClO_2)나 오존수 등을 포함한다. 이들은 식품 자체에 잔존하는 것을 허용하지 않으므로 세척 후 완제품 제조 전에 제거해야 한다.

04 식품첨가물의 종류

① 보존료

보존료는 미생물의 증식에 의해 일어나는 식품의 변질을 방지하여 식품의 보존성을 향상시킬 목적으로 사용하는 식품첨가물을 말한다. 보존료는 식품에서 미생물의 증식을 억제하거나 사멸시키는 작용도 하지만 살균작용보다는 미생물에 대한 정균작용이나 효소의 발효작용 억제에 의해 식품 보존의 효과를 갖는다.

식품용 보존료로 사용되기 위해서는 소량으로도 미생물의 생육을 억제할 수 있고, 효과가 지속적으로 유지되어야 하며, 보존제 첨가에 따른 식품의 기호도 저하가 없어야 한다. 보존료의 효과에 영향을 주는 주요 인자로는 식품의 pH, 미생물의 오염 정도, 가열 여부, 식품의 용해도 등이 있다.

산형보존료는 식품의 pH가 낮을수록 효과가 좋으며, 일반적으로 해리되지 않은 형태가 더 효과적이다. 식품 중에 오염된 미생물이 많을수록 보존료의 효과가 저하된다. 식품의 가열공정에 보존료를 첨가하면 미생물 사멸에 소요되는 시간을 줄일 수 있으며, 보존료는 식품 중의 수분에 균일하게 미생물의 발육정지농도 이상으로 용해되어야 한다. 따라서, 보존료의 효과를 높이기 위해서는 식품의 pH를 보존료의 작용에 효과적인 pH로 조정하고 가열살균, 건조, 냉장 또는 냉동을 동시에 실시하는 것이 바람직하다. 보존료에는 데히드로초산, 소브산, 안식향산, 프로피온산, 안식향산에스테르 등이 있다.

② 살균제

살균제는 미생물을 짧은 시간 내에 사멸시키기 위해 사용하는 첨가물로, 독성이 적고 식품에 영향을 주지 않으면서도 살균효과가 강하고, 지속력이 강한 것이 좋다. 살균제는 식품에 직접 첨가하여 사용하기보다는 주로 식품제조 시 용기의 소독용으로 사용한다. 차아염소산나트륨(sodium hypochlorite), 표백분(bleaching powder), 고도표백분(calcium hypo-chlorite), 과산화수소(hydrogen peroxide), 이염화이소시아눌산나트륨(sodium dichloroisocyanurate) 등이 있다.

③ 산화방지제

식품은 미생물에 의한 부패 외에도 식품의 제조 및 보존 과정에서 공기 중의 빛이나 산소, 높은 온도 등 다양한 조건하에서 산화되어 변질될 수 있다. 산화방지제는 항산화제라고도 하며 식품보존상 공기 중의 산소에 의해 일어나는 식품의 품질 저하를 방지하기 위해 사용하는 첨가물이다. 특히, 유지 또는 유지를 함유한 식품은 산소와 결합하여 산화되면 산패취와 같은 이취가 발생하게 되어 상품성이 저하되고, 지질의 변색, 변향, 영양가 감소 등이 발생하므로 이를 방지하기 위한 목적으로 사용한다. 산화방지제는 산화가 시작되는 것을 지연시키거나, 산화속도를 늦추고, 영양소 손실을 막아주며, 색소의 퇴색을 막는 역할을 한다.

산화방지제는 천연항산화제와 합성항산화제로 구분된다. 천연항산화제는 식물성 기름 중의 토코페롤, 참기름 중의 세사몰 등이 있으며 합성항산화제는 에리소르빈산(erythorbic acid), 아스코르빈산(ascorbic acid) 등의 수용성과 몰식자산프로필(propyl gallate), 부틸히드록시아니졸(butyl hydroxy anisole: BHA), 디부틸히드록시톨루엔(di-butyl hydroxy toluene: BHT) 등의 지용성이 있다. 수용성은 주로 색소의 산화를 방지하는 데 이용하며, 지용성은 유지와 유지함유 식품의 산화 방지에 이용된다. 지용성 산화방지제는 단독사용보다는 두 개 이상의 산화방지제를 병용하여 사용할 경우 효력이 증가하므로 병용 사용하는 경우가 많다.

④ 표백제

식품가공이나 제조에 있어서 식품원료나 가공된 제품에 존재하는 일반 색소 및 발색성 물질에 의해 갈변이나 착색이 됨으로써 식품의 외관이 변화되는 경우가 발생한다. 표백제는 이러한 색소나 발색물질을 탈색시켜 무색의 화합물로 변화시키기 위해 사용하는 첨가물이다.

표백제는 산화표백제와 환원표백제로 나눌 수 있다. 산화형 표백제는 산화작용에 의해 색소를 분해하는 것으로 식품의 조직이 부분적으로 파괴되거나 손상될 뿐 아니라 비타민 등의 영양성분의 손실을 가져올 우려가 있다. 산화표백제로는 과산화수소가 대표적이며, 과산화벤조일, 차아염소산나트륨 등이 있다. 산화표백제는 색소를 산화, 파괴하는 정도가 환원표백제보다 강한 편으로 지나치면 변색되어 색이 더 짙어지는 경우도 있으므로 유의해야 한다.

환원표백제는 색소 중의 산소를 빼앗아 환원작용에 의하여 표백하는 것으로 산화형 표백제와는 달리, 표백제가 존재하고 있는 동안에는 효과가 좋으나 환원표백제의 효능이 상실되면 공기 중의 산소와 다시 결합하게 되므로 본래의 색으로 회복되는 단점이 있다. 환원표백제로는 아황산염류(아황산나트륨, 산성아황산나트륨, 차아황산나트륨, 무수아황산 등)가 있다. 살균제이면서 표백제로 허용된 과산화수소는 최근 안전성이 문제가 되면서 최종식품의 완성 전에 분해 또는 제거하도록 규정되어 있다.

⑤ 증점제(Thickeners, gelling agents)

증점제는 겔화제, 농화제, 호료라고도 알려져 있으며 다양한 목적을 위해 사용된다. 증점제는 고분자의 천연 물질과 이들의 유도체들로 식품의 점도를 증가시키고 유화안정성을 좋게 한다. 증점제는 식품의 보존 중에 선도를 유지하고 가공 공정 중에 형체를 보존하는 데 도움을 주며, 미각에 대한 점활성을 주어 촉감을 좋게 하기 위하여 널리 사용되고 있다.

증점제의 사용 예로는 스프나 토마토케첩에는 점성과 걸쭉한 성질을 부여하고, 햄, 소시지 등에서는 재료 간의 결합을 도와주는 결착보수제 역할도 한다. 인스턴트 커피나 청량음료에서는 분산 및 용해 촉진효과가 있으며, 초콜릿에서는 피복제의 역할을 하는 등 다양한 식품에 사용된다.

식품에 사용 가능하도록 지정되어 있는 증점제로는 카제인, 구아검, 로커스트콩검, 잔탄검, 아라비아검, 젤라틴, 카라기난, 타마린드검, 펙틴 등의 천연품과 CMC(car-boxymethyl cellulose), 카르복시메틸셀룰로오스칼슘(calcium carboxy-methyl cellu-ose), 카르복시메틸셀룰로오스스타치(sodium carboxymethyl starch) 등의 합성품이 있다.

⑥ 밀가루 개량제

밀가루는 제조 후 그대로 사용하면 카로티노이드 등의 색소를 함유할 뿐만 아니라, 숙성시키는 데 시간이 요구된다. 밀가루 개량제는 제분한 밀가루의 색소를 제거하고, 숙성 기간을 단축시키고, 제빵 저해물질을 파괴시켜 품질을 개선하기 위해 사용하는 첨가물로 과산화벤조일, 과황산암모늄, 염소, 이산화염소 등이 있다.

과산화벤조일은 산화작용에 의한 표백작용을 주로 하며, 과황산암모늄은 표백작용은 약하지만 글루텐의 성질을 좋게 하여 제빵 특성을 좋게 한다. 밀가루 개량제를 과량 사용하면 표백 효과는 좋아지지만 비타민 B1과 다른 영양소의 손실이 크고, 숙성을 지나치게 빨리 진행시켜 글루텐의 질적인 저하에 따른 밀가루의 품질을 저하시키게 되므로 사용 시 주의해야 한다.

⑦ 착향료

착향료는 식품에 향을 부여하거나 식품 중의 바람직하지 않은 냄새를 제거하거나 개선하기 위하여 사용하는 식품첨가물로 합성향료와 천연향료가 사용되고 있으며, 착향료를 형태에 따라 분류하면 다음과 같다.

ⓐ 수용성 착향료: essence라고 하며 물에 녹지 않는 유상의 방향성분을 용제(알코올, 프로필렌글리콜) 등에 잘 녹게 만든 것으로, 주로 청량음료나 빙과류에 사용하여 식품에 신선한 풍미를 준다. 휘발성이 있으므로 가열식품에는 사용하기 어렵다.

ⓑ 유용성 착향료: oil이라고 하며 지용성, 내열성이 있으므로 가열처리가 필요한 캐러멜, 드롭프스, 비스킷 등에 사용된다.

ⓒ 유화향료: 친유성의 향료를 유화제를 사용하여 물속에 유화시킨 것이며 내열성이 있고 물에 잘 녹는다. 과즙음료나 젖산균음료에 사용한다.

ⓓ 분말향료: 향료를 포도당이나 젖당 같은 분말에 혼합하여 만든 것으로 열이나 광선에는 안정하나 수분을 흡수하기도 하고, 수분이 많은 식품에는 향기

손실이 크므로 분말형태의 식품에 사용한다.

⑧ 발색제

착색제와는 달리 발색제 자체는 색이 없어 식품을 착색시킬 수는 없으나, 식품 중에 존재하는 유색물질과 결합하여 식품의 색을 안정시키거나 발색 혹은 발색을 촉진시키는 식품첨가물로 색소고정제라고도 한다.

육류의 myoglobin이나 hemoglobin 등의 색소단백질은 방치하거나 가열조리하는 과정에서 산화되어 색이 변하게 되는데 이와 같은 변색을 방지하고 선홍색으로 고정시키기 위하여 아질산염(nitrite, NO_2)이나 질산염(nitrate, NO_3)을 사용하여 안정한 선홍색으로 색을 고정한다. 아질산염은 발색제 기능 외에도 육제품의 풍미 증진, 항산화작용에 의한 지방의 산패억제, 세균의 증식억제 기능이 있으나 독성이 강하므로 사용기준(0.01~0.02 %)에 맞게 사용하여야 한다.

채소나 과일에는 황산제일철, 소명반 등의 금속화합물이 이용된다. 황산제일철은 채소, 과일, 콩류 등의 anthocyanin 색소류와 결합하여 선명한 색을 나타내게 한다. 특히, 가지를 소금절임할 때 변색방지를 위하여 이용한다.

⑨ 착색료

착색료는 천연식품이 가진 자연의 색조가 조리나 가공 중에 색이 변질될 수 있으므로 이를 방지하기 위해 사용하는 첨가물이다. 착색료는 가공 보존 중에 식품의 색이 변하거나 퇴색하는 경우 보충하기 위해 첨가하거나, 제조조건이나 원료가 일정하지 않은 경우 균일한 색을 내기 위해서도 이용되며, 품질 면에서 색을 아름답게 하여 상품가치를 높이기 위하여도 사용된다. 착색료에는 캐러멜, 카로틴 등의 천연색소와 타르계, 비타르계 등의 인공색소가 있다. 천연색소는 인공색소에 비해 변색이 잘 되고 값이 비싼 단점이 있으나 안전하다는 소비자들의 인식이 높아지면서 그 사용이 점차 증가하고 있다.

⑩ 조미료

식품을 가공하거나 조리할 때 식품이 갖는 본래의 맛을 개선시키거나 개인의 기호에 적합한 맛을 주고 식욕을 증진시키기 위하여 사용되는 물질로 식품첨가물 중 사용량이 가장 많은 품목이다. 크게 합성조미료와 천연조미료로 구분하며 맛의 종류에 따라 감미료, 산미료, 염미료, 지미료 등이 있다. 조미료는 별도의 대상 식품 및 사용량에 기준이 규정되어 있지 않아 사용량의 제한은 받지 않는다.

⑪ 산미료

산미료는 식품의 산도를 높이거나 신맛을 내기 위하여 사용되는 첨가물로서 상쾌한 자극을 주어 소화액의 분비를 촉진하고 식욕을 돋구어 주는 역할을 한다. 산미료로 허가된 것은 무기산으로는 인산, 탄산가스 등이 있으며, 유기산으로는 초산, 구연산, 젖산, 사과산 등이 있다. 구연산은 감귤류의 주성분으로 식물 중에 널리 분포하고 있으며 미생물 발효로 얻을 수 있는 대표적인 산미료이다. 백색의 결정분말로 냄새가 없고 강한 신맛이 있다. 물에 잘 녹으며 모든 유기산 중에서 가장 부드럽고 상쾌하여 청량음료수, 주스, 젤리, 잼, 드롭프스 등에 널리 이용되고 있다.

⑫ 감미료

식품에 단맛을 부여하는 첨가물로 설탕 대신 사용 가능한 물질이다. 설탕의 과잉섭취는 당뇨병, 심장장해, 비만, 충치 등을 유발하고 식품에서는 발효, 갈변현상 등을 일으켜 품질을 저하시키는 등 문제가 많으므로 인공감미료의 사용이 증가되고 있다. 감미료에는 사탕수수나 사탕무와 같이 식물에서 얻는 천연감미료와 사카린나트륨, 아스파탐, 자일리톨 등의 합성감미료가 있다. 사카린은 설탕에 비해 500배의 높은 감미도를 가지며, 최근 안전성 문제가 해결되어 사용 범위가 증가되고 있다. 아스파탐은 설탕에 비해 200배 높은 감미도를 가지나, 아스파탐을 구성하는 아미노산인 페닐알라닌을 분해하는 효소가 결핍되어 페닐케톤뇨증을 갖고 있는 사람은 아스파탐 섭취를 제한해야 한다.

⑬ 팽창제

팽창제는 빵이나 과자류 등을 제조할 때 반죽에 첨가하여 가스를 발생시키고 반죽을 팽창시킴으로써 부피가 커짐과 동시에 특유의 조직을 형성하고 소화가 잘 되기 쉬운 상태로 만드는 화학적 합성품을 말한다. 천연팽창제로는 효모가 대표적이며 효모는 재료의 당을 이용하여 증식하면서 탄산가스를 발생시켜 제품을 팽창시킨다. 합성팽창제로는 탄산수소나트륨, 탄산수소칼륨 등이 있으며, 가열공정 시 분해되어 탄산가스나 암모니아 가스를 발생함으로써 팽창작용을 한다. 합성팽창제는 효모에 비해 팽창력은 약하나 발효시간이 단축되므로 널리 사용되지만 알칼리성이 강한 탄산나트륨이 잔존하여 맛을 나쁘게 하는 결점이 있다.

⑭ 유화제

유화제는 서로 혼합이 잘 되지 않는 두 종류의 물이나 기름의 액체를 혼합 및 분산시켜 분리되지 않게 도와주는 기능을 하는 물질을 말한다. 유화제는 계면활성제라고도 하는데 이는 유화제가 한 개의 분자 내에 친수기와 친유기를 모두 가짐으로써, 두 액체의 경계 면에서 작용하는 힘을 낮추어 분산된 입자가 다시 응집하지 않도록 안정화시키기 때문이다. 식품의 제조 가공 시 물과 기름을 유화시키는 경우가 많아 유화제의 사용범위가 넓다. 천연유화제로는 인지질인 레시틴이 있고, 합성유화제로 글리세린지방산 에스테르, 소르비탄지방산 에스테르 등이 있다. 식품에 첨가 시 두 가지 이상의 유화제를 혼합하여 친수성과 친유성을 적절히 조절하면 상승효과를 기대할 수 있다.

⑮ 피막제

피막제는 과실, 채소 등의 저장 중에 외관을 좋게 하고 신선도를 유지시킬 목적으로 표면에 적용하는 물질이다. 피막제는 표면에 피막을 만들어 과일의 호흡작용을 제한하고, 수분의 증발 및 표피의 위축을 방지하여 제품의 신선도를 유지시키며 외상에 의한 세균 및 곰팡이의 침습도 방지한다. 과실이나 채소 이외에는 사용이 금지되어 있으며 몰포린지방산염, 초산비닐수지가 허용되고 있다.

⑯ 껌기초제

껌기초제는 껌을 제조할 때 껌의 점성을 높이고 탄력성을 부여하여 껌의 풍미를 유지하는 데 중요한 역할을 한다. 이전에는 천연수지인 치클 등을 껌기초제로 사용하였으나 현재는 합성고분자 화합물인 초산비닐수지, 에스테르껌, 폴리부텐 등이 사용된다.

⑰ 강화제

강화제는 식품의 영양을 강화하기 위해 첨가되는 물질로 식품의 보존과정에서 소실되는 영양소를 보충하거나, 식품에 없는 영양소를 첨가하여 영양소를 강화하기 위하여 첨가되는 물질을 말한다. 강화제로는 비타민류, 필수아미노산류, 철염류, 칼슘화합물 등이 주로 사용된다. 강화제로 사용되기 위해서는 식품의 풍미와 비타민 등의 활성에 영향이 없어야 하며 미량으로도 효과가 좋고 안전성을 갖춰야 한다.

⑱ 용제

천연물의 유효성분이나 착색료, 착향료, 보존료 등의 식품첨가물 등이 식품에 균일하게 혼합되게 하기 위해서는 적당한 용매에 용해시켜 첨가하는 것이 효과적이다. 이러한 목적으로 사용되는 것이 용제이며 용제는 독성이 약하고, 각종 첨가물을 잘 용해하고, 식품의 맛이나 풍미에는 별로 영향을 주지 않는 것이 좋다. 현재 허가된 것은 글리세린(glycerin)과 프로필렌글리콜(propylene glycol) 2종이 있다.

⑲ 추출제

추출제는 특정 원료로부터 필요한 성분을 추출할 목적으로 사용하는 첨가물이며 용매의 역할을 한다. 현재 지정된 것은 핵산(hexane), 이소프로필알콜(isopropyl alcohol), 아세톤(acetone), 메틸알콜(methyl alcohol)이 있다.

⑳ 이형제

빵의 제조과정 중 빵 반죽을 분할기에서 분할할 때나 빵을 구울 때 빵틀에 달라붙지 않게 하며, 빵의 모양을 유지하기 위하여 사용되는 첨가제로 유동파라핀이 허용되고 있다.

㉑ 기타 식품첨가물

소포제는 식품 발효공정이나 농축공정 등 제조 과정에서 거품이 발생하여 작업에 지장을 줄 경우, 거품을 없애거나 억제하기 위하여 사용한다. 소포제로는 규소수지가 허용되고 있으며 거품을 없애는 목적으로만 사용이 허용된다.

면류 첨가 알칼리제는 밀가루 반죽의 점성 및 신축성 증대의 목적으로 사용되며, 탄산나트륨이 있다.

참고문헌

김덕웅 · 정수현 · 영동민 · 신성균 · 여생규 · 조원대(2016). 21C 식품위생학. 수학사. pp. 398-444.

노봉수 · 김명화 · 어중혁 · 윤현근 · 이성준 · 이원종 · 이재환 · 임재연 · 정현정 · 조미숙(2013). 생각이 필요한 건강과 식생활. 수학사. pp. 260-278.

신동화 · 오덕환 · 우건조 · 정상희 · 하상도(2011). 식품위생안전성학. 한미의학. pp. 240-263.

오세욱 · 김건희 · 방우석 · 윤요한 · 최창순 · 이선영(2016). 재미있는 식품위생학. 수학사. pp. 182-205.

식품의약품안전처 · 식품안전정보포털(http://www.foodsafetykorea.go.kr/)

CHAPTER 08

유전자변형식품

01 유전자변형식품이란?

유전자변형식품이란 "생물의 유전자 중 유용한 유전자만을 취하여 다른 생물체의 유전자와 결합시키는 등의 유전자재조합기술을 활용하여 재배 · 육성된 농산물 · 축산물 · 수산물 등을 주요 원재료로 하여 제조 · 가공한 식품(건강기능식품 포함) 또는 식품첨가물"이라고 식품의약품안전처에서 정의하고 있으며 평가결과 해당 유전자변형식품의 안전성이 확보되어야 식품으로 생산 가능하다. 유전자재조합기술이란 "한 생물체의 유용한 유전자를 취하여 그 유전자를 갖고 있지 않은 생물체에 삽입함으로 원래 가지고 있지 않던 유용한 성질이 나타나게끔 하는 기술"로서 유용한 성질이 나타나게 된 생물체를 '유전자변형생물체(Genetically Modified Organism: GMO) 또는 유전자변형농산물'이라 한다.

1980년대 유전자재조합기술이 미생물분야에 응용되어 의약품, 식품첨가물 제조가 용이하게 되었고 신품종 농작물 개발에 이용되기 시작하였다. 기존 육종기술의 저효율성, 농약 및 화학비료 과다사용, 환경오염 등을 개선하기 위하여 유전자재조합기술을 이용하여 신품종 농산물을 개발하게 되었고 개발된 농산물을 이용하여 유전자변형식품이 개발되게 되었다.

유전자변형농산물의 상업적 재배는 1994년 미국 Calgene사의 'Flavr Savr'라는 토마토가 재배되면서 시작되었다. 1세대 유전자재조합농산물은 농약 사용량의 저감화와 생산량 증대를 위하여 Monsanto사의 해충 저항성 'Yield Gard' 옥수수와 제초제 내성 'Round-up Ready' 콩 등이 개발되었다. 2세대 유전자변형농산물은 기능성과 영양성을 강화하여 소비자의 웰빙 요구를 충족시키기 위해 개발되었고, 3세대는 백신 등 고부가가치 의약품이나 대체에너지 생산을 위해 개발되었다.

02 개발 현황

유전자변형농산물은 이미 우리 식생활에 밀접하게 연관되어 있다. 2014년 국내 수입한 농산물 중 유전자변형 대두(콩)가 전체 대두(콩)의 77 %, 유전자변형 옥수수가 전체 옥수수의 52 %를 차지할 정도로 유전자변형농산물의 수입량이 매년 증가하고 있다. 유전자변형농산물은 2012년 미국 등 28개국에서 1억 7천 3십만 ha의 면적에서 재배되고 있다. 최초로 유전자변형농산물이 재배된 1996년에 비해 재배면적이 약 100배 증가하였다. 유전자변형농산물은 콩, 옥수수, 카놀라, 면화, 피망, 알팔파, 호박, 파파야, 토마토 등이 있으며 전 세계적으로 콩은 8천 7십만 ha, 옥수수는 5천 5백 ha가 재배되고 있다. 국내에서는 농촌진흥청을 중심으로 2020년까지 채소류와 곡물류 등 80 품종 개발을 목표로 연구가 진행되고 있으나, 상업화된 것은 아직 없다.

유전자변형농산물의 연구개발은 몬산토, 신젠타, 바이엘, 듀폰, 다우 등 국제적 기업이 주로 개발하고 있으며, 20여 개 품목에 100 품종이 넘는 유전자변형농산물이 상업적으로 재배되고 있다. 유전자변형농산물을 개발하는 데 사용되는 기술은 매우 다양하며 대표적으로 아그로박테리움(*Agrobacterium tumafaciens*) 이용법, 유전자총(Particle bombardment) 이용법, 원형질체 융합(Pro-toplast fusion)법이 있다. 아그로박테리움법은 토양세균인 아그로박테리움이 플라스미드 유전자를 식물세포에 전달하는 능력을 이용하는 방법으로 아그로박테리움 플라스미드에 유용한 유전자를 연결시켜 식물세포에 접촉시키면 유용한 유전자가 식물세포에 이식된다. 유전자총 이용법은 유용한 유전자를 금속미립자(금 또는 텡스텐)에 코팅한 후 고압가스의 추진력으로 식물의 잎 또는 세포에 삽입시켜 식물세포 염색체에 접촉하게 함으로써 유용한 유전자가 식물세포에 이식된다. 원형질체 융합법은 세포에서 세포벽이 제기된 원형질체를 이용, 유용한 유전자를 세포 내로 도입시키는 방법이다.

상업적으로 생산되고 있는 유전자변형농산물을 그 특성별로 구분하면 첫째 제초제내성 카놀라와 콩, 해충 저항성 면화와 옥수수 등 제초제 내성과 해충 저항성을 향상시킨 경우, 둘째 고올레인산 함유 땅콩과 지방산 조성 향상 해바라기 등 유용 지방산 함량을 향상시킨 경우, 셋째 바이러스 저항성 파파야 등 바이러스 저항성을 향상시킨 경우, 넷째 보라색 카네이션 등 원예식물 색을 변화시킨 경우, 다섯째 꽃가루 등을 불임화시켜 안전성을 확보한 경우 등이 있다. 유전자변형농산물이 소비자에게 직접 판매되는 경우는 매우 드물고 전분, 식용유, 식물성 단백질 등 식품의 원료로 가공되어 식품의 원료로 사용되고 있다.

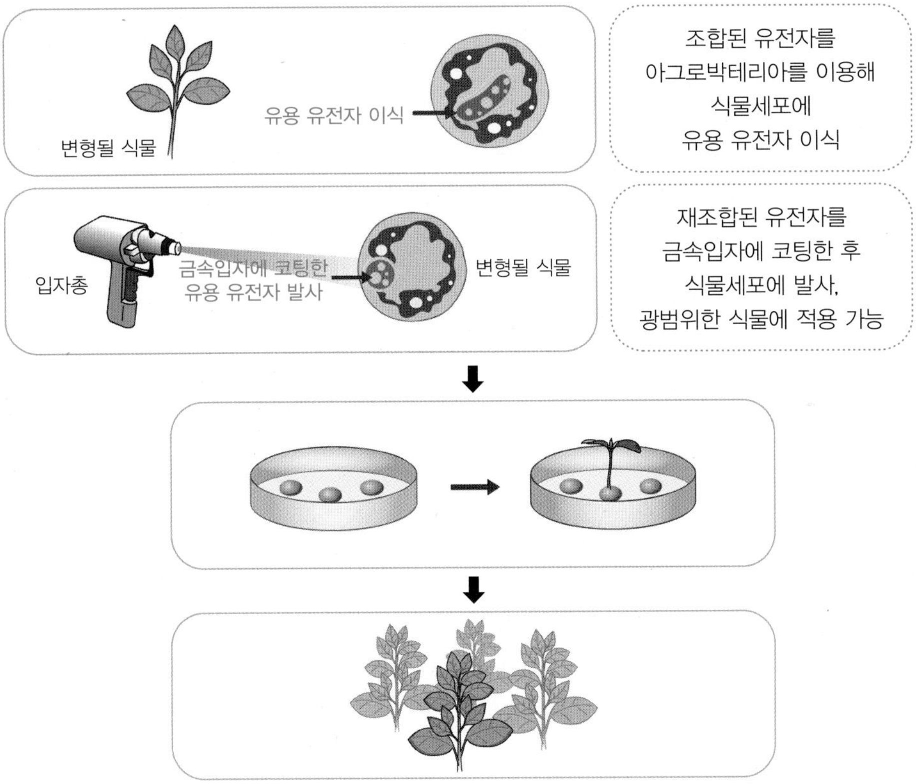

[그림 8-1] 유전자 변형 농산물 개발에 사용되는 기술

출처: 식품의약품안전처, 식품안전정보포털(2017)

03 안전성 평가

유전자변형식품은 인구증가에 따른 식량 부족 문제를 해결하기 위한 유일한 해결책으로 인식되고 있다. 그러나 유전자변형식품이 안전하다고 주장하는 측과 인체와 환경에 대한 잠재적 유해성이 있다는 측으로 나누어져 논쟁하고 있다. 유전자변형식품의 안전성에 의문을 제기하는 측은 신규 독성 단백질과 알레르기 유발물질의 생산 가능성, 영양성분 변화와 항생제내성 변화 가능성, 슈퍼잡초와 슈퍼곤충의 발생 가능성 등을 제시하고 있다. 유전자변형식품은 최근에 생산되어 장기간의 섭취경험이 없으므로 과학적이고 객관적인 안전성평가가 필요하다.

안전성의 문제로 단종되었지만 1994년 말 미국에서 세계 최초 무르지 않는 연화지연 토마토(Flavr Savr)가 상업적으로 승인된 이래 해충 저항성 옥수수와 제초제 내성 콩 등 다수의 유전자변형농산물이 세계적으로 개발되어 안전성 평가를 거친 후 경작되고 있다.

식품의약품안전처에서는 1999년 국내 유통 가능성이 있는 유전자변형식품의 안전성을 평가하기 위하여 <유전자변형식품 · 식품첨가물 안전성 평가자료 심사지침>을 고시하였다. 2002년 <유전자변형식품의 안전성 평가 등>에 대한 의무조항을 「식품위생법」에 신설하였으며, 2001년 재정된 「유전자변형생물체의 국가간 이동에 관한 법률」(LMO법)에 따라 2008년부터 유전자변형식품의 안전성(인체위해성) 및 환경위해성을 평가하고 있다. 유전자변형식품의 안전성 평가 기준은 '실질적 동등성(substantial equi-valence)' 개념으로 "지금까지 안전하게 먹어 온 일반식품(conventional counterpart)과의 차이점이 없으면 안전하다"라고 판단한다. '실질적 동등성'은 유전자변형농산물과 기존 농산물의 독성, 알레르기성 등을 평가하고 안전성이 확인되면 기존 농산물과 안전성에서 동일한 것으로 간주한다는 개념이다. 이러한 '실질적 동등성' 개념은 경제개발협력기구(OECD)에서 1993년 제안하고, 국제보건기구(WHO)와 식량농업기구(FAO) 산하 국제식품규격위원회(Codex)에서도 안전성 평가 기본개념으로 채택했다.

미국, 일본, 유럽 등 선진국을 포함한 세계 각국은 국제식품규격위원회(Codex)의 '실질적 동등성' 개념을 기반으로 <안전성평가심사지침>을 제정하여 운영하고 있다. 유전자변형식품의 안전성 평가 항목은 유전자재조합에 이용되는 숙주와 유전자를 제공하는 공여체의 특성, 재조합유전자의 내역 및 특성, 유전자 삽입방법, 신규 단백질의 독성과 알레르기성, 유전자변형식품으로부터 장내 미생물로 유전자 전이 가능성, 유전자변형식품의 섭취수준 등을 비교하여 안전성을 평가한다.

우리나라에서는 2000년 6월 제초제 내성을 갖는 유전자변형 콩인 RRS(Round-up Ready Soybean)가 처음으로 안전성심사 결과 승인을 받았고, 2017년 현재 승인을 받은 유전자변형 농산물은 콩 27종, 옥수수 78종, 면화 29종, 카놀라 14종, 사탕무 1종, 감자 4종, 알팔파 2종이며, 유전자변형 식품첨가물 19품목, 미생물이 4종 승인을 받았다(표 8-1).

〈표 8-1〉 국내 유전자변형 식품 승인 현황

작물	특성	품목 수
콩	제초제 내성, 지방산조성 변화, 해충 저항성 SDA 생성	30
옥수수	제초제 내성, 해충 저항성, 가뭄 저항성 알파-아밀라제 활성	95
면화	제초제 내성, 해충 저항성	37
카놀라	제초제 내성, 웅성불임, 임성회복	17
사탕무	제초제 내성	1
알팔파	제초제 내성	5
감자	바이러스 저항성, 해충 저항성	4
미생물	L-아라비노오스 이성화효소 생산, D-싸이코스-3-이성화효소 생산	9
식품첨가물	• 말토게닉아밀라아제 활성, α-아밀라제 활성 • 풀루라나아제 활성, 비타민 B2 • 펙틴에스터라아제 활성, 리파이제 활성 • α-아세토락테이트 디카르복실라아제 활성 • 우유응고효소 활성, 자일라나아제 활성	31

작물	특성	품목 수
식품첨가물	• 글루코아밀라아제 활성 • 트랜스글루코시디아제 활성	
합계		229

출처: 식품의약품안전처, 식품안전정보포털(2023)

04 유전자변형식품 표시정도

안전성 심사결과 승인된 농수산물을 원료로 제조한 식품에 대해 소비자의 선택권을 보장하기 위하여 유전자변형식품에 대한 표시제를 시행하고 있다. 유전자변형식품 표시제는 식량수입국과 수출국 등 식량 수급 상황과 유전자변형식품에 대한 국민 정서 등을 고려하여 관리하고 있으며, 우리나라와 일본, 유럽연합 등 20여 개국에서 표시제를 시행하고 있다(표 8-2). 우리나라의 유전자변형 표시제도는 농수산물의 경우 「농수산물 품질관리법」(유전자변형농수산물 표시), 가공식품은 「식품위생법」(유전자변형식품 등의 표시기준)에 따라 시행하고 있다. 표시대상이 되는 유전자변형농산물은 옥수수, 콩, 면화, 사탕무(이들 농산물을 재배한 콩나물, 새싹채소 등 포함) 등이 해당된다. 표시대상이 되는 유전자변형식품은 유전자변형농수산물을 재료로 사용하여 제조한 식품과 식품첨가물로서 제조 후에도 유전자변형 DNA와 단백질이 잔존하는 식품이 해당된다. 유전자변형 농수산물을 재료(정제수 제외 함량기준)로 사용하지 않았거나 최종식품에 유전자변형 DNA나 단백질이 잔존하지 않으면 표시하지 않아도 된다. 농산물의 경우 비의도적 유전자변형농산물 혼입 기준을 3 % 이하로 하고 있다. 유전자변형농산물과 가공식품의 표시는 '유전자변형○○', '유전자변형식품' 또는 '유전자변형 ○○포함', '유전자변형 ○○포함식품' 등으로 표시하고 유전자변형농수산물과 가공식품이 포함될 가능성이 있는 경우에는 '유전자변형 ○○포함가능성 있음'으로 표시한다.

〈표 8-2〉 각국의 유전자변형식품 표시제도

구분	한국	일본	호주/뉴질랜드	미국	유럽
식품용으로 승인된 GMO	6종	8종	9종	13종	5종
	대두, 옥수수, 면화, 카놀라, 사탕무, 알팔파	대두, 옥수수, 면화, 카놀라, 사탕무, 알팔파, 감자, 파파야	대두, 옥수수, 면화, 카놀라, 사탕무, 알팔파, 감자, 쌀, 홍화	대두, 옥수수, 면화, 카놀라, 사탕무, 알팔파, 감자, 파파야, 호박, 사과, 가지, 파인애플, 연어	대두, 옥수수, 면화, 카놀라, 사탕무
GMO 표시대상	상기 6종의 농산물 및 그 가공품	상기 8종의 농산물 및 그 가공품	상기 9종의 농산물 및 그 가공품	상기 13종의 농수산물 및 그 가공품	상기 5종의 농산물 및 그 가공품
GMO 표시기준	유전자변형 원재료를 사용한 식품 중 유전자변형 DNA(단백질)가 남아 있는 식품	유전자변형 원재료를 함량 3순위 이내로서, 원재료 함량비 5 % 이상으로 사용한 식품 중 유전자변형 DNA(단백질)가 남아 있는 식품	최종제품에 유전자변형 DNA 또는 유전자변형 단백질이 남아 있는 식품	GMO유전자가 함유되어 있는 식품	유전자변형 DNA(단백질) 잔류 여부와 관계없이 모두 표시
Non-GMO 표시	자율이나, 유전자변형식품 표시대상 중 유전자변형식품등을 사용하지 않은 경우로서, 표시대상 원재료 함량이 50 % 이상이거나, 또는 해당 원재료 함량이 1순위로 사용한 경우 표시 가능 ※ 비의도적 혼입치 불인정	자율이나 '유전자변형이 아닌 것을 분별' 등으로 표시해야 함(비의도적 혼입치 불인정)	GMO와 전혀 관련 없는 제품 등에 Non-GMO 표시는 할 수 없음(공정거래법 위반, 비의도적 혼입치 불인정)	GMO와 전혀 관련 없는 제품 등에 Non-GMO 표시는 부적절하다고 안내	자율

구분	한국	일본	호주/뉴질랜드	미국	유럽
유지류·당류 등 고도로 정제되어 유전자변형 DNA(단백질)가 남아 있지 않은 제품에 대한 GMO 표시 여부	표시제외	표시제외	표시제외	표시제외	표시
비의도적 혼입치	3 %	5 %	1 %	5 %	0.90 %

출처: 식품의약품안전처, 식품안전정보포털(2023)

참고문헌

국제농업생명공학정보센터(ISAAA). ISAAA Brief 44-2012 (http://www.isaaa.org/resources/publications/briefs/44/pressrelease/default.asp.2012)

국회 입법조사처(2015). '지표로 보는 이슈' 유전자변형농산물(GMO) 수입현황과 시사점.

김미정 · 김보성 · 김옥경 · 김정연 · 민경진 · 박인숙 · 범봉수 · 송형익 · 어금희 · 여생규 · 윤정미 · 이명헌 · 황영정 · 홍승희(2015). 식품위생관계법규. 지구문화사. p. 18.

문창규 · 박민경 · 박영서 · 박영현 · 박훈 · 송은승 · 이숙경 · 이효구 · 임동균 · 장영상 · 조영희 · 홍제훈(2014). 식품위생학. 보문각. pp. 348-354.

박영현 · 박민경 · 박훈 · 송은승 · 고종호 · 조영희 · 홍재훈 · 서영호(2016). 식품위생안전성학. 보문각. pp. 326-333.

식품의약품안전처 · 식품안전정보포털(http://www.foodsafetykorea.go.kr/)

신동화 · 오덕환 · 우건조 · 정상희 · 하상도(2011). 식품위생안전성학. 한미의학. pp. 291-299.

CHAPTER
09

방 사 선
조사식품

01 방사선

방사선은 양성자와 중성자가 결합하여 원자핵을 형성 시 안정한 원자핵이 만들어지지 않고 불안정한 원자핵이 만들어져 두 개의 양성자와 중성자가 안정한 원자핵으로 바뀌면서 알파입자, 전자선, 감마선, X선, 중성자 등을 내놓게 되는데 이것을 방사선이라고 한다. 이런 방사선들은 농업, 의학, 식품 등 다양한 분야에 적용되고 있다. 그중 식품분야에서는 식품 중 존재하는 유해미생물 사멸 이외에도 농산물의 숙성도 조절, 발아억제 등 방사선이 이용되고 있다.

02 방사선 조사식품

1905년에 식품가공 공정에서 미생물을 사멸시키는 것을 시초로 해서 식품 중에 존재하는 유해미생물의 저감화 및 식품의 숙도조절, 발아억제 등을 위해 방사선을 주로 이용하고 있으며, 방사선을 조사한 식품을 방사선 조사식품(irradiated food)이라고 말한다. 방사선 조사는 열을 가하지 않기 때문에 식품의 품온을 상승시키지 않고 살균이 가능하여 '냉살균(cold sterilization)'이라고 한다. 식품에 대한 방사선 조사는 여전히 안전성 문제가 제기되고 있는 상황이나, 1980년 FAO/IAEA/WHO 공동전문가 위원회에서는 조사식품의 건전성과 관련하여 최대 10 kGy 이하로 조사된 모든 식품은 독성학적 위해나 영양적 또는 미생물학적 문제를 일으키지 않는다고 결론지었다.

1) 방사선의 종류

방사선은 양성자와 중성자가 결합 후 불안정한 원자핵이 만들어질 때 생성되는 것으로 α선, β선, γ선 이외에도 기계적으로 발생하는 X선과 전자선, 마지막으로 원자로에서 만들 수 있는 중성자선 등이 있다. 이 중 상업적으로 가장 많이 이용되고 있는 것이 감마선과 전자선이다(그림 9-1).

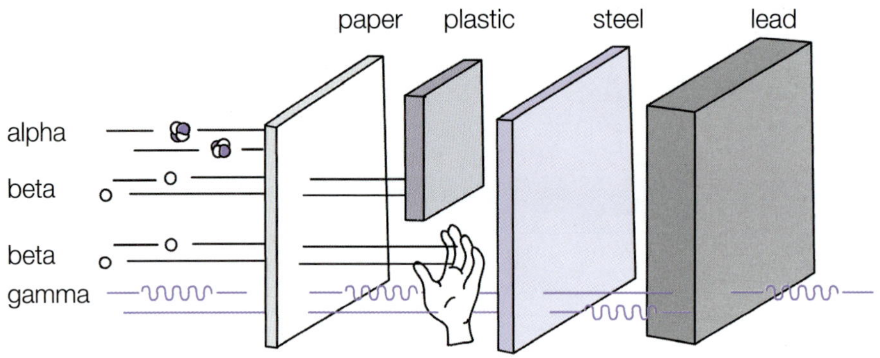

[그림 9-1] 방사선의 종류

출처: Frank's web space(http://www.frankswebspace.org.uk/)

감마선은 투과력이 강해서 포장된 완제품의 상태에서도 제품의 살균과 살충이 가능하고 연속적으로 제품을 처리할 수 있으며, 재포장에 따른 2차 오염문제가 없는 장점이 있다. 전자선은 전원을 이용하여 에너지 발생이 조절되며 에너지 효율성, 신속성, 정확성 측면에서 장점이 있기 때문에 선진국 등에서 많이 이용되고 있으나 감마선에 비하여 투과력이 약하기 때문에 적용범위가 제한되며 주로 곡류, 분말식품, 육류 등의 표면살균에는 이용이 가능하다. 두 방사선이 식품 및 의료 산업에 활용되고 있는 비율은 감마선이 약 80 %, 전자선이 약 20 % 정도를 차지한다.

일반적으로 방사선량이란 조사될 때에 물질에서 흡수하는 방사선의 에너지 양이다. 이전에는 rad 단위를 사용하였지만 현재는 그레이(gray) 단위로 나타낸다(1 Gy = 100 rad =1 joule/kg).

2) 식품에 방사선 조사를 통한 이용 효과

식품에 방사선을 조사할 때 그 처리 목적에 따라 방사선의 에너지 양을 달리하여 처리한다. 예를 들면 저선량(0.05~1 kGy)에서는 발아 · 발근 억제, 해충 · 기생충 사멸 및 숙도 지연 등이 가능하며, 중선량(1~10 kGy)에서는 부패 및 병원성 미생물 살균, 식품 소재 위생화 등에 이용되고, 고선량(10~50 kGy)에서는 식품의 물리적 특성 개선, 완전살균을 필요로 하는 우주식품, 군용식품, 환자용 무균식 등 특수용도 식품의 개발에 응용되고 있다.

(1) 식중독 균의 제어

식품산업에서의 방사선 조사기술은 식품 내에 오염될 수 있는 식중독 균을 효과적으로 사멸시킬 수 있도록 사용되고 있으며 현재 식품 중 존재하는 *E. coli* O157: H7, *Salmonella* spp., *L. monocytogenes*, *V. parahaemolyticus, S. aureus*, norovirus 등에 의한 식중독 예방 기술로 연구되고 있다. 현재 연구결과에 따르면 식품 중에 오염된 비포자형성 병원균인 *Salmonella* spp., *L. monocytogenes*, *V. parahaemolyticus, Camplyobacter jejuni* 등은 저선량 또는 중선량으로 살균이 가능하나 포자형성 세균인 *B. cereus*, *C. botulinum* 균은 10 kGy 이상의 고선량을 조사하지 않으면 완전하게 살균할 수 없다. 이들 포자형성 병원균은 위생수준 이하까지 살균할 수 있지만, 동결 조건하에서 *C. botulinum* 균의 완전살균에 필요한 선량은 30 kGy 이상이 요구되는 것으로 알려져 있다.

방사선 조사를 통해 식중독 균을 억제하고 식품의 안전성을 확보한 사례를 보면, 1997년 12월 미국 FDA는 *E. coli* O157: H7 및 *L. monocytogenes* 등의 병원균을 살균하기 위하여 미국 내에서 생산되는 모든 냉장 · 냉동 육류에 감마선 조사를 허가하였고, 1999년 미국농무성(United State Department of Agriculture: USDA)은 쇠고기와 같은 붉은색 육류에 잔존하는 미생물을 박멸하기 위해 방사선 조사를 승인하였다. 또한, 2003년에는 국립학교급식프로그램에 방사선 조사된 쇠고기의 공급을 승인하였고 2004년부터는 방사선이 조사된 햄버거를 공급하고 있다.

(2) 해충 및 기생충 제어

전 세계적으로 농수축산물의 교역이 증가됨에 따라 이에 따른 검역 및 위생처리의 필요성이 더욱 중요한 문제로 부각되고 있는 가운데 검역대상 농산물 또는 생물체의 경우 해충이나 식중독 균에 대한 저감화 기술이 요구되고 있다. 저감화 관련 기술은 화학적인 방법으로 가스훈증법(에틸렌 디브로마이드, 에틸렌 옥사이드, 메틸 브로마이드), 물리적 방법으로는 저온처리 및 건조 등이 적절하게 활용되어 왔다. 그러나 화학훈증제 중 에틸렌 디브로마이드, 에틸렌 옥사이드는 인체 유해성이 확인되어 이미 사용이 금지되었고, 현재 사용되고 있는 메틸 브로마이드는 곡류 내부까지 침투력이 우수하지만 오존층 파괴 물질로 판명되면서 우리나라를 비롯한 주요 국가들에 의해 사용이 규제되고 있기 때문에 향후 국제적으로 사용이 불가능할 전망이어서 이에 대한 대체방안이 시급히 요구되고 있다. 그러나 방사선 조사기술은 교역상품의 검역해충 관리에 중요한 대안 기술로 대두되고 있다. 해충은 방사선에 매우 민감하여 비교적 선량이 낮은 1 KGy 이하로 식품 내의 해충알, 유충, 번데기, 성충의 불임화 및 완전제어가 가능하다고 보고되고 있다.

(3) 건조식품의 살균·살충 위생화

일반식품에 비해 수분함량이 낮은 건조식품의 경우는 곰팡이 오염에 의해 식품가치 하락 및 안전성 문제가 제기되고 있다. 특히, 건조식품 중 곰팡이독소 오염으로 인한 경제적 손실은 매우 크다고 할 수 있겠다. 그러므로 가열살균 등의 기술을 사용하지 못하는 향신료, 건조채소류, 복합조미식품 등에 대한 방산선 조사 기술이 개발되고 있으며, 실제 방사선 조사에 의한 건조식품상의 살충효과, 살균효과 및 곰팡이의 생성억제 효과 등이 보고되고 있다.

(4) 발아 및 발근 억제 효과

방사선 조사에 의한 감자, 양파, 마늘, 밤 등 농산물의 발아, 발근 억제는 낮은 조사선량에서도 그 효과가 뚜렷하고 이듬해 수확기까지의 품질 보존이 가능하다. 방사선 조사에 의한 발아억제는 발아부의 조직이 다른 일반 조직에 비하여 방사선에 감수성이 커서 발아부의 세포분열이 억제되기 때문이다. 일본에서는 1973년부터 감자에 대한 산업적 조사가 실용화되어 연간 5,000~10,000톤 이상의 감자가 감마선 처리되어 저장되고 있으며, 저장된 감자는 연중 아동급식용이나 식품가공용 원료로 공급되고 있다. 그러나 조사처리된 일부 감자의 경우 저장 중 유리당이 약간 축적되어 감자칩 제조 시 가열에 의하여 아미노산과 반응하여 갈변이 발생하기도 하며, 충분히 성숙하지 않은 감자를 수확하여 조사하면 흑변이 일어나기도 한다. 한편, 우리나라에서는 1987년 감자, 마늘, 양파에 대해 0.15 kGy, 밤은 0.25 kGy 이하의 방사선 조사가 허가되었다. 방사선 조사처리는 수확 후 2~3개월 이내에 실시하여야 효과가 크고 수확 후 처리 시까지의 기간이 길어지면 처리효과가 감소된다.

(5) 숙도지연 및 선도유지

신선 채소류나 과일류는 숙도를 지연시키고 신선도를 연장을 위해서도 방사선이 이용되며 대부분 1 kGy 정도의 방사선 조사에서 숙도지연과 유통기간의 연장 효과를 확인해 오고 있으나 1 kGy 이상의 방사선 조사를 하면 농산물 고유의 특성 변화나 조직연화, 갈변 등이 나타난다. 하지만 농산물에 대한 검역처리 목적으로 조사한 0.2~0.5 kGy 조사선량에서는 장해가 일어나지 않았다. 예를 들면, 상기 선량에서 방사선 조사한 감귤이나 바나나 등은 맛, 과피 및 과육에 어떤 변화도 없었으며, 사과, 복숭아, 버찌 등은 0.5~1 kGy, 망고나 파파야 등은 0.25~1 kGy 조사로 숙도가 지연되었으며 저장기간이 연장되었다.

3) 방사선 조사식품의 안전성

방사선 조사식품의 안전성에 대해선 현재까지도 논란이 있지만 세계보건기구(WHO), 국제식량농업기구(FAO), 국제원자력기구(IAEA), 미국식품의약품청(FDA) 등이 1992년 제네바 회의에서 50년 이상에 걸친 연구 결과를 바탕으로 식품에 방사선을 조사하여도 건강에 유해한 식품 성분상의 변화는 일어나지 않는다고 안전성을 인정하였다. 다른 한편으로 방사선 조사에 따른 양양학적 파괴 및 손실의 문제를 제기하는 경우도 있으나 다른 식품가공 및 살균, 보존 방법보다는 오히려 그 변화가 적은 것으로 보고되고 있다.

이외에도 방사선 조사에 따른 지질, 단백질, 탄수화물로부터 생성되는 분해산물에 대한 위해성 문제도 제기되었으나, 열처리 공정에서 생성되는 양에 비해 매우 적은 것으로 확인되었고, 전리방사선에 의해 물이 이온화되어 free hydroxy radical과 hydrated electron이 생성되고 free radical이 서로 반응하거나 식품구성성분과 반응해서 안정된 물질을 만든다고 보고되고 있기 때문에 식품의 안전성에는 문제를 일으키지 않는다고 보고되고 있다.

이상의 조사 결과로 볼 때 방사선 조사식품은 대체적으로 안전하다는 의견이 우세하다고 할 수 있다. 그러나 방사선 조사의 안전성에 대한 소비자의 인지도는 전반적으로 낮은 것을 알 수 있다. 소비자들은 여전히 방사선 조사에 대한 정확한 정보를 가지고 있지 않고 막연한 불안감에 의해 방사선 조사와 방사능 오염을 혼동하는 것으로 확인되고 있다. 따라서 방사선 조사식품에 대한 소비자의 보다 긍정적인 태도를 갖게 하기 위해서는 방사선 조사식품에 대한 교육과 홍보가 필요하다고 하겠다.

4) 국내 방사선 조사관리 현황

우리나라의 식품 방사선 조사연구는 1966년에 방사선농학연구소가 설립되면서 마늘, 딸기, 사과, 김치 등의 신선도 및 저장기간 연장을 위한 저준위 감마시설을 이용한 소규모 연구가 시작된 이래로 1985년 관련 법규의 제정으로 식품조사처리업이 신설되었고 1986년에는 「식품위생법」이 개정 고시되었다. 현재 국내에서 식품에 대한 방사선 조사기준 및 관리는 식품공전에 명시되어 운영되고 있다. 식품공전의 제2. 식품일반에 대한 공통기준 및 규격에 명시된 방사선 조사기술에 대한 정의는 다음과 같다. "식품조사(Food Irradiation)처리 기술이란 감마선, 전자선 가속기에서 방출되는 에너지를 복사(radiation)의 방식으로 식품에 조사하여 식품 등의 발아억제, 살균, 살충 또는 숙도조절에 이용하는 기술로, 선종과 사용목적 또는 처리방식(조사)에 따라 감마선 살균, 전자선 살균, 감마선 살충, 전자선 살충, 감마선 조사, 전자선 조사 등으로 구분하거나, 통칭하여 방사선 살균, 방사선 살충, 방사선 조사 등으로 구분할 수 있다." 식품공전상에 명시된 추가적인 방사선 조사 기준으로는 아래의 항목들과 같다.

- 식품조사처리에 이용할 수 있는 선종은 감마선 또는 전자선으로 한다.
- 감마선을 방출하는 선원으로는 ^{60}Co을 사용할 수 있고, 전자선을 방출하는 선원으로는 전자선 가속기를 이용할 수 있다.
- ^{60}Co에서 방출되는 감마선 에너지를 사용할 경우 식품조사처리가 허용된 품목별 흡수선량을 초과하지 않도록 하여야 한다.
- 전자선 가속기를 이용하여 식품조사처리를 할 경우 10 MeV 이하에서 조사처리하여야 하며, 식품조사처리가 허용된 품목별 흡수선량을 초과하지 않도록 하여야 한다.
- 식품조사처리는 승인된 원료나 품목 등에 한하여 위생적으로 취급 · 보관된 경우에만 실시할 수 있으며, 발아억제, 살균, 살충 또는 숙도조절 이외의 목적으로는 식품조사처리 기술을 사용하여서는 아니 된다.
- 한 번 조사처리한 식품은 다시 조사하여서는 아니 되며 조사식품(Irradiated food)을 원료로 사용하여 제조 · 가공한 식품도 다시 조사하여서는 아니 된다.

식품별 조사처리 기준은 다음 <표 9-1>과 같다.

〈표 9-1〉 국내 방사선 조사 허용대상 식품별 흡수선량

품목	조사목적	선량(kGy)
감자, 양파, 마늘	발아억제	0.15 이하
밤	살충 · 발아억제	0.25 이하
생버섯 및 건조버섯	살충 · 숙도조절	1 이하
난분	살균	5 이하
곡류, 두류 및 그 분말	살균 · 살충	5 이하
전분	살균	5 이하
건조식육 및 어패류 분말	살균	7 이하
된장, 고추장, 간장분말	살균	7 이하
건조채소류	살균	7 이하
효모 · 효소식품	살균	7 이하
조류식품	살균	7 이하
알로에 분말	살균	7 이하
인삼(홍삼 포함) 제품류	살균	7 이하
건조향신료 및 이들 조제품	살균	10 이하
복합조미식품	살균	10 이하
소스류	살균	10 이하
침출차	살균	10 이하
분말차	살균	10 이하
환자식	살균	10 이하

또한, 방사선을 조사한 식품에 대해서 '조사처리'(treated with radiation, treated by irradiation)라는 문구를 표시하거나, 마크를 표시하고 우리나라에서도 조사마크를 표시하도록 규정하고 있다.

〈방사선 조사 표시〉 〈방사능 오염 표시〉

▶ 방사선 조사식품: 발아억제, 숙도조절, 식중독균 및 병원균의 살균, 기생충 및 해충사멸을 위해 이온화 에너지로 처리한 식품

▶ 방사능 오염식품: 핵 반응기 누출사고 또는 핵실험에서 발생된 방사능 물질에 의해 우발적으로 오염된 식품

출처: 식품공전, 식품의약품안전처(http://www.foodsafetykorea.go.kr/foodcode/01_01.jsp,2017)

5) 방사선 조사식품의 시험법

식품에 방사선 조사 여부를 확인하는 방법으로는 식품공전상 제10. 일반시험법에 제시되어 있다. 식품공전상에는 기체크로마토그래프/질량분석법(Gas chromatography/Mass spectrometry), 열발광법(Thermoluminescence: TL), 전자스핀공명법(Electron Spin Resonance spectroscopy: ESR), 마지막으로 광자극발광법(Photo-stimulated Luminescence: PSL)으로 총 4종의 시험법을 제시하여 국내에 운용하고 있다. 그 외에 화학적 분석법인 2-alkylcyclobutanoneq법과 생물학적인 분석법인 DNA comet assay와 DEET/APC법이 이용되기도 한다.

참고문헌

강은경 · 오경남 · 양재승(2003). 발아법을 이용한 과일류의 방사선 조사 여부 확인. 한국식품위생안전성학회지, 18(2), 51-55.

김동호 · 송현파 · 김재경 · 김정옥 · 이현자 · 변명우(2003). 김밥 제조공정에서의 미생물 오염도 평가 및 감마선 조사를 이용한 김밥의 보존안정성 향상. 한국식품영양과학회지, 32(7), 991-996.

김용문(1994). 식품과 방사선 조사에 대한 WHO의 기본입장. 한국식품위생안정성학회지, 9(1), 1229-1253.

노미정 · 권중호 · 권용정 · 허은엽 · 권용순 · 변명우(2001). 감마선과 Methyl Bromide 처리가 녹두의 살충 및 이화학적 특성에 미치는 영향. 한국식품영양과학회지, 30(3), 444- 449.

식품의약품안전처, 식품공전(http://www.foodsafetykorea.go.kr/foodcode/01_01.jsp.2017).

이후장(2008). 방사선의 식품 조사와 안전성. 한국수의공중보건학회지, 32(1), 19-28.

조한옥 · 변명우 · 권중호 · 양재승 · 이재원(1986). 방사선 조사 및 Ethylene Oxide 처리된 건조수산물(조개살, 홍합살)의 미생물 및 화학적 특성. 한국식품위생안전성학회지, 1(1), 39-46.

Autio T and Pinnioja S. (1990). Identification of irradiated foods by the thermolu-minescence of mineral contamination. *Z Lebensm Unters Forsch*, *191*(3), 177-180.

Frank's web space (http://www.frankswebspace.org.uk/)

CHAPTER
10

식품과 이물관리

01 이물의 정의

2008년 국내의 유명 업체에서 생산한 과자에서 혐오스러운 이물질이 발견되는 사건 이후 식품 중 이물은 식품의 안전문제에 있어 중요한 이슈로 부각되었다. 이후 2010년에 "보고 대상 이물의 범위와 조사 · 절차 등에 관한 규정"이 고시되었고 고시에서 이물에 대한 정의는 "식품, 식품첨가물 및 축산물(이하 "식품 등"이라 한다)의 제조 · 가공 · 조리 · 유통 과정에서 정상적으로 사용된 원료 또는 재료가 아닌 것으로서 섭취할 때 위생상 위해가 발생할 우려가 있거나 섭취하기에 부적합한 물질"로 규정하고 있다(식품의약품안전처 2022). 이러한 식품 중 이물의 혼입은 생산자 측면에서 볼 때 제품뿐만 아니라 기업의 이미지를 실추시키고, 이를 접한 소비자 입장에서는 식품안전에 있어 큰 문제가 발생한 것으로 받아들이게 되므로, 식품 안전에 있어 중요한 문제로 대두되고 있다.

02 이물의 종류

이물의 혼입은 식품 원부재료, 가공단계 유통단계, 마지막으로 소비단계에서 모두 발생할 수 있다. 이물은 크게 동물성, 식물성, 광물성으로 나누어지는데 동물성 이물은 머리카락, 해충, 기생충 등이 대표적이고, 광물성 이물은 금속, 돌, 유리 등이 대표적이다. 마지막으로 식물성 이물로는 지푸라기, 나뭇조각, 곰팡이 등이 대표적인 것으로 알려져 있다.

다른 한편으로 식품 중에 존재할 수 있는 이물은 눈에 띄는 것과 눈에 띄지 않는 것으로 구분할 수 있다. 눈에 띄지 않는다는 것은 현미경을 이용하여 확인할 정도의 미세한 물질 또는 눈으로 볼 수 있는 크기이지만 식품 내부에 있기 때문에 볼 수 없는 것을 의미한다. 현미경을 이용하여 확인할 수 있는 정도의 미세한 이물의 경우 「식품위생법」상에서 보고와 관리되어야 하는 이물에서 제외대상이다.

〈표 10-1〉 이물의 분류

구분	이물의 예
동물성 이물	바퀴벌레 · 곤충 · 파리 등의 성충, 번데기, 유충, 알 및 이들의 파편, 지렁이, 머리카락(동물의 털), 기생충 및 그 알, 쥐, 뼛조각, 어류 가시 등
식물성 이물	곰팡이류, 나뭇조각, 지푸라기, 종이류, 씨앗 등
광물성 이물	유리조각, 쇳가루(쇳조각, 철사), 도자기 파편, 모래, 토사, 은박지 등

출처: 식품의약품안전처 고시 제2016-138호

이물 관리를 위한 방안이 마련된 초기에는 이물범위가 너무 광범위하여 기업에서 많은 어려움을 겪었으나 최근에는 합리적인 수준에서 보고대상 이물과 보고대상 제외 이물로 분류하여 관리하고 있다. 보고대상 이물은 육안으로 식별 가능하고 인체에 위해나 손상, 혐오감을 주거나 건강을 해칠 우려가 있거나 섭취하기에 부적합한 재질과 크기의 이물로 정의하며 "보고 대상 이물의 범위와 조사 · 절차 등에 관한 규정"에서 ① 섭취과정에서 인체에 직접적인 위해나 손상을 줄 수 있는 재질이나 크기의 이물, ② 섭취과정에서 혐오감을 줄 수 있는 이물, ③ 그 밖에 인체의 건강을 해칠 우려가 있거나 섭취하기에 부적합한 이물로 분류하여 관리하고 있다. 보고대상 이물에 대한 종류는 <표 10-2>와 같다.

〈표 10-2〉 보고대상 이물의 종류

구분	이물의 예
섭취과정에서 인체에 직접적인 위해나 손상을 줄 수 있는 재질이나 크기의 이물	• 3 밀리미터(mm) 이상 크기의 유리 · 플라스틱 · 사기 또는 금속성 재질의 물질
섭취과정에서 혐오감을 줄 수 있는 이물	• 쥐 등 동물의 사체 또는 그 배설물 • 파리, 바퀴벌레 등 곤충류 • 기생충 및 그 알(축 · 수산물을 주원료로 제조한 식품등에서 발견되는 원생물에 기생하는 기생충으로서 제조 · 가공과정에서 사멸되어 인체의 건강을 해칠 우려가 없는 것은 제외)

구분	이물의 예
그 밖에 인체의 건강을 해칠 우려가 있거나 섭취하기에 부적합한 이물	• 컨베이어벨트 등 고무류 • 이쑤시개(전분재질은 제외) 등 나무류 • 돌, 모래 등 토사류 • 그 밖에 위 각 목에 준하는 것으로서 식품의약품안전처장이 인정하는 이물

보고대상 이물의 범위에 들어가더라도 아래의 예에 해당하는 이물은 보고대상에서 제외한다. 보고대상 제외 이물은 다음과 같이 분류하여 관리하고 있다.

- 머리카락(동물의 털을 포함한다)
- 씨앗 등 풀씨류 및 줄기
- 종이류
- 비닐
- 참치껍질 · 가시 또는 혈대(혈관)
- 실, 끈류(금속성 재질은 제외한다), 낚싯줄
- 고압멸균 등의 가공과정을 거쳐 연화(軟化)된 동물의 뼛조각 또는 돼지고기의 연골로서 위해 우려가 없는 것
- 통조림이나 염장 제품에서 발견되는 원생물에 기생하는 기생충으로서 제조 · 가공과정에서 사멸되어 인체의 건강을 해칠 우려가 없는 것
- 제조과정 또는 유통 중에 원료성분의 변화 등으로 발생하여 침전 · 응고되거나 뭉쳐있는 형태의 이물로서 인체의 건강을 해칠 우려가 없는 것
- 식품 등의 제조 · 가공 과정에서 발생하였다고 판단되는 탄화물(법 제7조에 따라 식품공전에서 탄화물의 기준과 규격이 정하여진 식품에 한한다)

03 국내 식품 중 이물발생 현황

2010년 이물의 보고의무화 시행으로 2011년 이후부터 식품의 이물 보고 건수는 점차적으로 증가하고 있는 추세이다. 또한, 과거에는 이물 보고 건수가 벌레>

금속>곰팡이 순이었으나, 최근에는 벌레>곰팡이>금속 순으로 바뀐 것을 알 수 있다(표 10-3). 이러한 현상은 국내 식품업체에서 금속이물에 대한 중대성을 인식하고 금속검출기를 도입한 결과로 볼 수 있다. 그러나 여전히 해충 등에 의한 이물 보고 건수는 증가하고 있는 상황으로 이에 대한 대책으로 영업장의 밀폐와 방충활동을 강화시킬 필요가 있을 것이다. 또한, 곰팡이에 의한 이물 보고 건수도 상당한 증가를 보이고 있다. 이러한 이유는 현재까지 정확한 연구결과는 없지만 최근의 기후변화에 의해 우리나라가 아열대 기후화가 되면서 곰팡이가 증식하기 쉬운 환경으로 바뀐 결과로 짐작할 수 있으며, 식품 제조업체에서는 곰팡이의 포자까지 살균할 수 있는 살균 시스템을 확보해야 할 것이다.

〈표 10-3〉 연도별 이물 종류 및 식품유형별 이물발생 신고 현황

연도	벌레	금속	곰팡이	플라스틱	유리	기타	계
2012	2,458 *(37.6 %)*	563 *(8.6 %)*	624 *(9.5 %)*	304 *(4.6 %)*	82 *(1.3 %)*	2,509 *(38.4 %)*	6,540
2013	2,276 *(35.4 %)*	528 *(8.2 %)*	659 *(10.2 %)*	324 *(5.0 %)*	91 *(1.4 %)*	2,557 *(39.7 %)*	6,435
2014	2,327 *(36.3 %)*	433 *(6.7 %)*	667 *(10.4 %)*	316 *(4.9 %)*	101 *(1.6 %)*	2,575 *(40.1 %)*	6,419
2015	2,251 *(37.4 %)*	438 *(7.3 %)*	622 *(10.3 %)*	285 *(4.7 %)*	95 *(1.6 %)*	2,326 *(38.7 %)*	6,017

출처: 식품의약품안전처(2016)

04 이물의 혼입 방지대책과 검출방법

앞서 설명한 바와 같이 식품 중 이물의 혼입은 제품뿐만 아니라 기업의 이미지를 실추시키기 때문에 이물혼입을 방지하기 위해서는 식품 원부재료, 가공공정, 유통과정 전반에 관리가 필요하다. 먼저 영업장에서 이물이 혼입되는 경우는 작업자 부주의와 관리 부족이 주원인이기 때문에 작업자 개인위생 및 이물관리 의식 고취, 위생관리 및 입고검사 강화, 원료의 선별 강화 등 원료 차원의 관리와 세척, 여과 등 이물 제거공정 도입, 최종 제품에 대한 검사 등 이물 제거공정 도입, 작업자 교육 강화, 영업장의 주변 환경, 작업장 차단장치 설치, 작업장과 설비 · 기구 청소관리 강화, 금속검출기, 여과망 등의 관리 강화 등이 이루어져야 한다.

유통과정 중 이물 혼입은 부주의와 관리 부족으로 발생하며, 방지 대책은 제품의 포장 및 차단 강화, 운반 차량의 관리 강화 등이 있다.

〈표 10-4〉 이물과 탐지법

탐지법	검출되는 이물
자석	철/강철
금속검출기	철/강철, 비철, 일반 금속, 스테인리스스틸
X-선 이물선별기	철/강철, 비철, 일반 금속, 스테인리스스틸, 뼈, 유리, 돌, 고밀도 수지, 플라스틱

05 이물발생에 따른 대처 방안

식품 이물사고의 발생 시 보고대상 이물에 따라 그 보고 체계를 달리하여 관리를 하고 있다. 「식품위생법 시행규칙」 제60조 제2항과 "보고 대상 이물의 범위와 조사 · 절차 등에 관한 규정"에 따라 이물 발견 사실을 보고해야 되는 영업자는 식품제조 · 가공업자, 식품첨가물제조업자, 식품소분업자, 유통전문판매업자, 수입식품 등 수입판매업자, 축산물가공업자, 식육포장처리업자, 축산물유통전문판매업자로 규정하고 있다. 해당 영업자는 소비자가 신고한 이물과 해당제품 등 증거물을 확인한 시점부터 7일 이내에 이물 발견 사실을 관할 시장 · 군수 · 구청장에게 보고해야 할 의무가 있다.

시장 · 군수 · 구청장에게 소비자가 직접 이물발견 신고를 할 수 있으며, 영업자와 소비자로부터 보고 및 신고를 받은 관할 지자체장은 식품의약품안전처장에게 통보를 하여야 하는데 통보시기를 즉시/월별로 구분한다. 영업자 이외에도 소비자로부터 이물발견 신고를 접수받은 한국소비자원 및 소비자단체도 영업자와 동일한 방법으로 식품의약품안전처장에게 통보하여야 한다. 보고받은 즉시 통보해야 되는 이물은 앞서 이물의 종류에서 언급한 "금속성 이물, 유리조각 등 섭취과정에서 인체에 직접적인 위해나 손상을 줄 수 있는 재질이나 크기의 이물", "기생충 및 그 알, 동물의 사체 등 섭취과정에서 혐오감을 줄 수 있는 이물"로 이들 이물의 원인조사를 실시하는 조사기관장은 식품의약품안전처장과 지방식품의약품안전청장이다. 월별로 통보해야 되는 이물은 "그 밖에 인체의 건강을 해칠 우려가 있거나 섭취하기에 부적합한 이물"로서 시장 · 군수 · 구청장이 원인조사에 대한 의무를 가지고 있다.

조사기관들은 이물 혼입원인 조사를 소비단계, 유통단계, 제조단계로 구분하여 조사를 실시한다. 대부분 이물의 발견 신고가 소비자로부터 행해지기 때문에 조사의 순서는 소비단계→유통단계→제조단계 순서로 조사를 수행해야 하고, 7일 이내(토 · 일요일 및 법정 공휴일은 포함하지 않는다)에 신속하게 원인조사를 실시하여야 하나 추가조사나 성분분석 등의 특별한 사유로 조사에 상당한 시간이 소요되는 때에는 이를 연장할 수 있다고 명시되어 있다. 이물 조사 결과 판정 기준은 다음과 같다.

〈표 10-5〉 단계별 이물 판정기준

단계	판정 기준
제조단계 혼입	• 원재료나 제조 · 포장과정에서 이물이 혼입된 것으로 확정되는 경우
제조단계 미혼입	• 제조 · 포장과정에서 이물이 혼입되지 않은 것으로 확정되는 경우
유통단계 혼입	• 유통 중 진열 · 보관 · 보존 과정에서 이물이 혼입된 것으로 확정되는 경우
오인신고	• 소비자가 원재료 등을 이물로 오인 · 혼동하여 신고한 경우 • 소비자가 보관 · 조리 · 섭취과정 중 이물이 혼입된 사실을 인정하는 경우
조사불가	• 이물 분실 · 훼손, 영업소 폐쇄, 소비자 비협조 등
판정불가	• 증거 불충분 등으로 이물 혼입 원인을 객관적으로 확정할 수 없는 경우

과거 이물이 발생할 경우 기업은 이미지 실추를 막기 위해 소비자에게 물건 교환 및 사례를 하는 방법으로 이물발생에 대해 대처를 하였다. 이러한 기업 풍토가 정착되고 2008년부터 연쇄적으로 이물사고가 발생하면서 이를 악용하여 기업에 금품을 요구하는 악의적인 소비자(black consumer)가 출현하게 되었다. 당시 식품의약품안전청은 <보고 대상 이물의 범위와 조사 · 절차 등에 관한 규정>을 고시하여 합리적인 이물 혼입 원인을 조사하고, 혼입에 대한 책임을 단계별에 따라 영업자와 소비자로 구분하였다. 즉, 소비단계에서 이물 혼입이 발생하였다고 확인된다면 영업자는 회수 등의 조치를 취하지 않아도 되며, 행정적인 제재를 받지 않아도 되는 것이다. 이는 식품 영업자들에게는 이물과 관련된 식품사고에 적극적인 자세로 대처할 수 있는 기반이 마련되었다고 볼 수 있겠다.

[그림 10-1] 악의적인 소비자의 대표적인 사례(지렁이 단팥빵 사건)

출처 : SBS뉴스, 2010. 12. 26

참고문헌

식품의약품안전처(2014). 보고대상 이물의 범위와 조사 · 절차 등에 관한 규정, 식품의약품안전처 고시 제2014-15호.

식품의약품안전처(2016). 보고대상 이물의 범위와 조사 · 절차 등에 관한 규정, 식품의약품안전처 고시 제2016-138호.

CHAPTER
11

식품위해물질 관리

식품은 항상 위해물질에 오염될 수 있는 가능성이 높고, 오염된 이후에는 식품으로부터 제거하는 것은 불가능하기 때문에 위해물질이 사전에 식품에 오염되지 않도록 관리해야 될 필요가 있다. 식품의 위해물질로는 크게 생물학적, 화학적, 물리적 위해물질로 나눌 수 있으며, 생물학적 및 물리적 위해물질은 저감 및 제거가 가능하여 식품산업현장에서 저감화 방법이 널리 이용되고 있으나, 화학적 위해요소의 경우는 한 번 오염되면 저감 및 제거가 매우 어려우나 식품을 취급하는 데 있어 주의를 기울이면 충분히 사전에 오염을 예방할 수도 있다.

01 생물학적 위해요소 관리

생물학적 위해요소는 식중독 세균, 바이러스, 해충, 위생동물 등이 대표적이지만 식품안전사고는 대부분 식중독 세균과 같은 미생물에 의해 발생된다. 식품의 미생물 오염원은 매우 다양하지만 일반적으로 토양, 해수, 담수, 분변 및 동물체, 공기, 제조과정 중 비위생적으로 관리된 작업자 또는 시설이 주 오염원으로 알려져 있다(표 11-1). 미생물이 식품에 오염된 경우는 미생물이 더 이상 자라지 못하도록 하는 정균방법과 미생물을 죽이는 살균방법을 사용하고 있다. 정균방법에는 냉장/냉동, 건조, 가스저장, 절임, 보존료 사용 등의 방법이 있으며, 살균방법은 열처리와 비가열처리로 나누는데, 비가열법에는 방사선처리(irradiation), 살균소독제 등이 이용되어 왔다.

〈표 11-1〉 미생물의 주요 오염원

오염원	설명
토양	• 토양에는 미생물이 1 g당 10^6~10^9 정도로 상당히 많은 수가 존재 • 가축, 채소, 곡물 등을 생산하는 농장에서 식품을 직 · 간접적으로 오염시킴 • 먼지와 함께 대기 중에 비산하여 각종 기구 및 음식물에 부착

오염원	설명
해수	• 해수는 주로 육지의 폐수 및 폐기물로부터 오염됨 • 오염된 세균은 어류, 패류, 조류 등을 오염시킬 수 있음
담수	• 토양이나 인축의 배설물에 의해 오염되는 경우가 많아 1 ml 중 10^6~10^9 정도로 오염되어 있으며, 병원성 미생물을 포함하고 있어 식품 및 식수원을 오염시킴
분변 및 동물체	• 일부 도시와 농촌에서 분변을 원예작물의 비료로 사용 시 채소, 토양, 하천 등을 오염시킴 • 가축사육장으로부터 주로 발생하며, 퇴비를 충분히 숙성시키지 않고 사용하였을 경우도 발생
공기	• 공기 중에는 원래 미생물이 존재하지 않으나, 토양의 먼지나 바람에 비산되는 미생물에 의해 오염되는 경우가 발생
제조과정 중	• 비위생적으로 관리된 식품취급자 또는 시설 및 장비를 통해 오염됨

1) 열처리에 의한 미생물 관리

(1) 멸균(Sterilization)과 살균(Sanitation)

식품 내 오염된 미생물의 사멸방법 중 전통적이고 가장 일반적인 방법이 가열에 의한 살균법으로 부패균이나 병원균은 60 ℃에서 30분 가열하면 대부분 사멸한다. 가열살균 처리법은 연속살균이 가능하고 영양분의 파괴를 최소화하면서 세균의 사멸률을 높이는 방향으로 개발되어 왔다. 대표적인 가열방법은 멸균과 살균으로, 멸균(sterilization)은 목표로 하는 식품 또는 물체에 오염되어 있는 모든 미생물을 제거하여 완전히 무균상태로 만드는 과정으로 유익한 균과 유해한 균을 모두 제거하는 방법이다. 이는 표면에 있는 균뿐만 아니라 내부에 있는 모든 균을 살균할 때 사용되기도 한다. 그러나 멸균의 개념이 가장 효율적인 방법이기는 하나 식품에 적용하기에는 어려운 부분이 있으며, 대체로 병원기구, 유리도구 등에 적용이 가능하다. 멸균의 종류에는 건열멸균, 고압멸균, 간헐멸균 등이 대표적이며, 앞서 설명한 바와 같이 식품보다는 의료용 기구의 멸균에 많이 사용되고 있다. 그러므로 식품에 적용하는 미생물관리는 살균이라고 칭하는 경우가 많다.

살균(sanitation)은 식품 중에 존재하는 미생물을 부분적으로 제거하는 방법으로 유익한 것은 되도록 남기고 유해한 것을 선택적으로 제거하는 방법이다. 식품에 주로 사용되는 살균법에는 블랜칭(blanching), 저온살균(pasteurization), 고온순간살균(high temperature short time: HTST), 초고온살균(ultra-high temperature: UHT) 등이 있다. 블랜칭은 끓는 물 또는 증기로 3~5분 정도 열처리하는 방법으로 과일이나 채소, 곡물 등의 전처리 작업으로 활용하며, 초기 미생물 수를 낮추고, 효소의 불활성, 공기를 없애는 효과가 있다. 저온살균은 63~65 ℃에서 30분 정도 열처리하는 방법으로 단백질의 불활성화와 불용성 염류의 형성을 최소화하는 살균법으로 유해균을 없애는 정도의 최소한의 살균방법으로 알려져 있다. HTST는 72~75 ℃에서 15~30초간 살균하는 방법으로 저온살균에 비해 시간당 많은 양의 액체를 살균할 수 있고, 연속적으로 공정이 가능하다는 장점이 있다. UHT는 130~135 ℃에서 3~5초간 열처리하는 초고온순간살균법으로 상온에서 한순간에 130 ℃ 이상으로 올리지 않고, 1단계로 90~95 ℃로 올린 후 2단계로 130~135 ℃로 올려 살균하는 방법으로 HTST에 비하여 살균 효과가 높아 짧은 시간에 가장 많은 양을 열처리 가능하다. HTST와 UHT는 우유 살균에 주로 사용되어 왔지만 최근에는 우유의 영양소와 관능적 품질을 유지하기 위하여 UHT가 주로 사용된다.

〈표 11-2〉 **미생물 살균 및 멸균 방법의 종류**

요인	설명
Blanching	• 끓는 물이나 증기에 3~5분 정도 데치는 열처리 • 채소나 과일, 곡물 등의 전처리 작업으로 활용 • 미생물의 초기 생균 수를 낮추고, 효소의 불활성, 공기를 없애는 효과
저온살균	• 63~65 ℃에서 30분간 열처리 • 단백질의 불활성화, 불용성 염류의 형성을 최소화 • 유해균을 없애는 정도의 최소한의 살균조건
고온 순간살균법	• HTST(High Temperature Short Time)로서 72~75 ℃에서 15~30초간 살균 • 저온살균에 비하여 신속하게 연속적으로 공정이 가능
초고온 순간살균법	• UHT(Ultra-High Temperature) 130~135 ℃에서 3~5초간 열처리 • HTST에 비하여 살균 효과가 높아 짧은 시간에 가장 많은 양을 열처리 가능

요인	설명
멸균	• 121 ℃에서 15~20분간 고압수증기로 멸균하는 열처리 방법 • 포자 및 아포의 사멸이 가능
간헐 멸균	• 100 ℃에서 열처리하면 100 % 미생물이 죽지 않으므로, 살균 후 상온에 방치하였다가 다시 열처리하는 것을 2~3회 반복

(2) 마이크로파(Microwave)

마이크로파를 이용한 열처리 방법은 전기 자기장의 진동(파장)을 이용하여 열을 발생시키는 방법이다. 마이크로파는 높은 전자파를 의미하는데 300 MHz에서 30 GHz까지의 전자파에 해당된다. 가정용 오븐은 마이크로파를 이용하여 식품이나 다른 물체에 열을 가하는 기기로 2,450 MHz 마이크로파를 주로 이용한다.

[그림 11-1] 농산물 및 가공식품의 살균처리을 위한 마이크로파 건조기(살균기)

출처: ㈜비손테크 공식블로그
(https://m.blog.naver.com/PostView.nhn?blogId=mtbwpishon&logNo=90189733935&proxyReferer=https%3A%2F%2Fwww.google.co.kr%2F)

마이크로파를 이용한 살균방법은 기존의 열처리 방법과 달리 식품의 전체를 균일하게 원하는 온도로 보다 빠르게 올릴 수 있으며, 특히 액체뿐만 아니라 고체 및 반고체 물질에 사용이 쉬우며, 포장된 식품에도 적용이 가능하다. 이러한 마이크로파 살균은 우유 등과 같은 액상 식품에서 부착현상(fouling) 발생을 최소화하며 균을 사멸할 수 있고, 식품 고유의 영양성분 보존효과가 크기 때문에 처음에 호상요구르트와 우유 등의 살균에 시도되었고, 현재 도시락, 수산가공식품, 과자, 빵 등의 다양한 식품살균에 이용되고 있다. 현재는 전 세계적으로 가정 혹은 산업에 널리 이용되고 있다.

(3) 원적외선 살균(Far infra-red Sterilization)

원적외선 살균은 2.5~20 μm 파장의 원적외선을 조사하여 물질을 가열함으로써 살균하는 방법으로 원적외선은 공기에 거의 흡수되지 않고 직접 물체의 표면에 도달하여 물질의 내부 깊이까지 침투하기보다는 가열된 물질 표면에서 열전도에 의하여 내부가 가열되므로 비교적 두껍지 않는 식품의 가열살균에 이용된다. 또한, 원적외선 그 자체는 에너지수준이 낮아 식품에 조사하여도 식품의 품질열화가 거의 일어나지 않는다. 원적외선 살균도 마이크로파 살균과 마찬가지로 가열속도 및 효율이 높아 식품을 살균하는 데 처리시간이 짧고, 안전성과 초기 투자설비가 저렴하다는 장점을 가진다. 원적외선을 통해 비교적 두껍지 않은 식품의 가열가공, 생선의 굽기, 식품의 건조 등의 식품공정에도 이용되며 포장식품의 살균 등에 이용할 수 있다.

2) 비열처리에 의한 미생물 관리

(1) 가스 멸균법(Gas sterilization)과 가스 저장(Controlled atmosphere storage)

가스 멸균은 열이나 기타의 다른 방법에 비하여 기구 및 자재의 변질이 적기 때문에 많이 사용되고 있으나, 가스 멸균에 많이 사용되고 있는 에틸렌 옥시드, 포름알데히드, 프로필렌옥시드 등은 인화성과 독성이 강하여 식품의 멸균에는 사용되지 않고, 열에 약한 1회용 플라스틱제인 페트리디쉬(petri dish), 피펫(pi-pette)이나 의료기구의 멸균법으로 주로 이용되고 있다. 다만 일부 식품포장에 있어 가스의 조성을 달리하여 미생물의 생육을 억제하는 가스 저장 방법이 널리 사용되고 있다. 가스 저장은 식품이 저장되는 동안 호흡작용을 지속하기 때문에 품질이 저하되는 현상을 막기 위해 공기 속의 산소농도를 조절하는 방법이다. 주로 공기 중에 CO_2나 N_2의 농도를 높이는 방법으로 사용하며 과실류, 채소류, 그리고 달걀류에 사용된다.

(2) 훈연법(Smoking)

육류나 어패류 등의 식품에 목재 등을 불완전 연소시켜 발생시킨 연기 속의 항균물질, 항산화물질 등을 침착 또는 흡착시키면서 건조효과를 내어 저장하는 방법으로 냉훈법과 온훈법이 있다. 냉훈법은 염지한 원료를 10~30 ℃의 온도에서 1~3주간 훈연하면서 제품의 수분을 20~45 %까지 감소시킴으로써 장기간의 저장을 주목적으로 하는 방법으로 소시지나 햄, 베이컨 등의 축육 제품에 많이 이용된다. 온훈법은 50~80 ℃에서 2~12시간 정도 훈연하는 것으로 독특한 풍미를 부여하는 것이 주목적이다. 훈연 온도가 높아 육질의 발색이 좋고 훈연시간도 짧은 이점이 있으나 수분함량이 50 % 이상이기 때문에 장기 저장 시에는 부패되기 쉬우므로 냉장, 통조림, 포장 등의 저장법을 병용해야 하며 청어, 고등어, 정어리, 꽁치, 연어 등에 많이 이용된다.

훈연성분은 주로 phenol류, organic acid, alcohol, carbonyl, hydrocarbon 등의 화합물로 구성되어 있고, 특히 phenol 성분은 식품의 항산화성 및 보존성과 훈연제품 고유의 풍미를 부여하는 것으로 알려져 있다. 훈연법은 제품에 연기성분이 침투되어 보존성을 향상하고, 연기성분에 의해 훈연제품 특유의 색과 풍미가 증진되고, 육색의 고정이 촉진되며, 지방의 산화가 방지된다.

(3) 여과(Filtration)

여과를 이용한 멸균은 주로 액상 식품 중 미생물 및 효모 등을 제거하는 데 사용되는 방법으로 열에 의한 액상식품 특성 변화를 방지하기 위해 주로 사용된다. 여과멸균은 주로 균의 크기보다 작은 격자의 필터(0.45 ㎛)로 균을 걸러 제거하는 물리적 방법이다. 여과의 대상이 되는 미생물의 크기는 100~10 ㎛(포자 등),

10~1 μm(포도상 구균, 대장균, 적혈균 등), 1~0.5 μm(콜레라균, 티푸스균, 파상풍균 등) 등이 있다. 최근에는 필터의 기능이 향상되어 바이러스까지 여과할 수도 있다. 예를 들면 먹는물 수질 기준에서 노로바이러스 검사 시 물을 여과기에 70 ℓ를 흘려보내고 여과필터에 부착된 노로바이러스의 RNA를 추출하여 분석하는데 이 방법도 여과멸균을 이용한 방법이다. 또한, 여과멸균은 주로 비타민 C 주사액과 맥주의 효모제거 등에도 널리 이용되고 있다.

(4) 방사선 멸균(Irradiation, ionizing radiation)

제9장에서 설명한 바와 같이 방사선은 식품뿐만 아니라 의료기 등의 미생물 멸균에 많이 사용되는 방법으로 처리되는 대상에 열을 가하지 않기 때문에 '냉살균'이라고 불리기도 한다. 조사에 사용되는 방사선은 감마선과 전자선이 주로 이용되고 있다. 감마선은 투과성과 살균효과가 높지만 실용화 부분에서는 전자선이 훨씬 널리 사용되고 있다. 그러나 전자선의 경우는 투과율이 낮아 표면살균에 주로 사용되고 있다.

(5) 자외선 멸균(Ultraviolet light)

태양으로부터 지구에 도달하는 광선은 자외선, 가시광선, 적외선, 그 외에 방사선 등이 있다. 그중 자외선은 100~400 nm 파장의 범위를 나타내며, 자외선 중에서도 260 nm에서 최고의 살균효과를 나타내는 것으로 알려져 있다. 자외선에 의한 살균의 주된 기구는 DNA 사슬 중에 이웃하는 피리미딘 염기의 5, 6의 이중결합이 환상의 부탄결합으로 변해 이중합체를 형성하고, 이 부분은 복제와 전사가 불가능하게 되어 미생물이 사멸하게 되는 것이다. 자외선은 투과력이 약하기 때문에 자외선이 닿지 못하는 곳은 살균이 힘들며, 물속에서도 선원으로부터 몇 센티미터 떨어지더라도 살균력이 약하게 된다. 우리 일상에서 자외선 살균기는 널리 보급되어 있지만 그 사용방법을 제대로 알지 못하는 경우가 많다. 예를 들면 자외선을 이용한 물컵 살균 시 [그림 11-2]와 같이 컵을 거꾸로 뒤집어 놓은 경우

[그림 11-2] 자외선 살균기의 잘못된 사용 예

가 많은데 이러한 예는 자외선 살균기의 잘못된 사용방법이라 할 수 있겠다. 자외선 살균기를 이용하여 물컵을 살균하려고 할 때에는 컵의 내면에 자외선이 도달하도록 하고, 가장자리에는 자외선이 도달하기 힘들기 때문에 가운데로 위치하도록 한다. 추가로 자외선 살균기의 효율을 높이기 위해 상부에만 자외선 선원을 설치하지 말고 각 층마다 자외선 선원을 설치하도록 개선할 필요가 있다. 그러나 이에 따른 가격상승과 그 경제적인 부담은 간과할 수 없을 것이다.

(6) 화학적 살균소독제

식품과 접촉하는 기구 및 표면으로부터 미생물의 교차오염을 예방하기 위해 물리적, 화학적, 생물학적 방법 등이 사용되고 있으나, 비용적인 측면과 편리성 등을 고려하여 살균제와 살균소독제를 이용하는 화학적 방법이 식품산업 현장에 많이 사용되고 있다. 화학적 살균제와 살균소독제를 사용하는 데 있어 대상 미생물의 종류 및 특성 등의 요소를 고려하여야 한다.

국내에서 식품에 직접 사용할 수 있는 살균제로는 차아염소산수, 오존수, 이산화염소수의 사용이 허가되어 있으며, 교차오염을 방지하기 위하여 식품 접촉표면의 살균·소독을 목적으로 과산화수소 등 총 94개의 사용할 수 있는 화학적 살균소독제로서 우리나라에 등록되어 있다. 국내 대부분의 식품공장, 급식 및 레스토랑에서 기구 등의 살균제로 대부분 염소와 알코올계를 사용하고 있으며, 배합방법에 따라 다양한 제품들이 생산되고 있기 때문에 식품의 기구 및 표면을 위한 올바른 살균소독제의 선택은 매우 중요하다고 볼 수 있다. 살균제 및 살균소독제의 선택에 있어서 고려해야 할 요소 중 하나가 유효성분 및 대상 식중독 균 등 유해미생물에 대한 저해 작용 기작이다. 식품공전에서는 94종에 대한 기구 등의 살균소독제를 허용하고 있으며, 과산화수소제제를 포함하여 13종으로 크게 분류하고 있다. 13종의 살균소독제제별 사용기준은 <표 11-3>에 나타나 있다.

〈표 11-3〉 식품공전상 기구 등의 살균소독제 종류 및 사용기준

성분명	정의	사용기준(mg/l, ppm)		
		식품접객업·집단급식소용	유가공용 기구	식품제조·가공용 기구
과산화수소제제	유효성분으로 과산화수소를 함유하는 것을 말한다.	91	465	1,100
과산화초산제제	과산화수소 및 초산을 반응하여 얻어지는 것으로 유효성분으로 과산화초산, 과산화수소 및 초산을 함유하는 것 또는 과산화수소, 초산 및 옥탄산을 반응하여 얻어지는 것으로 유효성분으로 과산화초산, 과산화옥탄산, 과산화수소, 옥탄산 및 초산을 함유하는 것을 말한다.	58	315	315
구연산제제	유효성분으로 구연산을 함유하는 것을 말한다.	-	-	-
에탄올제제	유효성분으로 에탄올을 함유하는 것을 말한다.	-	-	-
염화-N-데실-N,N-디메틸-1-데칸아미늄제제	유효성분으로 염화-N-데실-N,N-디메틸-1-데칸아미늄을 함유하는 것을 말한다.			200
염화알킬(C_{12}-C_{18}) 벤질디메틸암모늄제제	유효성분으로 염화알킬(C_{12}-C_{18})벤질디메틸암모늄 또는 염화알킬(C_{12}-C_{18})벤질디메틸암모늄에 염화-n-알킬(C_{12}-C_{14})디메틸에틸벤질암모늄(평균분자량 377~384), 염화-n-알킬(C_{12}-C_{18})디메틸에틸벤질암모늄(평균분자량 384), 염화디-n-알킬(C_8-C_{10})디메틸암모늄(평균분자량 332~361), 폴리(헥사메틸렌비구아니드)하이드로클로라이드를 1종 이상 함유하는 것을 말한다.	200	200	200
요오드제제	유효성분으로 요오드를 함유하는 것을 말한다.	25	25	25
이산화염소제제	유효성분으로 이산화염소를 함유하는 것을 말한다.	200	200	200

<table>
<tr><th rowspan="2">성분명</th><th rowspan="2">정의</th><th colspan="3">사용기준(mg/l, ppm)</th></tr>
<tr><th>식품접객업 · 집단급식 소용</th><th>유가공용 기구</th><th>식품제조 · 가공용 기구</th></tr>
<tr><td>이염화이소시아눌산나트륨제제</td><td>유효성분으로 이염화이소시아눌산나트륨을 함유하는 것을 말하며, 이염화이소시아눌산나트륨이수화물을 함유하는 것도 포함한다.</td><td>100</td><td>100</td><td>100</td></tr>
<tr><td>젖산제제</td><td>유효성분으로 젖산을 함유하는 것을 말한다.</td><td>-</td><td>-</td><td>-</td></tr>
<tr><td>차아염소산 나트륨제제</td><td>유효성분으로 차아염소산나트륨을 함유하는 것을 말하며, 식염수를 전기분해의 방법으로 얻어지는 것도 포함한다.</td><td>200</td><td>200</td><td>200</td></tr>
<tr><td>차아염소산수</td><td>염산 또는 식염수를 전기분해의 방법으로 얻어지는 것으로 유효성분으로 차아염소산을 함유하는 수용액을 말한다.</td><td>200</td><td>200</td><td>200</td></tr>
<tr><td>폴리(헥사메틸렌비구아니드)하이드로클로라이드 제제</td><td>유효성분으로 폴리(헥사메틸렌비구아니드)하이드로클로라이드, 또는 폴리(헥사메틸렌비구아니드)하이드로클로라이드에 염화디-n-알킬(C_8-C_{10})디메틸암모늄(평균분자량 332~361)을 함유하는 것을 말한다.</td><td>550</td><td>550</td><td>550</td></tr>
</table>

출처: 식품공전, 식품의약품안전처(2017)

(7) 천연 항균제(Natural antimicrobials)

일반적으로 식품 중 식중독 균 및 부패미생물을 제어하여 안전하게 식품을 장기간 저장하는 방법으로 합성보존료가 많이 사용되지만, 인체에 미치는 안전성 문제가 꾸준히 제기되고 있다. 오래전부터 사용해 오던 천연 항균물질로는 소금, 식초 등이 있으며 동물이나 식물에 천연적으로 존재하는 특정 단백질 및 효소류, 갑각류에서 추출한 키토산, 유기산, 식물의 정유(essential oil) 및 미생물에서 유래된 나이신(nisin) 등도 있다. 식품보존제로 사용되는 주요 천연항균제의 종류와 기원은 <표 11-4>와 같다.

〈표 11-4〉 식품보존제로 사용되는 주요 천연항균제의 종류와 기원

기원	식품	천연항균제
동물	우유	Lactoperoxidase system, Lactoferrin
	우유, 달걀	Lysozyme
	꿀	Glucose oxidase
	게, 새우	Chitosan
식물	향신료, 본초	Essential oil, phenolic, isoprenoid
	양파, 마늘, 고추냉이	Sulfur compound
	배추 속 식물, 겨자, 방울다다기양배추 등	Isothiocyanate
	자몽종자	Grapefruit seed extract
	홉	Hop oil
미생물	*Lactococcus*	Nisin, lacticin
	Pediococcus	Pediocin
	Lactobacillus	Lactocin, helveticin, sakacin, bavaricin, curvacin
	Leuconostoc	Leucocin, mesentericin
	Carnobacterium	Carnocin
	Streptomyces natalensis	Natamycin
	Streptomyces albulus	e-polylysine

출처: 조미희 외, 식품과학과 산업(2005)

3) 미생물 정균작용

정균작용(bacteriostatic)은 식품 중 원래 오염되어 있는 식중독 및 부패미생물을 더 이상 증식하지 못하게 하고 초기 수준을 그대로 유지하도록 하거나 미생물의 성장에 있어 유도기를 연장시켜 성장속도를 늦추어 식품의 저장기간을 연장시키는 방법이다. 이러한 정균작용은 살균과는 다르게 초기 균수를 감소시키지는 않는다. 정균방법 중 수분활성도(water activity: Aw)를 조절하는 건조법이 대표적이며, 가장 오래전부터 사용되어 왔다. 현재는 산소 조절을 이용한 정균방법으로 진공, CO_2 등 가스 조절법이 사용되고 있으며 온도 조절을 이용한 냉장법과 냉동법

이 가장 대중적으로 사용되고 있다. 미생물 생육요인은 내적인 요인과 외적인 요인으로 나눌 수 있는데 내적인 요인은 영양소, Aw, pH, 보존료 등이 있으며, 외적인 요인은 온도, 가스조절, 상대습도(relative humidity: RH) 등이 있다. 정균작용은 이러한 미생물의 생육요인을 억제하는 것을 통해 가능하다.

(1) 저온저장

미생물의 생육과 효소의 활성은 식품의 저장온도에 매우 민감하며 저온에 식품을 보관함으로써 미생물의 생육 및 효소활성 억제를 통해 식품의 품질변화를 최소화하고 저장기간을 늘리는 방법은 최근까지 널리 이용되고 있다. 냉장고 보급 이전에는 땅을 파서 보관하는 움저장과 동굴에 보관하는 동굴저장법이 일반적이었고, 냉장고가 널리 보급되어 저온저장법을 이용한 냉장 및 냉동 저장법이 일반화되었다.

식품과 관련 있는 식중독 균 및 부패미생물은 대부분이 중온균으로서 25~40 ℃에서 잘 자라지만 냉장 및 냉동조건에서는 증식속도가 현저히 느려지게 된다. 저온저장을 하게 되면 대부분의 미생물 증식은 억제할 수 있지만 냉장온도에서도 증식할 수 있는 저온균(psychrotroph)은 억제할 수 없다. 저온균은 0 ℃ 부근에서도 생육할 수 있는 균으로, 세균은 *Achromobacter*, *Pseudomonas*, *Flavobacterium*, *Mic-rococcus* 등이 많고 가끔 *Corynebacterium*, *Clos-tridium*에도 있다. 또 효모에서는 *Torulopsis*가 많고 곰팡이에는 *Penicillium*, *Clado-sporium*, *Mucor*, *Thanidium*에 많다.

냉장에서의 저장은 효소반응 및 산화 등 화학적 변화와 미생물에 의해 변질과 부패작용의 속도를 느리게 할 수 있으나 장기저장에는 적절하지 않다. 그러므로 식품산업 분야에서는 장기저장을 위해서 냉동저장을 많이 이용하고 있다. 식품을 -18 ℃ 이하 냉동저장하면 식품은 장기간 보관이 가능하나 얼음결정의 생성과 성장, 얼음의 승화 등의 물리적 작용과 효소작용 등의 화학반응도 지극히 서서히 진행되어 세포조직의 손상, 지방질의 산화, 단백질의 변성 등이 일어난다. 또한, 해동 시 냉동 중 손상된 식품의 조직이 연화되어 미생물이 증식하기에 적합하여 부패가 빨리 진행될 확률이 높다. 따라서 상온으로 해동한 냉동식품은 가능한 한 빨리 처리하여 섭취하여야 한다. 또한, 생산에서 보관에 이르기까지의 전 과정을 각각의 보존에 적합한 저온으로 유지하면서 유통시키는 저온유통체계(cold chain system)를 통해 관리해야 한다.

(2) 건조저장

미생물의 생육에 있어서 수분은 매우 중요한 인자로, 식중독 균과 같은 부패 세균은 적절한 수분활성도(water activity: Aw)를 요구하는데, 부패균의 경우는 Aw 0.9~ 0.91 이하에서는 생육이 불가능하며 다음으로 효모, 곰팡이 순서로 높은 수분활성도를 요구한다. 따라서 식품의 저장에서 수분활성도를 조절하는 방법으로 건조저장이 예로부터 많이 이용되고 있으며, 부패되기 쉬운 육고기의 육포와 수산물의 건어물 등이 건조저장의 대표적인 예이다. 식품의 수분 조절을 통해 미생물에 의한 식품의 부패 및 효소에 의한 변질 등에 의한 식품의 품질 저하를 예방할 수 있어 식품의 저장성을 높일 수 있다. 건조방법으로는 일광건조법, 고온건조법, 열풍건조접, 직화건조법, 분무건조법, 감압건조법 등이 사용되고 있다. 일광건조법은 농산물, 수산물 건조 등에 사용되며, 그 외의 건조법은 부가가치가 높은 식품재료를 건조할 때 주로 사용한다.

(3) 염장

일반적으로 소금의 농도가 10 % 이상이면 식중독 균 등의 생육은 억제된다고 알려져 있다. 이것은 식염의 농도가 높아짐에 따라 삼투압이 높아져 산소의 용해도가 감소되기 때문에 대부분의 호기성 식중독 균의 생육이 억제된다. 이러한 염처리에 의한 미생물의 억제는 염 농도가 높아질수록 식품 내 자유수의 감소로 인한 수분활성도 저하, 고삼투압으로 인한 세균으로부터 탈수 등의 원형질 분리, 산소용해도 감소, 염소이온의 발생으로 인한 살균작용 효과로 볼 수 있다. 안동의 간고등어가 대표적인 염장제품으로 이해할 수 있다. 그러나 염장법은 비호염균에 대한 관리는 잘 되지만 호염성 균에 대한 안전성을 보장할 수는 없다. 그러나 호염성의 경우도 염의 농도가 증가함에 따라 이들 생육속도가 많이 느려지며 단백질 분해 작용의 속도도 약화되기 때문에 염장을 한 식품에서는 대체적으로 급격한 부패가 일어나지 않아 저장기간이 연장된다.

(4) 당장

당장법의 경우도 염장법과 같은 원리로 설탕의 농도가 높아짐에 따른 삼투압 증가로 미생물의 생육을 억제함으로써 저장하는 방법이다. 일반적으로 당 농도가 50 % 이상이 되면(Aw 0.90 이하) 미생물의 생육이 억제되나 일부 내삼투압성 효모나 곰팡이는 80 % 고농도에서도 견디는 것들이 있다. 잼류에서 미생물의 증식이 어려운 것도 이러한 이유에서 기인된 것이다.

02 화학적 위해요소 관리

화학적 위해요소는 식품의 원부재료, 포장재, 가공공정 및 유통과정 중에 혼입될 수 있는 인체에 유해한 화학물질을 총칭한다. 이러한 화학적 위해요소의 발생은 자연유래 발생, 인위적 첨가, 우발적 혼입, 그리고 식품가공 공정발생 등으로 나눌 수 있다. 화학적 위해요소가 식품에 오염되면 쉽게 분리하거나 제거할 수 없기 때문에 식품 품질관리 및 위생상에서 주의할 필요가 있다. 화학적 위해요소의 발생과 그 예방조치에 대해 <표 11-5>에 자세히 나타내었다.

〈표 11-5〉 화학적 위해요소 발생요인 및 예방조치 요령

발생경로	원인물질	발생요인	예방조치
자연발생 화학적 위해요소	시안화물 (살구, 복숭아와 같은 과일의 씨앗 날알에 함유)	• 과일(복숭아, 살구) 씨앗의 섭취	• 씨의 식용 금지
	패류독소	• 채취가 금지되어 있는 해역, 시기	• 적조 발생 시 채취 금지
	히스타민	• 단백질 주성분 식품에 부패 세균 증식	• 적정한 온도 관리
	테트로도톡신 (복어독)	• 유독 부위 사용	• 면허를 취득한 요리사에 의한 충분한 지식에 기초한 조리
	솔라닌 (감자 싹에 존재)	• 감자의 발아부위 사용 • 생육 불량인 감자 사용	• 발아부위 제거 • 반입 시 확인
	곰팡이독소	• 원재료 수송, 보관 중 취급 부적합	• 원재료 납입자로부터 보증서, 검사성적서 첨부
인위적인 화학적 위해요소	식품첨가물	• 첨가물 규격에 적합하지 않은 것 • 제제의 농도, 순도에 문제가 있는 것 • 사용 시 계측의 잘못 • 배합 시 혼합불량	• 첨가물 제조자로 부터 보증서, 검사 성적서 첨부 • 사용 시 적정한 계량 • 표준작업서 준수
우발적인 화학적 위해요소	농약(살충제, 제초제 등)	• 생산자의 취급실수	• 원재료 규격 설정, 검사성적서의 첨부
	동물용의약품 (항생제, 성장호르몬, 구충제 등)	• 생산자의 휴약기간 내 출하 및 사용기준 위반	• 원재료 규격 설정, 검사성적서의 첨부
	지정 외 첨가물	• 지정첨가물의 혼동	• 원재료 규격 설정, 검사성적서의 첨부
	중금속	• 환경의 오염	• 원재료 규격 설정, 검사성적서의 첨부

발생경로	원인물질	발생요인	예방조치
우발적인 화학적 위해요소	시설 내에서 사용되는 구충제, 윤활유, 페인트, 세제, 살균제 등	• 식품공장용 이외의 살충제, 윤활유, 페인트, 세제 등 사용 - 살충제, 윤활유, 페인트, 세제 등 사용 방법 부적합 - 살충제 등을 식품 첨가물로 오인 사용	• 승인된 살충제, 윤활유, 페인트, 세제 등만 사용, 반입 검사 - 살충제, 윤활유, 페인트, 세제 등 사용방법 준수, 취급자의 제한과 교육 훈련 - 적절한 표시와 전용 장소에서의 보관
제조가공 중 생성 화학적 위해요소	벤조피렌	• 모든 탄소화합물의 연소과정 중 생성 • 고열처리(350~400 ℃)로 조리 시 생성 • 굽기, 튀기기, 볶기 등의 조리 및 가공	• 원재료 규격 설정, 검사성적서의 첨부 • 저감화를 위한 적절한 가공공정 확립(가공 온도 조절 등) • 모니터링을 통한 품질관리
	아크릴아마이드	• 감자의 asparagine이 설탕과 함께 100 ℃ 이상의 온도로 가열	• 저감화를 위한 적절한 가공공정 확립(감자의 튀김온도 제한, 감자의 수분 제거 등) • 모니터링을 통한 품질관리
	바이오제닉 아민	• 단백질을 함유한 식품의 유리아미노산이 저장 또는 발효·숙성과정에서 미생물의 탈탄산 작용으로 생성	• 저감화를 위한 적절한 가공공정 확립(방사선 조사, 첨가제 투여 등) • 모니터링을 통한 품질관리
	3-MCPD	• Triglyceride의 glycerol back-bone에 붙은 3개의 지방산에 염산의 염소기가 치환	• 저감화를 위한 적절한 가공공정 확립(저지방 대두 사용, pH 조절 등) • 모니터링을 통한 품질관리

출처: 식품안전 총서 6(2013)

03 물리적 위해요소 관리

물리적 위해의 경우 금속 이외의 이물은 대부분 육안이나 현미경, X-ray 등으로 확인하여 제거하며, 식품 내 · 외부에 혼입된 금속의 경우는 금속검출기를 이용하여 검출한다. 검출된 식품의 경우 이물제거 또는 폐기되는 과정을 거치게 되면서 물리적인 위해요소를 제거한다. 물리적 위해요소의 그 발생요인 및 예방조치 요령에 대해 <표 11-6>에 나타내었다.

〈표 11-6〉 물리적 위해요소 발생요인 및 예방조치 요령

위해 원인물질	혼입의 원인	예방조치
유리조각	조명기구, 시계, 거울, 온도계, 제조 기계기구의 유리부분, 유리재질의 기구	파손 시 파편 비산방지 조치를 강구한 조명기구의 사용, 플라스틱제 기구로 대체, 유리 파손이 인정된 경우 제품의 회수
종사자 유래의 물품 (보석, 필기구 등)	종사자에 의한 과실, 부주의	종사자에 대한 위생교육
절연체	시설물 또는 증기용 파이프	정기검사, 보수 점검 및 적절한 재질의 사용
금속조각 (볼트, 나사, 스크류 등)	원재료, 보수점검 담당자, 제조설비 · 기계 · 기구, 최종제품	규격설정, 보증서 첨부, 제조 설비 · 기계기구의 보수 점검, 자석 · 금속탐지기의 사용, 종사자에 대한 위생교육
쥐 · 곤충의 사체 및 그 배설물	건물, 원재료	쥐 · 곤충 서식처의 제거, 방충/방서 구조의 보수 점검, 살충 · 포충 · 살서 등의 방충/방서 대책
나뭇조각	시설, 기계기구, 파렛트	목재 기계기구의 배제, 보수 점검
실, 연사, 와이어, 클립	봉지에 넣는 원재료	사용 전의 배제, 검사, 스크린 또는 체, 자석
주사침, 산탄 파편	식육 · 가금육	금속탐지기

출처: 식품안전 총서 6(2013)

참고문헌

박신영 · 최송이 · 정세희 · 이나영 · 오세라 · 박건상 · 하상도(2012). 수산식품 중 위해미생물 제어법. Safe Food, 7(3), 37-46.

식품과학기술대사전(2008). 냉동저장 [frozen storage]. 광일문화서.

조미희 · 배은경 · 하상도 · 박지용(2005). 천연항균제의 식품산업에의 응용. 식품과학과산업, 38(2), 36-45.

하상도(2013). 유기농식품의 안전성. 식품안전 총서 6. (사)한국식품안전연구원.

화학대사전(2001). 저온균. 세화.

CHAPTER

12

HACCP

(식품안전관리인증기준)

01 HACCP

1) HACCP의 정의

HACCP는 Hazard Analysis and Critical Control Points의 약칭으로 '식품위해요소중점관리기준'으로 일반적으로 '해썹'이라고 한다. 그러나 '식품위해요소중점관리기준'이란 용어가 소비자에게는 쉽게 인식되기 어려워 식품의약품안전처에서는 2014년 12월 이후부터 '식품안전관리인증기준'으로 용어를 변경 · 고시하였다.

HACCP는 식품의 원료 관리에서 제조 · 가공 · 조리 · 유통에 이르는 모든 과정에서 식품의 안전성에 영향을 미치는 위해요소들이 식품을 오염시키는 것을 방지하기 위하여 각 과정의 위해요소를 과학적으로 분석하고 사전에 위해요소의 발생 원인을 차단하여 보다 안전한 식품을 공급하기 위해 중점적으로 관리하기 위한 체계를 말한다. 즉, HACCP는 식품 중에 오염될 수 있는 생물학적, 화학적, 물리적 위해요소를 사전에 예측하는 위해요소분석(Hazard Analysis: HA)과 위해요소를 예방 및 제거하여 안전성을 확보하는 중점관리점(Critical Control Point: CCP)으로 구성된다.

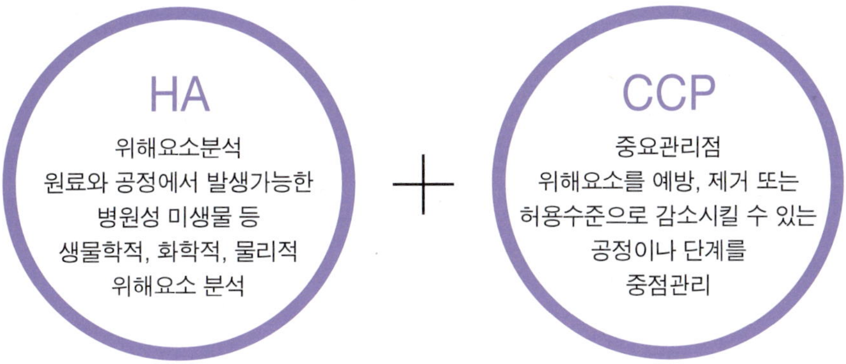

[그림 12-1] 식품안전관리인증기준(HACCP)

출처: 한국식품안전관리인증원(2017)

우리나라에서의 식품위생관리는 「식품위생법」 등에 의한 강제적 관리와, ISO 9000, 품질관리(QC)와 같은 비강제적인 방법으로 관리되고 있는데 기존에 사용되었던 위생관리체계와 HACCP에 의한 위생관리를 비교해 보면 <표 12-1>과 같다.

〈표 12-1〉 기존의 위생관리 방식과 HACCP 방식의 차이

항목	기존 위생관리 방법	HACCP
조치단계	문제발생 후 조치	문제발생 전 사전조치
신속성	문제점 분석에 장시간 소요	즉각 조치 가능
소요비용	제품분석에 비용이 많이 듦	도입 후 비용이 적게 듦
공정관리	현장 및 실험실 관리	현장 관리
평가범위	육안평가, 시료분석	CCP, CP
위해관리범위	규정상 위해요소	도출된 위해요소
관리자 숙련도	숙련된 자	비숙련자도 가능

출처: 한국식품안전관리인증원(2017)

2) HACCP의 역사

HACCP 제도는 1959년 미국 항공우주국(NASA)에서 우주개발계획사업의 일환으로 우주인에게 100 % 안전한 우주식량을 제조하기 위해 Pillsbury사와 공동으로 처음 연구되었다. 이들은 식품제조 시 원재료 생산에서 공정, 제조환경, 종사자, 보관, 유통에 이르기까지 모든 과정의 위해요소를 체계적으로 관리하는 방법을 정립하였고 1971년 미국 식품보호위원회에서 처음 공표하였다. 이후 1973년 미국 FDA는 저산성 통조림의 적정제조기준(GMP)에 HACCP를 도입하였으며, 1985년에는 미국 과학원(The National Academy of Sciences: NAS)의 식품보호위원회가 HACCP제도의 유효성을 평가하고, 식품 생산자에 대해서 이 방식에 의한 위생관리와 품질관리를 적극적으로 도입하도록 권고하였다.

1987년에 미국 식품미생물기준자문위원회(National Advisory Committee on Mic-robiological Criteria on Food: NACMCF)가 설치되었고 1989년에 HACCP 지

침 및 7원칙을 제시하였다. 이후부터 EU를 비롯한 각종 선진국에서는 식품의 안전성 확보를 위하여 적극적으로 HACCP 도입을 추진하기 시작하였다. 1993년에는 FAO/ WHO의 국제식물규격위원회(Codex Alimentarius Commission: CAC)가 HACCP적용을 위한 가이드라인을 제시하였다. 1995년부터 EU에 수출하는 모든 수산식품은 HACCP 적용이 의무화되었고 특히 국제식품규격위원회가 식품안전성 확보수단으로 각국에 HACCP 도입을 권고함에 따라 전 세계에서는 HACCP 적용을 빠른 속도로 추진하였다.

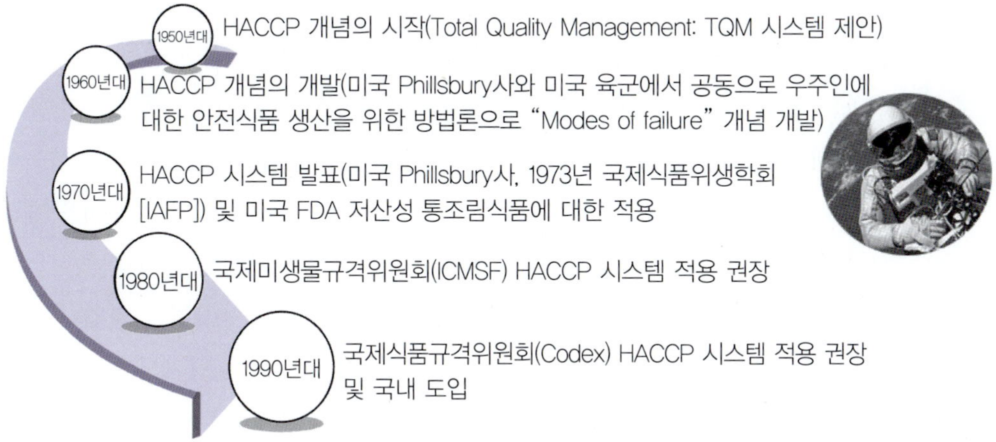

[그림 12-2] HACCP의 역사

3) HACCP의 국내 적용현황

우리나라의 경우 초기에는 HACCP를 보건복지부에서 일원화하여 관리하였으나 「축산물가공처리법」에 의거 축산식품이 농림축산식품부로 이관됨에 따라 식품위생의 안전성과 관련된 규제 및 관리 등을 정부의 각 부처별로 독립적인 시행령 또는 시행규칙으로 세부사항을 규정하여 관리하였다. 따라서 보건복지부 산하 기구였던 식품의약품안전청은 1995년 12월 「식품위생법」에 의해 HACCP 제도 도입의 근거를 마련하였고, 1996년 HACCP 적용업소의 지정, 운영을 위한 세부운영 규정을 포함하는 [식품위해요소중점관리기준]을 고시하여 식품의 제조, 유통, 판매 및 소비단계에 대한 HACCP를 적용하였다. 한편, 농림축산식품부는 1997년 12월 「축산물가공처리법」에 의해 HACCP제도 도입의 근거를 제시하고, 1998년 8월 축산물에 대한 HACCP 적용업소의 지정 · 운영을 위한 세부 운영규정을 포함하는 [축산물위해요소중점관리기준]을 고시하여 사육, 도축, 제조 · 가공 및 유통단계에 대한 HACCP를 적용하였다.

이후 2013년 식품의약품안전처가 설립되면서 축산물 위생 · 안전관리 업무가 농림축산식품부에서 식품의약품안전처로 이관됨에 따라 현재는 식품 및 축산물 HACCP 모두 식품의약품안전처에서 관리를 하고 있다. 최근 2015년 12월에는 유사한 식품 · 축산물에 대해 각각 인증심사를 받아야 되는 기업 고충을 해소하고, 사후관리 평가기관 단일화 및 인증심사 평가표 통일 등 행정효율 제고 등을 도모하기 위해 [식품안전관리인증기준]과 [축산물안전관리인증기준]으로 이원화되어 있는 HACCP 관련 고시를 통합하여 [식품 및 축산물 안전관리인증기준]을 제정 고시하였다. [식품 및 축산물 안전관리인증기준]이 제정 고시됨에 따라 축산업협동조합, 농업경영체, 연간 판매액이 50억 원 이상인 축산물판매업의 영업자 경우에 가축의 사육, 축산물의 처리 · 가공 · 유통 및 판매 등 모든 단계에서 안전관리인증기준을 준수하고 있음을 통합하여 '축산물 안전관리통합인증업체'로 인증을 받을 수 있게 되었다.

수산물의 경우 「농수산물 품질관리법」에 의해 [생산 · 출하전단계 수산물의 위해요소중점관리기준]과 [수출을 목적으로 하는 수산물 · 수산가공품의 위해요소중점관리기준]을 고시하여 수산물에 대한 HACCP를 적용하고 있다. 우리나라의 HACCP 관리 부처 및 적용대상은 <표 12-2>와 같다.

〈표 12-2〉 우리나라의 HACCP 관리 부처 및 적용대상(2023년 8월 현재)

관계법규	적용대상 또는 의무업소
식품위생법 제48조, 같은 법 시행규칙 제62조부터 제68조, 식품 및 축산물 안전관리인증기준	1. 수산가공식품류의 어육가공품류 중 어묵 · 어육소시지 2. 기타수산물가공품 중 냉동 어류 · 연체류 · 조미가공품 3. 냉동식품 중 피자류 · 만두류 · 면류 4. 과자류, 빵류 또는 떡류 중 과자 · 캔디류 · 빵류 · 떡류 5. 빙과류 중 빙과 6. 음료류[다류(茶類) 및 커피류는 제외한다] 7. 레토르트식품 8. 절임류 또는 조림류의 김치류 중 김치(배추를 주원료로 하여 절임, 양념혼합과정 등을 거쳐 이를 발효시킨 것이거나 발효시키지 아니한 것 또는 이를 가공한 것에 한한다) 9. 코코아가공품 또는 초콜릿류 중 초콜릿류 10. 면류 중 유탕면 또는 곡분, 전분, 전분질원료 등을 주원료로 반죽하여 손이나 기계 따위로 면을 뽑아내거나 자른 국수로서 생면 · 숙면 · 건면 11. 특수용도식품 12. 즉석섭취 · 편의식품류 중 즉석섭취식품 12의2. 즉석섭취 · 편의식품류의 즉석조리식품 중 순대 13. 식품제조 · 가공업의 영업소 중 전년도 총 매출액이 100억원 이상인 영업소에서 제조 · 가공하는 식품
축산물위생관리법 제9조부터 제9조의6까지, 같은 법 시행규칙 제7조부터 제7조의13, 식품 및 축산물 안전관리인증기준	1. 도축장 2. (젖소)농장 3. 집유장 4. 식육포장처리업소 5. 축산물운반업소 6. 축산물보관업소 7. 축산물판매업소(식육판매업, 식용란수집판매업, 식육부산물전문판매업, 축산물유통전문판매업) 8. 식육즉석판매가공업소 9. 식용란선별포장업 10. 유가공장 11. 축산물가공장 12. 가축사육업, 종축업 13. 부화업
농수산물품질관리법 제70조, 생산 · 출하 전단계 수산물의 위해요소중점관리기준, 수출을 목적으로 하는 수산물 · 수산가공품의 위해요소 중점관리기준	1. 육상해수양식어업으로 허가한 양식업체 2. 육상양식어업으로 신고한 양식업체 3. 수출을 목적으로 하는 수산물 및 수산가공품

출처: 국가법령정보센터(2023)(http://www.law.go.kr/main.html)

4) HACCP의 필요성 및 도입효과

최근 국제적 식품교역이 확대되고 환경오염 등으로 인해 전 세계적으로 다양한 식품 안전사고가 발생하고 있다. 그로 인해 소비자의 불안감이 높아지고 국제적, 사회적 문제가 발생되고 있다. 우리나라에서도 수입식육이나 냉동식품 등에서 *E. coli* O157:H7, *Salmonella* spp., *L. monocytogenes*, *Camplyobacter*, *S. aureus* 등의 식중독세균이 빈번하게 검출되고 그 밖에 농약, 잔류수의약품, 항생물질, 중금속 및 화학물질 등의 위해요소 발생도 증가하고 있다. 수입되는 제품에서도 여러 화학적, 미생물학적 위해요소들이 발견되고 있다. 이러한 상황에서 식품안전성에 대한 관심이 보다 높아지고 위생관념이 확대되어 식중독 발생 횟수는 감소하는 추세이지만 점차 대형화된 식중독 사건의 환자 수가 증가하고 있다. 이러한 이유로 식품에 대한 안전성 및 제품의 질 향상을 위한 HACCP의 적용이 증가하고 있다. 더욱이 EU, 미국 등 선진국에서는 이미 자국 내 수입되는 식품에 대해 HACCP를 적용하도록 요구하고 있다. 전체적으로 식품의 수출 경쟁력을 확보하기 위해서 HACCP의 도입이 더욱 요구되고 있는 실정이다. HACCP를 도입함으로 써 얻을 수 있는 효과는 식품업체의 경우 체계적인 위생관리 시스템을 확립할 수 있고, 위해요소를 사전에 제거하여 안전한 식품의 생산이 가능하며, HACCP 인증 마크의 부착으로 인한 제품 신뢰성 향상과 이를 통한 경제적인 이익이 증대될 수 있다. 소비자들은 HACCP 인증마크가 표시된 안전한 식품을 선택할 수 있어 안전한 식품의 선택권 보장과 삶의 질이 향상될 수 있다. 마지막으로 정부는 기업에 HACCP를 적용하도록 하여 위생 감시의 효율성을 높일 수 있고, 안전한 식품확보를 위한 관리기준 제시와 국민의 안전한 식품 섭취를 통한 공중보건 향상과 이로 인한 의료비 절감 및 무역 분쟁 시 이를 뒷받침할 수 있는 법적 근거를 마련할 수 있다.

5) HACCP 시스템의 운영 구조

HACCP는 식품안전성과 관련한 사전예방체계로서 식품의 안전성을 높이는 데 효과가 크다고 볼 수 있으나 성공적인 적용을 위해서는 일반위생관리기준에 의한 시설 및 설비(Good Manufacturing Practices: GMP)의 확보와 표준위생관리기준(Sanitation Standard Operation Procedure: SSOP)이 필요하다(그림 12-3).

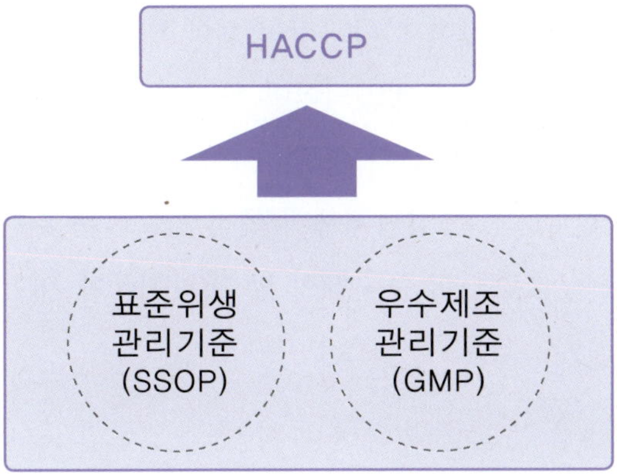

[그림 12-3] HACCP 기본 운영 구조

SSOP는 선행요건 프로그램으로 식품위생의 일반적인 원칙을 의미하며 HACCP 도입 전에 시행되어야 할 전제조건으로 식품위생적 측면에서의 관리기준을 말한다. HACCP 시스템의 확립에 앞서 선행요건으로서 표준위생관리기준의 준수가 필요한 이유는 HACCP 적용 시에 관리해야 되는 중요관리점(CCP)의 수를 최소화하기 위함이다. 따라서 GMP와 SSOP의 선행요건 프로그램이 철저하게 수행될 때 HACCP의 완벽한 실행이 가능하고 식품의 안전성이 확고히 보장될 수 있다.

GMP란 good manufacturing practices(우수제조기준)의 약자로서 HACCP 적용대상 제품의 안전성을 확보하기 위해 생산, 공급에 필요한 시설, 설비, 재료, 공정 및 최종제품에 적용되는 최소한의 요건을 말한다. 여기서의 요건이란 제조 공정의 시설이나 장비에 관한 위생관리 절차로 식품취급시설에서의 위생적인 제품생산을 위한 관리사항에 관한 것이다. 식품제조공정에서 시설의 오염이나 인위적인 위해요소를 없애고 오염을 최소화함으로써 안전성이 보장된 고품질의 식품을 제조 · 생산하는 데 목적이 있다. 즉, 시설요건의 핵심은 오염을 방지하고 청소하기 쉬워야 하는 것으로 식품의 안전성을 확보하기 위한 시설과 장비의 위생관리라 할 수 있다.

SSOP란 sanitation standard operating procedure(위생관리절차)의 약자로서 특정 업체에서 위생관리 실행에 있어 모니터링 방법에 대해 규정한 표준절차를 말한다. SSOP는 각 조직 특성에 맞게 개발되어야 하며 생산 전과 생산 중에 필요한 위생관리절차를 포함하고 있어야 한다. 또한, 시설 · 설비요건의 변화에 따라 지속적으로 개정되어야 한다. 즉, 특정업체에서 목적으로 하는 제품의 위해미생물 오염을 방지하기 위하여 종업원이 준수해야 할 개인위생에 대한 규정을 문서화한 것이다.

6) HACCP의 7원칙 12절차

국제식품규격위원회(Codex)에서는 HACCP 적용을 위한 지침을 제시하였고 세계 각국에서는 이 지침에 의거하여 HACCP를 적용하고 있다. HACCP는 12단계로 구성되어 있으며 1~5단계는 준비단계, 6~12단계는 HACCP의 7원칙으로 구성되어 있다(표 12-3).

HACCP 5단계는 7원칙을 준수하기 위한 사전 준비단계로 HACCP 팀 구성, 제품설명서 작성, 제품의 용도확인, 작업공정흐름도 작성 및 작업공정흐름도 현장 확인이며, 7원칙은 위해요소 분석(HA) 실시, 중요관리점(CCP) 결정, 한계기준(CL) 결정, CCP에 대한 모니터링 방법 설정, 모니터링 결과 개선조치(CA) 설정, HACCP가 효과적으로 시행되는지에 대한 검증, 원칙과 적용에 대한 문서화 및 기록유지방법 설정으로 이루어진다.

〈표 12-3〉 HACCP 구성단계

<table>
<tr><td rowspan="12">HACCP
12절차</td><td rowspan="5">준비
5단계</td><td>절차 1</td><td>HACCP 구성</td></tr>
<tr><td>절차 2</td><td>제품설명서 작성</td></tr>
<tr><td>절차 3</td><td>제품의 용도확인</td></tr>
<tr><td>절차 4</td><td>작업공정흐름도 작성</td></tr>
<tr><td>절차 5</td><td>작업공정흐름도 현장 확인</td></tr>
<tr><td rowspan="7">HACCP
7원칙</td><td>절차 6 (원칙 1)</td><td>위해요소 분석(Hazard Analysis: HA) 실시</td></tr>
<tr><td>절차 7 (원칙 2)</td><td>중요관리점(Critical Control Points: CCP) 결정</td></tr>
<tr><td>절차 8 (원칙 3)</td><td>한계기준(Critical Limit: CL) 결정</td></tr>
<tr><td>절차 9 (원칙 4)</td><td>CCP에 대한 모니터링 방법 설정</td></tr>
<tr><td>절차 10 (원칙 5)</td><td>모니터링 결과 개선조치(Corrective Action: CA) 설정</td></tr>
<tr><td>절차 11 (원칙 6)</td><td>HACCP가 효과적으로 시행되는지 검증</td></tr>
<tr><td>절차 12 (원칙 7)</td><td>원칙과 적용에 대한 문서화, 기록유지방법 설정</td></tr>
</table>

7) HACCP 준비 5단계

(1) 제1단계: 안전관리인증기준(HACCP) 팀 구성

HACCP의 1단계는 관리계획 개발을 주도적으로 담당할 HACCP 팀을 구성하는 것이다. 효과적인 HACCP 계획의 개발을 위하여서는 해당제품에 대한 특별지식과 전문성이 요구되고, 최선의 방법은 여러 분야의 전문가가 참여하는 HACCP 팀을 구성하는 것이다. 특히, 최고경영자의 실행의지가 HACCP의 도입과 운영의 성공 여부에 결정적인 영향을 미치므로 HACCP 팀에 최고경영자가 직접 참여하는 것이 중요하며 업체 내의 중요 책임자들을 포함시키도록 한다. HACCP 팀의 규모는 영업장 규모 및 여건에 따라 다르지만 일반적으로 HACCP 팀장은 업체의 선임자로 있는 영업자 또는 공장장이 되는 것을 권장하며, 사업장의 각 분야 책임자 및 담당자 등으로 팀원을 구성하도록 한다. HACCP 팀원들은 관련규정에 따라 정해진 HACCP 교육을 반드시 이수하여 전문성을 갖추도록 해야 한다(그림 12-4).

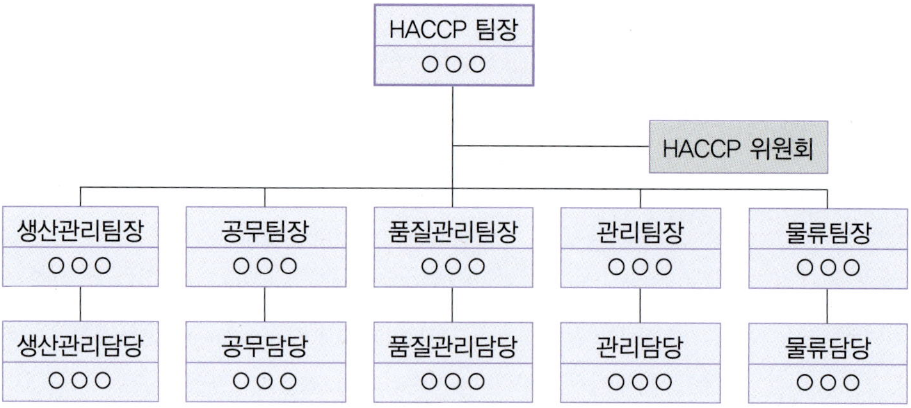

[그림 12-4] HACCP팀 구성도 예

(2) 제2단계: 제품설명서 작성

해당 제품에 대한 이해와 위해요소의 식별을 돕기 위하여 제품의 설명서를 작성하는 것이 2단계로, 제품설명서는 중요관리점 결정, HACCP 관리계획 수립 등에 정확성과 과학성 부여를 위한 기초정보가 된다. 제품설명서에는 취급하는 ① 제품명 · 제품유형 및 성상, ② 품목제조보고, 연 · 월 · 일(해당제품에 한한다), ③ 작성자 및 작성 연 · 월 · 일, ④ 성분(또는 식자재) 배합비율, ⑤ 제조(포장)단위(해당제품에 한한다), ⑥ 완제품 규격, ⑦ 보관 · 유통상(또는 배식상)의 주의사항, ⑧ 유통기한(또는 배식시간), ⑨ 포장방법 및 재질(해당제품에 한한다), ⑩ 표시사항(해당제품에 한한다), ⑪ 기타 필요한 사항을 기술하도록 한다.

(3) 제3단계: 용도 확인

사용용도는 해당되는 식품의 사용방법 및 대상 소비자를 파악하는 것인데, 이는 소비자가 기대하는 해당 식품의 용도를 예측하여 최종소비자의 사용방법과 범위를 명확히 제시하여야 한다. 그러므로 만들고자 하는 식품이 누구에게 어떻게 사용되는가를 예측하는 것이 필요하고 제품에 오염될 수 있는 잠재적 위해물질에 감수성이 있는 대상 소비자(노인, 어린이, 환자 등)를 파악하여 위해요소를 기준치 이하로 줄일 수 있도록 해야 한다. 3단계의 사용용도 확인은 이후의 위해분석(6단계, 1원칙)과 도출될 CCP의 한계기준(8단계, 3원칙)을 결정하는 데 중요한 자료로 활용된다.

(4) 제4단계: 공정흐름도 작성

4단계 공정흐름도 및 평면도 작성은 원료의 입고단계에서 완제품이 출하될 때까지 모든 단계를 파악하여 공정흐름도(단체급식의 경우 조리공정도)를 작성하고, 작업장 설계도면(평면도)을 작성하는 것이다. 공정흐름도와 평면도는 식품을 제조하는 전 과정에서 위해요소의 교차오염, 2차 오염 등의 가능성을 파악하고 흐름도를 통해 위해요소가 발생한 단계를 쉽게 파악하는 데 도움을 준다.

공정흐름도는 위해요소를 파악하기 쉽게 작성되어야 하고 이에 대한 작업특성별 구획, 기계·기구 등의 배치, 제품의 흐름과정, 작업자 이동경로, 세척·소독조 위치, 출입문 및 창문, 공조 시 설계통도, 용수 및 배수처리 계통도 등을 표시하여 작성한다.

(5) 제5단계: 공정흐름도 현장 확인

HACCP의 마지막 준비단계는 작성된 공정흐름도가 현장과 일치하는지 여부를 확인하는 것이다. HACCP 팀은 실제 현장의 작업공정과 작업과정이 작성된 공정흐름도와 일치하는지를 직접 작업현장을 확인하면서 검증하여야 한다. 앞서 설명하였듯이 공정흐름도는 각 작업장과 공정상에서 발생할 수 있는 모든 위해요소를 확인하는 데 중요한 자료로 이용되므로 마지막 준비단계인 5단계는 정확성을 유지하는 것이 중요하다.

8) HACCP 7원칙(실행단계)

(1) 원칙1: 위해요소분석(Hazard Analysis)

위해요소는 「식품위생법」의 규정에서 정하고 있는 인체의 건강을 해할 우려가 있는 생물학적, 화학적 또는 물리적 요소나 조건을 의미하며, 위해요소분석이라 함은 식품안전에 영향을 줄 수 있는 위해요소와 이를 유발할 수 있는 조건이 존재하는지 여부를 판별하기 위하여 필요한 정보를 수집하고 평가하는 일련의 과정을 말한다.

위해요소분석은 크게 원 · 부재료별, 공정별로 구분하여 실시하며 위해요소분석에서 다루게 될 위해요소는 다음과 같이 3종류로 분류할 수 있다.

1 생물학적 위해요소

생물학적 위해요소는 원료의 생산 및 유통과정에서 작업장으로 유입되거나 작업장 환경, 종업원, 제조 · 가공과정 그 자체에 오염될 수 있는 곰팡이, 포자형성 또는 비포자형성 병원성세균, 바이러스, 원생동물 및 기생충을 포함한다. 생물학적 위해요소는 식품위해요소 중 가장 발생빈도가 높은 것으로 잘 알려져 있으며, 식중독 사고의 원인 대부분이 생물학적 위해요소에 해당된다(표 12-4).

〈표 12-4〉 생물학적 위해요소의 종류

구분	미생물학적 위해요소
곰팡이	*Aspergillus flavus*, *Penicillium citrinum*, *Penicillium expensum*, *Fusarium moniliforme* 등
포자형성 병원성 세균	Clostridium botulinum, Clostridium perfringens, Bacillus cereus
비포자형성 병원성 세균	*Listeria monocytogenes*, *Escherichia coli* O157:H, *Campylobacter jejuni*, *Salmonella* spp., *Staphylococcus aureus*, *Vibrio parahaemolyticus*, *Vibrio vulnificus*, *Yersinia enterocoliticus*, *Brucella abortis* 등
바이러스	Hepatitis A와 E, Norovirus, Rotavirus 등
원생동물 및 기생충	*Cryptosporidium parvum*, *Diphyllobothrium latum*, *Giardia lamblia*, *Taenia solium* 등

2 화학적 위해요소

화학적 위해요소는 자연적으로 발생하는 버섯독, 복어독, 곰팡이독소 등이 있으며, 의도적 또는 비의도적으로 식품의 제조, 포장, 유통 등의 과정에서 오염되는 화학적 위해요소로는 허가받지 않은 식품첨가물, 살충제, 제초제, 항생제, 중금속, 소독제, 세척제, 내분비교란물질 등이 포함된다(표 12-5).

〈표 12-5〉 화학적 위해요소의 종류

구분	화학적 위해요소
자연적으로 존재하는 화학물질	시안화합물(살구, 복숭아씨앗), 패독, 히스타민, 복어독, 솔라닌(감자싹), 곰팡이독
인위적으로 첨가되는 화학물질	첨가물, 농약(살충제, 제초제 등), 동물용의약품(항생제, 성장호르몬 등) 등
비의도적으로 혼입되는 오염물질	중금속, 내분비장애물질, 살균소독제, 세척제 등

3 물리적 위해요소

물리적 위해요소는 식품에서는 통상 존재해서는 안 되는 물질이나 소비자에게 질병 또는 상해를 유발할 수 있는 외부 유래의 이물질로서 유리, 금속, 돌, 이쑤시개, 플라스틱, 나뭇조각 등이 해당된다(표 12-6). 이물은 보통 식품과 함께 위 속으로 들어가 무증상 상태로 자연 배설되나 때로는 이물이 기도와 소화관에서 심한 증상을 일으키는 경우가 있다. 미국, 일본 등에서는 식품에서 발견되는 이물질을 식품의 품질위해요소로 간주하지만 우리나라에서는 건강위해요소로 간주한다.

〈표 12-6〉 물리적 위해요소의 종류

구분	물리적 위해요소
무생물체	유리, 금속, 플라스틱, 나뭇조각, 모발, 나사, 고무조각 등
생물체	곤충, 진드기, 쥐, 나방, 조류분변 등

4 위해요소분석 방법

위해요소분석은 [그림 12-5]에서 보는 바와 같이 4단계, 즉 잠재적 위해요소 도출 및 원인규명, 위해평가(심각성 및 발생가능성), 예방조치 및 관리방법 결정, 위해요소 분석표 작성의 순으로 진행된다. 잠재적 위해요소 도출 및 원인규명은 관련식품 및 제조공정 등에 대한 문헌조사나 현장조사 결과를 바탕으로 위해요소 분석표상에서 원부자재명/공정명, 위해요소 명칭 및 발생 원인을 작성하는 것이다. 심각성 및 발생가능성은 도출된 위해요소에 대한 위험수준과 현장에서 발생수준으로 이용하여 평가할 수 있으며, 예방조치 및 관리방법은 도출된 위해요소를 사전에 예방 및 저감화할 수 있는 식품안전관련 지식 및 방법을 찾아 작성하는 것이다. 위해요소 분석표 작성에 대한 예는 [그림 12-5]와 같다.

잠재적 위해요소 도출 및 원인 규명 → 위해평가 (심각성, 발생가능성) → 예방조치 및 관리방법 결정 → 위해요소 분석표 작성

위해요소 분석표

일련번호	원부자재명/공정명	구분	위해요소		위해평가			예방조치 및 관리방법
			명칭	발생원인	심각성	발생	종합평가	
1		B						
		C						
		P						

순서	공정명	구분	위해요소		위해평가			예방조치 및 관리방법
			명칭	발생원인	심각성	발생	종합평가	
5	세척	B	대장균군	- 세척수 온도 관리 미흡으로 증식 - 세척실 작업자 위생 관리 미흡으로 교차오염 - 표면오염도, 공중 낙하균 관리 미흡으로 교차오염 - 세척방법 미준수로 교차오염 - 세척실 세척소독 미흡으로 교차오염	2	1	2	- 세척수 온도 및 위생상태 관리 - 세척실 온습도 관리 - 세척실 작업자 위생관리 - 표면오염도, 공중 낙하균 관리 - 세척방법 준수 - 세척기 세척소독 관리
			Staphylococcus aureus		1	2	2	
			Salmonella		2	1	2	
			Bacillus cereus		1	1	1	
			Listeria monocytogenes		3	1	3	
			E. Coli O157:H7		3	1	3	
			Vibrio parahaemolyticus		3	1	3	
		P	노끈, 비닐, 머리카락	- 작업자의 부주의로 인한 이물 혼입 - 세척방법 미준수로 이물 잔존	1	1	1	- 육안검사 - 작업자 교육훈련

[그림 12-5] 위해요소 분석 절차 및 작성표 예시

(2) 원칙2: 중요관리점(Critical Control Point) 설정

위해요소분석을 통하여 확인된 생물학적, 화학적, 물리적 위해요소와 관리방법을 정리한 후 중요관리점(CCP)을 결정하여 제품의 원료나 공정에 존재하는 잠재적인 위해요소를 관리할 수 있도록 하는 것이 두 번째 원칙이다. CCP란 1원칙인 위해요소분석에서 도출된 위해인자(hazard)를 식품의 안전성을 보장할 수 있는 수준으로 예방, 제거, 감소시키는 단계 또는 공정을 의미한다. 만약, 관리가 되지 않는다면 위해가 발생할 수 있는 공정상의 지점, 과정 또는 절차가 CCP가 되며, CCP가 되기 위해서는 반드시 관리가 가능해야 한다. 제품의 제조 공정 중 미생물 성장을 최소화할 수 있는 냉각 공정, 병원성 미생물을 사멸시키기 위한 특정 시간 및 온도에서의 가열처리, pH 및 수분활성도 조절 공정, 배지첨가와 같은 제품성분 배합 공정, 캔의 충전 및 밀봉 같은 가공처리 공정, 금속검출기에 의한 금속이물 검출 공정 등이 CCP로 선정될 수 있다. 경우에 따라서는 [그림 12-6]과 같은 CCP 결정도가 활용될 수 있다.

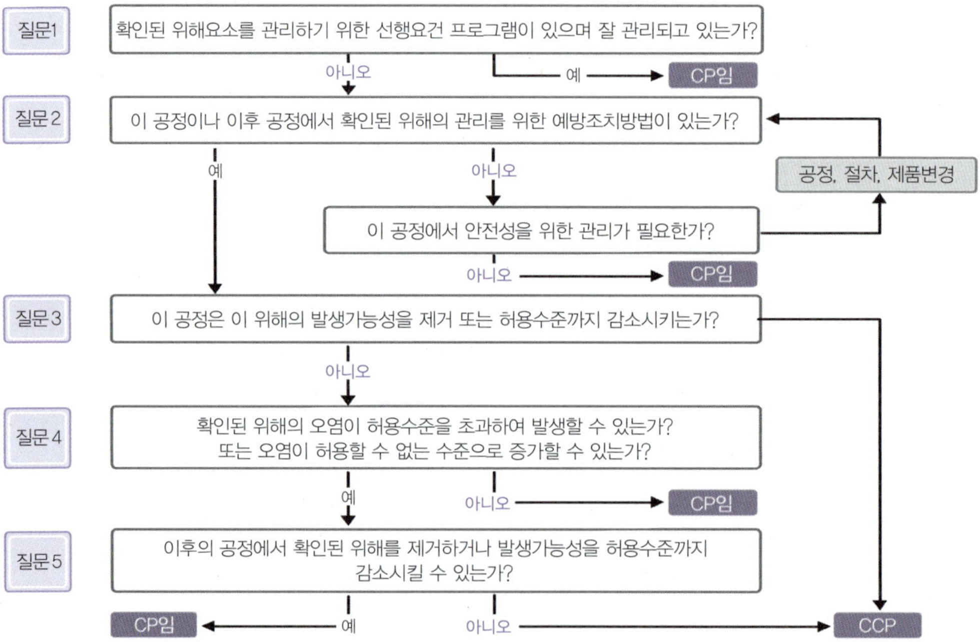

[그림 12-6] HACCP에서 CCP 결정도

출처: 한국식품안전관리인증원(2017)

(3) 원칙3: 중요관리점에 대한 한계기준(Critical Limit: CL) 설정

세 번째 원칙은 CCP에서의 위해요소 관리가 허용 범위 이내로 충분히 이루어지고 있는지 여부를 판단할 수 있는 기준이나 기준치인 한계기준을 설정하는 것이다. 한계기준은 CCP에서 관리되어야 할 잠재적인 위해요소를 제거하거나 또는 안전한 수준으로 낮출 수 있는 최대 혹은 최소의 기준치를 말한다. 이는 모든 CCP에서 적용이 가능해야 되고 타당성이 있어야 하며, 확인과 측정이 가능해야 한다.

한계기준은 실제 현장에서 쉽게 확인할 수 있도록 설정되어야 하는데 생물학적 한계기준은 결과 확인에 긴 시간이 소요되므로 육안으로 관찰이 가능하거나 간단한 측정으로 확인할 수 있는 색깔, 온도, 시간, 무게, 습도 같은 물리적 특성, 염소, 염분농도, pH 같은 화학적 특성, 금속검출기 감도, 관련서류의 확인 등과 같은 수치 또는 특정지표로 나타내어야 한다.

한편, 한계기준을 설정할 때에는 연구 논문이나 식품 관련 전문서적, 전문가 조언, 생산 공정의 기본 자료 등 여러 가지 조건을 고려하여 법적 근거나 과학적 근거에 기초해야 한다. <표 12-7>은 CCP에서 설정되는 한계기준의 예를 나타내었다.

〈표 12-7〉 CCP에 대한 위해 허용한도의 예

위해요소	중요관리점	위해허용한도(CL)
생물학적(병원미생물)	저온살균	살균조건: 71.6 ℃에서 15초간 유지(온도 확인)
생물학적(병원미생물)	건조	건조조건: 오븐온도 930 ℃, 건조시간: 120분
물리적(금속)	금속조각	금속파편 크기: 1.0 mm 이하(크기 확인)

(4) 원칙4: 중요관리점 관리를 위한 모니터링(Monitoring) 체계 확립

모니터링은 CCP에 대해 설정된 한계기준을 효율적으로 관리하고 있는지를 확인하기 위하여 수행하는 일련의 계획된 항목을 관찰하거나 측정하는 행위를 말하는 것으로 모니터링 체계를 확립하는 것이 네 번째 원칙이다. 모니터링 결과, 한계기준을 이탈한 경우에는 신속하고 정확하게 개선조치가 이루어져야 하는데 이를 위하여 미생물학적 검사보다는 물리적 · 화학적인 방법이 자주 이용되며 이와 같은 방법은 제품의 미생물학 관리지표를 제시하기도 한다.

CCP 모니터링과 관련된 모든 기록 및 문서는 모니터링 수행자와 그 회사의 책임이 부여된 재검토 직원이 서명하여 문서화해야 한다. 모니터링 체계를 확립하여 시행함으로써 얻을 수 있는 이점은 공정과정에서 발생되는 위해요소의 추적이 용이하며 작업공정 중 CCP에서 발생한 기준 이탈시점을 확인할 수 있고, 문서화된 기록을 제공하여 검증하거나 식품사고 발생 시 증빙자료로 활용할 수 있다는 점이다.

(5) 원칙5: 개선조치(Corrective Action) 방법의 설정

다섯 번째 원칙은 개선조치 방법을 설정하는 것으로, 개선조치는 모니터링 결과 CCP가 한계기준을 이탈할 경우에 취하는 일련의 조치를 말한다. 개선조치를 통해 소비자에게 위해가 되거나 위해의 가능성이 있는 제품이 출하되지 않도록 해야 하므로 개선조치 방법 수립 시에는 한계기준을 벗어난 시점부터 생산된 제품에 대한 적절한 조치도 포함하여야 한다. 개선조치는 한계기준 이탈 중에 생산된 제품을 식별하여 위해 여부를 확인하고 필요 시 제품생산 중단 또는 재작업이나 재가공 등의 적절한 조치를 즉각적으로 취하는 즉시조치와 이탈 발생의 재발을 막기 위하여 위해요소가 발생하기 이전에 문제점을 미리 파악하고 위해요소를 제거할 수 있도록 시정하는 예방조치가 있으며, 조치한 내용은 문서화하여 기록으로 남겨야 한다.

(6) 원칙6: 검증(Verification) 방법의 설정

검증은 HACCP 시스템이 적절하게 운영되고 있는지를 확인하기 위하여 HACCP 관리계획의 적절성과 실행 여부를 정기적으로 평가하는 일련의 활동으로 검증 방법의 설정이 여섯 번째 원칙에 해당한다. 검증내용은 HACCP 계획의 확인과 같은 유효성 평가와 CCP의 검증, 개선조치 기록검토, 제품검사 등과 같은

HACCP 계획의 실행성 검증의 두 가지로 나뉜다(그림 12-7).

[그림 12-7] 검증의 종류

출처: 한국식품안전관리인증원(2017)

유효성평가는 HACCP 관리계획이 올바르게 수립되어 있는지 확인하는 것으로 과학적 · 기술적 자료의 수집과 평가를 통해 확인하는 검증의 한 요소이다. 이 평가는 발생 가능한 모든 위해요소를 확인 · 분석하고 있는지, 제품설명서 및 공정흐름도가 현장과 일치하는지, 중요관리점이 적절하게 설정되었는지, 한계기준이 안전성을 확보하는 데 충분한지, 모니터링 방법이 올바르게 설정되어 있는지 등을 확인해야 한다. 설정한 요인들을 효과적으로 검증하기 위한 수단으로는 미생물 또는 잔류화학물질 검사 등이 이용된다.

HACCP 관리계획의 실행성 검증은 HACCP 관리계획이 설계된 대로 이행되고 있는지를 확인하는 것으로, 작업자가 정해진 주기로 모니터링을 올바르게 수행하고 있는지 확인하기 위한 현장 관찰 활동 여부, 한계기준 이탈 시 개선조치를 적절하게 하고 있는지, 개선조치의 실제실행 여부와 적절성 확인을 위하여 전문가가 검토를 하고 있는지, 검사 · 모니터링 장비를 정해진 주기에 따라 검 · 교정하고 있는지 등을 확인하는 것이다.

HACCP 팀은 전반적인 재평가를 위한 검증을 연 1회 이상 실시하여야 하며, HACCP 관리계획을 수립하여 최초로 현장에 적용할 때, 그리고 해당식품과 관련된 새로운 정보가 발생되거나 원료 · 제조 공정 등의 변동에 의해 HACCP 관리계획이 변경될 때에도 반드시 검증을 실시하여야 한다.

(7) 원칙7: 문서화 및 기록유지(Documentation and Record) 방법의 설정

마지막 일곱 번째 단계로 HACCP 체계를 효율적으로 관리하기 위해서 기록유지 및 문서관리 방법을 설정하여야 한다. 기록유지는 HACCP 적용의 필수적인 요소이며, 이를 문서화하여야 한다. 기록유지가 없는 HACCP 체계의 운영은 비효율적이며 운영근거를 확보할 수 없기 때문에 HACCP 관리계획의 운영에 대한 기록 및 문서의 개발과 유지가 요구된다.

9) HACCP 인증 마크

안전관리인증기준(HACCP) 적용 심벌이나 현판은 식품의약품안전처에서 제시한 다음 기본 심벌을 참조하여 제품 및 업소의 특성과 포장 재질 또는 디자인에 적합하게 다양한 색상과 크기를 적용하여 사용할 수 있다.

[그림 12-8] 국내 HACCP 지정 마크

출처: 한국식품안전관리인증원(2017)

02 HACCP의 선행요건 프로그램

보다 효과적인 HACCP 관리운영을 위해서는 기존에 GMP와 SSOP에서 실시했던 것처럼 안전하고 위생적인 식품의 생산에 필요한 기본적인 환경 및 작업 활동을 보장하는 선행요건 프로그램이 필요하다. 따라서 HACCP를 실행하기 위해서 사전에 작업기준 및 위생관리기준을 포함하는 선행요건 프로그램을 먼저 개발하고 관련 법적 요구사항을 준수하면서 위생적으로 식품을 제조 · 가공 · 조리하기 위한 기본시스템을 갖추어서 작업 기준 및 위생관리기준을 준수할 수 있도록 해야 한다.

선행요건 프로그램에는 영업장 · 종업원 · 제조시설 · 냉동설비 · 용수 · 보관 · 검사 · 회수관리 등 영업장을 위생적으로 관리하기 위해 기본적이고도 필수적인 위생관리 내용이 포함되도록 해야 한다. 영업자는 이들 분야별로 작업담당자, 작업내용, 실시빈도, 실시상황의 점검 및 기록방법을 정하여 구체적인 관리기준서를 작성하여 종업원이 준수하도록 시행하고 이에 대한 기록을 보관 · 유지하여야 한다.

1) 선행요건 프로그램 개발

식품제조 · 가공공장 및 집단급식소에서는 제조 · 조리 공정 및 환경 등에서 발생할 수 있는 위해로부터 식품이 오염되거나 변질되는 것을 방지하기 위하여 기본적인 위생관리 방법, 절차 등을 규정한 선행요건 프로그램을 개발하여야 한다.

선행요건 프로그램은 영업장 관리, 위생관리, 제조 · 가공시설 · 설비 관리, 냉장 · 냉동시설 · 설비 관리, 용수 관리, 보관 · 운송 관리, 검사 관리 및 회수 프로그램 관리 등 8개 분야로 구성되며 각각의 분야별로 개별 관리기준서를 작성하여야 한다. 관리기준서의 작성은 해당 작업장에 적용되는 모든 법률적 요구사항을 충족하고 위생관리가 효과적으로 이루어질 수 있도록 작성 · 운영되어야 하지만 세부 기준서의 종류, 문서양식, 작성방법 등은 운영자의 편리에 따라 변경될 수 있다.

2) 선행요건 프로그램 적용

운영자는 최초 수립된 선행요건 프로그램을 작업장에 우선 적용해 본 후 그 효과를 평가하기 위한 검증을 실시하여야 한다. 검증이 끝나면 문제점 및 개선점을 파악하여 기준서를 수정 · 보완하여야 한다. 다음은 HACCP 적용을 위하여 식품 제조업소가 갖추어야 할 선행요건 사항이다.

① 영업장 관리

<작업장>

- 작업장은 독립된 건물이거나 식품취급 외의 용도로 사용되는 시설과 분리(벽 · 층 등에 의하여 별도의 방 또는 공간으로 구별되는 경우를 말한다)되어야 한다.
- 작업장(출입문, 창문, 벽, 천장 등)은 누수, 외부의 오염물질이나 해충 · 설치류 등의 유입을 차단할 수 있도록 밀폐 가능한 구조이어야 한다.
- 작업장은 청결구역(식품의 특성에 따라 청결구역은 청결구역과 준청결구역으로 구별 가능)과 일반구역으로 분리하고, 제품의 특성과 공정에 따라 분리, 구획 또는 구분할 수 있다.

<건물바닥 · 벽 · 천장>

- 원료처리실, 제조 · 가공실 및 내포장실의 바닥, 벽, 천장, 출입문, 창문 등은 제조 · 가공하는 식품의 특성에 따라 내수성 또는 내열성 등의 재질을 사용하거나 이러한 처리를 하여야 하고, 바닥은 파여 있거나 갈라진 틈이 없어야 하며, 작업 특성상 필요한 경우를 제외하고는 마른 상태를 유지하여야 한다. 이 경우 바닥, 벽, 천장 등에 타일 등과 같이 홈이 있는 재질을 사용한 때에는 홈에 먼지, 곰팡이, 이물 등이 끼지 아니하도록 청결하게 관리하여야 한다.

<배수 및 배관>

- 작업장은 배수가 잘 되어야 하고 배수로에 퇴적물이 쌓이지 아니하여야 하며, 배수구, 배수관 등은 역류가 되지 아니하도록 관리하여야 한다.

<출입구>

- 작업장의 출입구에는 구역별 복장 착용 방법을 게시하여야 하고, 개인위생 관리를 위한 세척, 건조, 소독 설비 등을 구비하여야 하며, 작업자는 세척 또는 소독 등을 통해 오염가능성 물질 등을 제거한 후 작업에 임하여야 한다.

<통로>

- 작업장 내부에는 종업원의 이동경로를 표시하여야 하고 이동경로에는 물건을 적재하거나 다른 용도로 사용하지 아니하여야 한다.

<창>

- 창의 유리는 파손 시 유리조각이 작업장 내로 흩어지거나 원·부자재 등으로 혼입되지 아니하도록 하여야 한다.

<채광 및 조명>

- 작업실 안은 작업이 용이하도록 자연채광 또는 인공조명장치를 이용하여 밝기는 220 룩스 이상을 유지하여야 하고, 특히 선별 및 검사구역 작업장 등은 육안 확인이 필요한 조도(540 룩스 이상)를 유지하여야 한다.
- 채광 및 조명시설은 내부식성 재질을 사용하여야 하며, 식품이 노출되거나 내포장 작업을 하는 작업장에는 파손이나 이물 낙하 등에 의한 오염을 방지하기 위한 보호장치를 하여야 한다.

<부대시설: 화장실, 탈의실 등>

- 화장실, 탈의실 등은 내부 공기를 외부로 배출할 수 있는 별도의 환기시설을 갖추어야 하며, 화장실 등의 벽과 바닥, 천장, 문은 내수성, 내부식성의 재질을 사용하여야 한다. 또한, 화장실의 출입구에는 세척, 건조, 소독 설비 등을 구비하여야 한다.
- 탈의실은 외출복장(신발 포함)과 위생복장(신발 포함) 간의 교차오염이 발생하지 아니하도록 분리 또는 구분·보관하여야 한다.

② 위생 관리

<작업 환경 관리>

- 동선 계획 및 공정 간 오염방지
  - 원 · 부자재의 입고에서부터 출고까지 물류 및 종업원의 이동 동선을 설정하고 이를 준수하여야 한다.
  - 원료의 입고에서부터 제조 · 가공, 보관, 운송에 이르기까지 모든 단계에서 혼입될 수 있는 이물에 대한 관리계획을 수립하고 이를 준수하여야 하며, 필요한 경우 이를 관리할 수 있는 시설 · 장비를 설치하여야 한다.
  - 청결구역과 일반구역별로 각각 출입, 복장, 세척 · 소독 기준 등을 포함하는 위생 수칙을 설정하여 관리하여야 한다.
- 온도 · 습도 관리
  - 제조 · 가공 · 포장 · 보관 등 공정별로 온도 관리계획을 수립하고 이를 측정할 수 있는 온도계를 설치하여 관리하여야 한다. 필요한 경우 제품의 안전성 및 적합성을 확보하기 위한 습도관리계획을 수립 · 운영하여야 한다.
- 환기시설 관리
  - 작업장 내에서 발생하는 악취나 이취, 유해가스, 매연, 증기 등을 배출할 수 있는 환기시설을 설치하여야 한다.
- 방충 · 방서 관리
  - 외부로 개방된 흡 · 배기구 등에는 여과망이나 방충망 등을 부착하여야 한다.
  - 작업장은 방충 · 방서관리를 위하여 해충이나 설치류 등의 유입이나 번식을 방지할 수 있도록 관리하여야 하고, 유입 여부를 정기적으로 확인하여야 한다.
  - 작업장 내에서 해충이나 설치류 등의 구제를 실시할 경우에는 정해진 위생수칙에 따라 공정이나 식품의 안전성에 영향을 주지 아니하는 범위 내에서 적절한 보호 조치를 취한 후 실시하며, 작업 종료 후 식품취급시설 또는 식품에 직 · 간접적으로 접촉한 부분은 세척 등을 통해 오염물질을 제거하여야 한다.

<개인위생 관리>

- 작업장 내에서 작업 중인 종업원 등은 위생복 · 위생모 · 위생화 등을 항시 착용하여야 하며, 개인용 장신구 등을 착용하여서는 아니 된다.

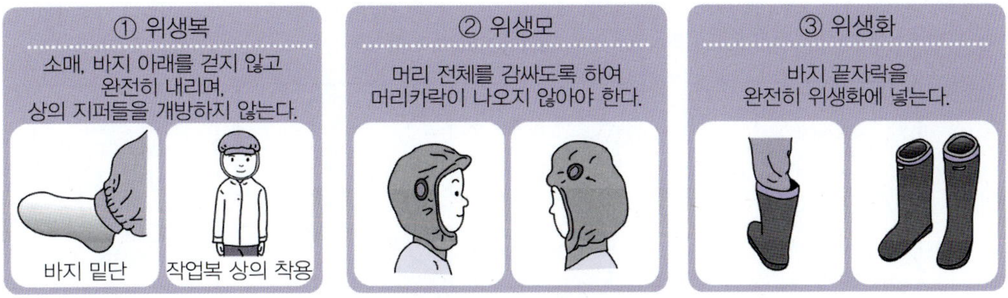

[그림 12-9] 올바른 위생복 착용방법

출처: 한국식품안전관리인증원(2017)

<폐기물 관리>

- 폐기물 · 폐수처리시설은 작업장과 격리된 일정장소에 설치 · 운영하며, 폐기물 등의 처리용기는 밀폐 가능한 구조로 침출수 및 냄새가 누출되지 아니하여야 하고, 관리계획에 따라 폐기물 등을 처리 · 반출하고, 그 관리기록을 유지하여야 한다.

<세척 또는 소독>

- 영업장에는 기계 · 설비, 기구 · 용기 등을 충분히 세척하거나 소독할 수 있는 시설이나 장비를 갖추어야 한다.
- 세척 · 소독 시설에는 종업원에게 잘 보이는 곳에 올바른 손 세척 방법 등에 대한 지침이나 기준을 게시하여야 한다.

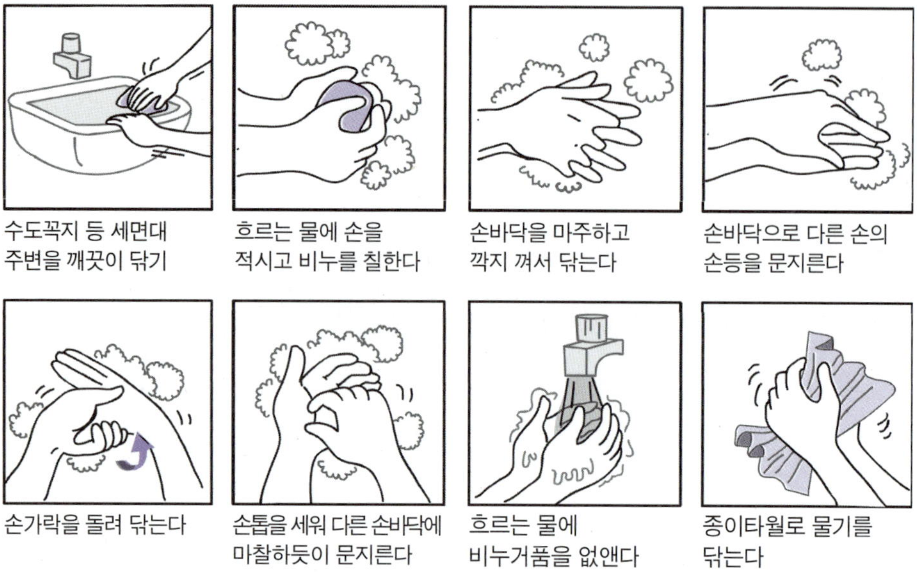

[그림 12-10] 올바른 손 씻기 방법

출처: 손소독제에 대해 알아봅시다. 식품의약품안전처(2013)

- 영업자는 다음 각 호의 사항에 대한 세척 또는 소독 기준을 정하여야 한다.
  - 종업원
  - 위생복, 위생모, 위생화 등
  - 작업장 주변
  - 작업실별 내부
  - 식품제조시설(이송배관 포함)
  - 냉장 · 냉동설비
  - 용수저장시설
  - 보관 · 운반시설
  - 운송차량, 운반도구 및 용기
  - 모니터링 및 검사 장비
  - 환기시설(필터, 방충망 등 포함)
  - 폐기물 처리용기

- 세척, 소독도구
- 기타 필요사항

- 세척 또는 소독 기준은 다음의 사항을 포함하여야 한다.
  - 세척 · 소독 대상별 세척 · 소독 부위
  - 세척 · 소독 방법 및 주기
  - 세척 · 소독 책임자
  - 세척 · 소독 기구의 올바른 사용 방법
  - 세제 및 소독제(일반명칭 및 통용명칭)의 구체적인 사용 방법
- 세척 및 소독용 기구나 용기는 정해진 장소에 보관 · 관리되어야 한다.
- 세척 및 소독의 효과를 확인하고, 정해진 관리계획에 따라 세척 또는 소독을 실시하여야 한다.

③ 제조 · 가공시설 · 설비 관리

<제조시설 및 기계 · 기구류 등 설비 관리>

- 식품취급시설 · 설비는 공정 간 또는 취급시설 · 설비 간 오염이 발생되지 아니 하도록 공정의 흐름에 따라 적절히 배치되어야 하며, 위해요인에 의한 오염이 발생하지 아니하여야 한다.
- 식품과 접촉하는 취급시설 · 설비는 인체에 무해한 내수성 · 내부식성 재질로 열탕 · 증기 · 살균제 등으로 소독 · 살균이 가능하여야 하며, 기구 및 용기류는 용도별로 구분하여 사용 · 보관하여야 한다.
- 온도를 높이거나 낮추는 처리시설에는 온도변화를 측정 · 기록하는 장치를 설치 · 구비하거나 일정한 주기를 정하여 온도를 측정하고, 그 기록을 유지하여야 하며 관리계획에 따른 온도가 유지되어야 한다.
- 식품취급시설 · 설비는 정기적으로 점검 · 정비를 하여야 하고 그 결과를 보관하여야 한다.

④ 냉장·냉동시설·설비 관리

- 냉장시설은 내부의 온도를 10 ℃ 이하(다만, 신선편의식품, 훈제연어, 가금육은 5 ℃ 이하 보관 등 보관온도 기준이 별도로 정해져 있는 식품의 경우에는 그 기준을 따른다), 냉동시설은 -18 ℃ 이하로 유지하고, 외부에서 온도변화를 관찰할 수 있어야 하며, 온도 감응 장치의 센서는 온도가 가장 높게 측정되는 곳에 위치하도록 한다.

⑤ 용수 관리

- 식품 제조·가공에 사용되거나, 식품에 접촉할 수 있는 시설·설비, 기구·용기, 종업원 등의 세척에 사용되는 용수는 수돗물이나 「먹는물 관리법」 제5조의 규정에 의한 먹는물 수질기준에 적합한 지하수이어야 하며, 지하수를 사용하는 경우, 취수원은 화장실, 폐기물·폐수처리시설, 동물사육장 등 기타 지하수가 오염될 우려가 없도록 관리하여야 하며, 필요한 경우 살균 또는 소독장치를 갖추어야 한다.
- 식품 제조·가공에 사용되거나, 식품에 접촉할 수 있는 시설·설비, 기구·용기, 종업원 등의 세척에 사용되는 용수는 다음 각 호에 따른 검사를 실시하여야 한다.
  - 지하수를 사용하는 경우에는 먹는물 수질기준 전 항목에 대하여 연 1회 이상(음료류 등 직접 마시는 용도의 경우는 반기 1회 이상) 검사를 실시하여야 한다.
  - 먹는물 수질기준에 정해진 미생물학적 항목에 대한 검사를 월 1회 이상(지하수를 사용하거나 상수도의 경우는 비가열식품의 원료 세척수 또는 제품 배합수로 사용하는 경우에 한한다) 실시하여야 하며, 미생물학적 항목에 대한 검사는 간이검사키트를 이용하여 자체적으로 실시할 수 있다.
  - 저수조, 배관 등은 인체에 유해하지 아니한 재질을 사용하여야 하며, 외부로부터의 오염물질 유입을 방지하는 잠금장치를 설치하여야 하고, 누수 및 오염 여부를 정기적으로 점검하여야 한다.

- 저수조는 반기별 1회 이상「수도법」에 따라 청소와 소독을 자체적으로 실시하거나,「수도법」에 따른 저수조 청소업자에게 대행하여 실시하여야 하며 그 결과를 기록 · 유지하여야 한다.
- 비음용수 배관은 음용수 배관과 구별되도록 표시하고 교차되거나 합류되지 아니하여야 한다.

⑥ 보관 · 운송 관리

<구입 및 입고>

- 검사성적서로 확인하거나 자체적으로 정한 입고기준 및 규격에 적합한 원 · 부자재만을 구입하여야 한다.

<협력업소 관리>

- 영업자는 원 · 부자재 공급업소 등 협력업소의 위생관리 상태 등을 점검하고 그 결과를 기록하여야 한다. 다만, 공급업소가「식품위생법」이나「축산물위생관리법」에 따른 HACCP 적용업소일 경우에는 이를 생략할 수 있다.

<운송>

- 운반 중인 식품 · 축산물은 비식품 · 축산물 등과 구분하여 교차오염을 방지하여야 하며, 운송차량(지게차 등 포함)으로 인하여 운송제품이 오염되어서는 아니 된다.
- 운송차량은 냉장의 경우 10 ℃ 이하(단, 가금육 -2~5 ℃ 운반과 같이 별도로 정해진 경우에는 그 기준을 따른다), 냉동의 경우 -18 ℃ 이하를 유지할 수 있어야 하며, 외부에서 온도변화를 확인할 수 있도록 온도 기록 장치를 부착하여야 한다.

<보관>

- 원료 및 완제품은 선입선출 원칙에 따라 입고 · 출고상황을 관리 · 기록하여야 한다.
- 원 · 부자재, 반제품 및 완제품은 구분 관리하고, 바닥이나 벽에 밀착되지 아

니하도록 적재 · 관리하여야 한다.

- 부적합한 원 · 부자재, 반제품 및 완제품은 별도의 지정된 장소에 보관하고 명확하게 식별되는 표식을 하여 반송, 폐기 등의 조치를 취한 후 그 결과를 기록 · 유지하여야 한다.
- 유독성 물질, 인화성 물질 및 비식용 화학물질은 식품취급 구역으로부터 격리되고, 환기가 잘 되는 지정 장소에서 구분하여 보관 · 취급하여야 한다.

⑦ 검사 관리

<제품검사>

- 제품검사는 자체 실험실에서 검사계획에 따라 실시하거나 검사기관과의 협약에 의하여 실시하여야 한다.
- 검사결과에는 다음 내용이 구체적으로 기록되어야 한다.
  - 검체명
  - 제조연월일 또는 유통기한(품질유지기한)
  - 검사연월일
  - 검사항목, 검사기준 및 검사결과
  - 판정결과 및 판정연월일
  - 검사자 및 판정자의 서명날인
  - 기타 필요한 사항

<시설 · 설비 · 기구 등 검사>

- 냉장 · 냉동 및 가열처리 시설 등의 온도측정 장치는 연 1회 이상, 검사용 장비 및 기구는 정기적으로 교정하여야 한다. 이 경우 자체적으로 교정검사를 하는 때에는 그 결과를 기록 · 유지하여야 하고, 외부 공인 국가교정기관에 의뢰하여 교정하는 경우에는 그 결과를 보관하여야 한다.
- 작업장의 청정도 유지를 위하여 공중낙하세균 등을 관리계획에 따라 측정 · 관리하여야 한다. 다만, 제조공정의 자동화, 시설 · 제품의 특수성, 식품이 노출되지 아니하거나, 식품을 포장된 상태로 취급하는 등 작업장의 청정도가

식품에 영향을 줄 가능성이 없는 작업장은 그러하지 아니할 수 있다.

⑧ 회수 프로그램 관리

- 부적합품이나 반품된 제품의 회수를 위한 구체적인 회수절차나 방법을 기술한 회수 프로그램을 수립 · 운영하여야 한다.
- 부적합품의 원인규명이나 확인을 위한 제품별 생산장소, 일시, 제조라인 등 해당시설 내의 필요한 정보를 기록 · 보관하고 제품추적을 위한 코드표시 또는 로트관리 등의 적절한 확인 방법을 강구하여야 한다.

3) 선행요건 프로그램 유지 · 관리

운영자는 선행요건 프로그램이 제조·가공 공정 및 제조환경 등에서 위해물질에 의한 식품의 직접적인 오염 또는 변질을 효과적으로 예방할 수 있는지, 종사자들이 관리기준에 따라 적절하게 실행하고 있는지 등을 확인·평가하기 위하여 정기적으로 검증을 실시하여야 하며 선행요건 프로그램의 검증은 HACCP 시스템의 검증활동과 병행하거나 분리하여 실시할 수 있다.

4) 개선조치

운영자는 선행요건 프로그램의 유지 또는 시행이 식품의 안전성을 확보할 수 없다고 판단될 경우 적절한 개선조치를 취하여야 한다.

5) 기록 · 유지 관리

운영자는 선행요건 프로그램의 운영, 모니터링 활동, 개선조치 등을 문서화하고 기록을 유지하여야 하며 관계법령에 특별히 규정된 것을 제외하고는 최소한 2년간 보존하여야 한다.

참고문헌

국가법령정보센터(2017)(http://www.law.go.kr/main.html)

식품의약품안전처(2013). 손소독제에 대해 알아봅시다.

식품의약품안전청(2011). 식품위해요소중점관리기준. 식품의약품안전청 고시 제2011- 51호.

알기쉬운 HACCP 관리, 식품의약품안전처(2015).

한국식품안전관리인증원, HACCP 소개(https://www.ihaccp.or.kr/site/haccp/sub.do?key=91. 2017.06.)

CHAPTER 13

식품위해요소분석

(Risk Analysis)

01 위해(risk)의 정의

식품의 안전수준을 위협하는 많은 사건 및 사고들이 국내외에서 발생하고 있으며, 미래에는 어떤 새로운 것이 우리의 식탁을 위협할 수 있을지는 아무도 예측할 수 없다. 현재 우리가 섭취하는 식품에는 유해 미생물을 비롯한 많은 유해물질들이 들어 있을 수 있으며, 이들 유해물질부터 완전하게 자유로울 수는 없다. 즉, 우리 식탁에서 이들 유해물질로부터 100 % 절대적인 안전 보장은 불가능한 것 같으며, 어떻게 이들 유해물질에 의한 건강상의 문제를 최소화하는 것이 더 중요할 수도 있다. 이러한 측면에서 우리는 위해에 대한 정의를 이해하고, 이를 어떻게 평가하고 분석할 것인가? 즉, 위해분석을 어떻게 수행할 것인가에 대한 이해가 필요하다고 볼 수 있다.

일상적인 생활에서 사용되는 위해는 무언가가 잘못될 가능성을 의미한다고 볼 수 있다. 예로, 어떤 사업가가 특정 투자에 대해 돈을 잃을까 두려워하는, 즉 투자가 너무 위험하다고 생각할 수 있는 것도 위해라 볼 수 있다. 다이빙 경험이 전혀 없는 자가 수영장 높은 곳에서 뛰어내리는 것도 큰 위해라 볼 수 있으며, 차량 이동이 많은 횡단보도를 건너는 경우도 위해라 할 수 있다.

인간의 역사 이래 식품과 관련된 유해물질 또는 위해는 일상적으로, 직접적으로 섭취하면서 그 경험이 역사적으로 쌓여서 현재에 이르는 경우가 많았다. 하지만 오늘날에 와서는 식품섭취와 관련된 많은 유해물질들이 자연적이든 인위적이든 그 수는 더 많아졌고, 이들 수많은 물질에 대해 단 · 장기간 동안 수행된 동물실험 등 많은 실험과 분석, 여기에 수학적 통계방법을 더해 유해물질 섭취에 대한 위해수준을 설명하거나 평가한다.

앞서 설명한 바와 같이 인간은 진화한 이래 '본능적 위해 평가(instinct risk asse-ssment)'가 삶의 일부였음에도 불구하고, 1,500년대 이전까지는 위해에 대한 명확한 정의는 없었다. 하지만 오늘날에도 사용되는 위해의 정의는 스위스 철학자이면서 과학자였던 파라셀수스(Philippus Aureolus Theophrast Bombastus von

Hohen-heim, 일명 Paracelsus, 1493-1541)에 의해 최초로 사용되었다는 기록이 있다. 그의 책『The Four Treatises of Theophrastus von Hohenheim』에서 다음과 같이 서술하였다(Ian C. Shaw, 2012).

Alle Dinge sind Gift und nichts ist ohne Gift allein die Dosis macht, dass ein Ding kein Gift ist	All things are poisons and nothing is not a poison, it is the dose that makes a thing safe	모든 물질은 독이 있으며, 독이 없는 것은 없다. 다만 양이 적어 독으로 작용하지 않을 뿐이다.

이 말은 섭취한 독성 또는 유해물질이 독으로 작용하는지 아닌지는 섭취한 양에 의해 결정된다는, 따라서 독성이 강한 화학물질도 충분히 낮은 양으로 섭취한다하면 건강상의 해를 입히지 않을 수 있다는 것이다. 예를 들어, 시안화칼륨(KCN, 일명 청산가리)은 매우 독성이 강한 물질로 100 mg만 섭취해도 사람이 사망할 수 있다. 그럼에도 불구하고 0.0000001 M KCN 한 잔을 마시는 것은 전혀 해를 일으키지 않는데, 이는 KCN의 투여량이 매우 낮기 때문인데, 즉 0.0000001 M KCN는 300 ml 유리잔에서 단지 0.0065 mg의 KCN에 해당되기 때문이다. 이러한 원칙은 모든 위해 상황에 적용될 수 있으며, 예로 횡단보도의 경우 통행하는 자동차의 '양'이 적을수록 더 안전한 교차로가 된다고 볼 수 있다.

02 위해(risk)와 위해요소(hazard)의 차이

앞서 설명한 우리가 섭취하는 또는 노출된 '어떤 것', 즉 KCN과 자동차는 위해요소로 볼 수 있다. 따라서 일반적으로 위해는 다음과 같이 정의된다.

$$위해(Risk)=위해요소(Hazard)\times 노출(Exposure)$$

어떤 위해요소가 큰 위험을 줄 수 있다 하더라도 거의 우리에게 노출되지 않는다면 해당 위해요소에 의한 위해는 아주 낮을 수 있고, 반대로 경우에 따라 우리에게 노출되는 수준이 커진다면 위해수준은 아주 높아질 수 있다. 예로 [그림 13-1]에서 보는 바와 같이 동물원에서 사자나 호랑이는 아주 높은 위해요소라 볼 수 있지만 튼튼한 유리벽으로 분리되어 거의 노출되지 않는다면 비록 아주 어린 아이 일지라도 사자에 의한 위해수준은 아주 낮다고 볼 수 있다(그림 13-1 좌측). 하지만 우연한 기회에 호랑이가 서식하고 있는 동물원 우리 안으로 들어가게 된다면 노출수준은 급격히 높아져 호랑이에 의한 위해수준은 아주 높아졌다고 볼 수 있다(그림 13-1 우측).

식품에서 위해요소(hazard)는 인체건강에 잠재적인 유해영향을 일으킬 수 있는 식품, 식품첨가물, 기구 또는 용기포장에 잔류하는 화학적, 미생물학적, 물리적 요소 및 상태 등을 말하며, 위해(risk)는 건강에 유해 영향을 미칠 수 있는 생물학적, 화학적 또는 물리학적 제제나 요인 등, 즉 위해요소에 의한 확인된 노출로 인하여 유해영향이 발생할 수 있는 가능성 또는 확률로 정의할 수 있다. 또한, 위해의 평가에 있어 노출이라는 의미는 [그림 13-1]에서 설명한 동물원에서의 사자와 호랑이를 예를 들어 설명하였지만 식품에서의 노출은 Paracelsus의 정의에서처럼 섭취하는 또는 섭취할 수 있는 '양'으로 표현한다.

이들 위해와 위해요소 및 노출(섭취하는 양) 사이의 관계는 [그림 13-2]에서 보는 바와 같이 높은 수준의 위해요소에 대한 낮은 노출 또는 낮은 수준의 위해요소에 대한 높은 노출은 모두 중간 정도의 위해를 초래하며, 최고로 높은 위해는 높은 수준의 위해요소에 대한 높은 수준의 노출에서만 발생할 수 있다. 따라서 특정 상황에서의 위해 수준을 파악하기 위해서는 위해요소의 수준과 노출, 즉 섭취 수준을 측정해야 한다.

[그림 13-1] 위해(risk)와 위해요소(hazard)의 차이: 위해의 수준은 위해요소에 대한 노출에 의해 결정

출처: 박경진(2016)

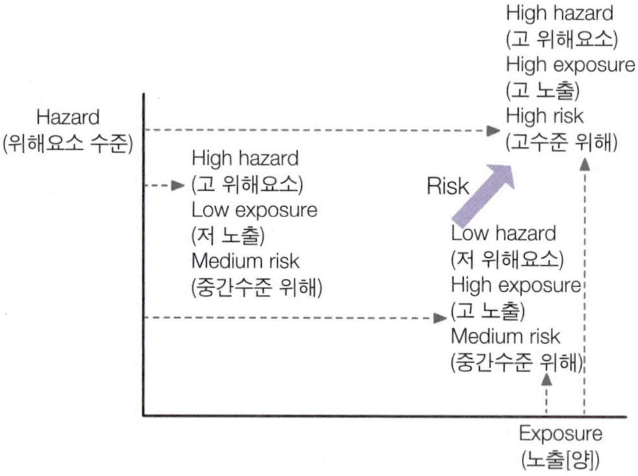

[그림 13-2] 위해와 위해요소 수준, 노출(양) 사이의 관계(Ian C. Shaw, 2012)

출처: Median lethal dose(https://en.wikipedia.org/wiki/Median_lethal_dose)

03 위해요소(hazard)에 대한 안전수준의 측정

위해요소는 어떤 무언가의 내재되어 있는 본질적인 특성이라 할 수 있다. '무언가'는 생물이 될 수도 있으며, 화학물질이 될 수 있다. 이 무언가가 화학물질인 경

우 위해요소의 수준은 독성(toxicity)의 정도이며, 생물체로 병원성 미생물인 경우 화학물질보다는 명확하게 정의할 수는 없지만 이 미생물이 인체에 얼마나 해로울 수 있는지를 측정할 수 있다.

위해요소에 대한 수준은 일반적으로 용량-반응(dose-response)으로 표현되며, 용량-반응관계를 설정하는 것은 위해요소와 관련된 건강상의 해에 대한 정량적 평가로 볼 수 있다. 위해요소에 대한 노출의 정도(섭취량)와 건강상의 해 또는 반응에 대한 심각성 정도와의 관계를 나타내는 것으로, 즉 위해요소를 섭취한 결과(노출 시), 일어날 수 있는 반응 또는 질병의 정도를 정량적으로 제시한 것이 용량-반응 곡선이다(그림 13-3).

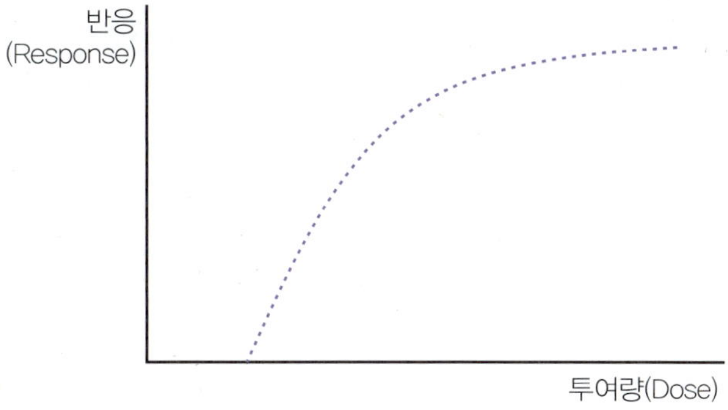

[그림 13-3] 용량-반응(dose-response) 곡선

식품과 관련된 위해요소는 크게 유해 화학물질과 병원성 미생물로 구분될 수 있으므로, 화학적 위해요소와 미생물학적 위해요소로 구분하여 이들 위해요소의 수준을 측정할 수 있는 방법을 설명할 것이다.

1) 화학적 위해요소의 측정

유해 화학물질 등 화학적 위해요소에 대한 안전수준을 측정하기 위해서는 여러 독성시험을 실시하는데, 대표적이면서 기본적인 것이 급성(acute), 아급성(sub-acute)(단기), 만성(chronic)(장기) 독성시험 등을 들 수 있다. <표 13-1>에서 보는 바와 같이 각각의 독성시험을 통해 화학적 위해수준을 평가할 수 있는 기본적인 독성지표들을 산출할 수 있다. 이들 외에 염기서열 또는 염색체의 변형에 따른 세포의 기능 이상을 시험하는 유전독성(genotoxicity)시험, 암수 모두 투여 후 교배를 통해 차세대에 대한 영향을 평가하는 번식독성(최기형성)시험과 설치류의 생애기간(2년) 실제 발암 여부를 관찰하는 발암성시험 등이 있다.

〈표 13-1〉 유해 화학물질에 대한 기본적인 독성시험과 위해요소 측정 지표

독성시험	정의	측정지표
급성 독성시험 (Acute toxicity test)	1회 투여로 단기간(7~14일)에 나타나는 독성 검사	LD_{50}(반수치사량, 50 % Lethal Dose)
아급성(단기) 독성시험 (Subacute toxicity test)	급성 독성이 밝혀진 화학물질에 대하여 1~3개월간 반복 투여하여 독성 검사	최대무작용량(maximum no observed adverse effect level: NOAEL)
만성(장기) 독성시험 (Chronic toxicity test)	1년 이상 반복 투여하여 독성 검사	

(1) LD_{50}(반수치사량)

LD_{50}(반수치사량, 50 % Lethal Dose)은 급성독성시험을 통해 화학물질 투여 후 이용된 실험동물의 50 %가 사망할 수 있는 양으로 정의되며, 시험된 화학물질의 독성을 1차적으로 판단할 수 있는 지표로 볼 수 있다. 즉, LD_{50}의 값이 작을수록 독성은 강한 것이며, 반대로 LD_{50}의 값이 클수록 독성은 약한 것으로 볼 수 있어, LD_{50} 값에 대한 측정을 통하여 여러 다른 화학물질에 대한 독성, 즉 위해수준의 정도를 비교할 수 있다. 모든 화학물질에는 LD_{50} 값이 있으며, 인체에는 무해할 것으로 보이는 영양성분인 비타민 C도 고용량이기는 하지만 고유의 LD_{50} 값이 있다(표 13-2).

〈표 13-2〉 주요 화학물질에 대한 LD_{50} 값의 예

화학물질	LD_{50}
비타민 C	11,900 mg/kg
소금	3,000 mg/kg
카페인	192 mg/kg
니코틴	6.5~13.0 mg/kg
아플라톡신 B_1	0.048 mg/kg
Botulinum toxin	1 ng/kg

출처: Median lethal dose(https://en.wikipedia.org/wiki/Median_lethal_dose)

(2) 최대무작용량(NOAEL)

어떤 화학물질에 대한 독성은 농도(또는 섭취량)에 비례하며, 일정농도 이하에서는 독성효과가, 즉 반응이 관찰되지 않는데 이를 역치(threshold)라고 한다. [그림 13-4]에 보는 바와 같이 용량-반응곡선에서 독성에 대한 반응이 나타나지 않는 역치부분 중 가장 농도가 높은 투여량을 최대무작용량(maximum no observed adverse effect level: NOAEL)이라 한다. 만성 독성시험에서 얻어지는 최대무작용량은 실험동물의 일생 동안 투여해도 아무런 독성반응이 나타나지 않는 양으로, 무독성이 인정되는 최고섭취량을 의미한다.

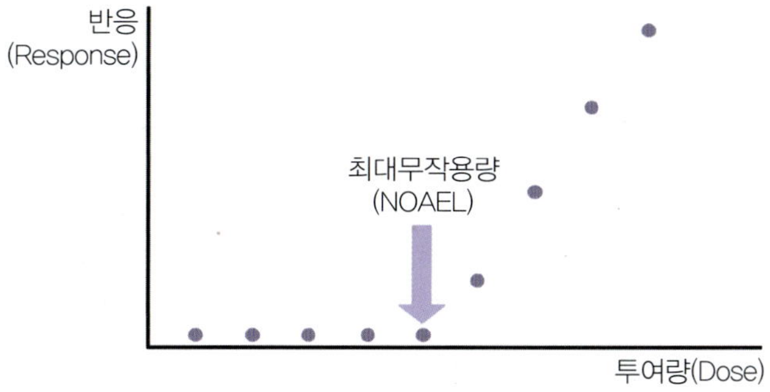

[그림 13-4] 용량-반응 곡선에서의 최대무작용량
(maximum no observed adverse effect level: NOAEL)

(3) 1일 섭취허용량(Acceptable Daily Intake: ADI)

LD_{50}과 NOAEL은 동물에 대한 독성시험을 통해 결정되므로 이들 화학적 위해요소에 대한 측정값, 즉 안전수준을 직접적으로 사람에게 적용하는 데는 한계가 있다. 따라서 동물실험의 결과로부터 인간에 대한 안전수준을 예측하기 위하여 어느 정도의 안전 마진(safety margin)을 두어야 할 것인가에 대한 문제가 있다. 따라서 위해요소의 측정값에 대한 인간 적용을 독성시험 결과에 대한 불확실성 때문에 1일 섭취허용량(ADI)이라는 개념을 사용한다. ADI는 보통 다음 식과 같이 산출한다.

$$ADI = \frac{NOAEL}{SF}$$

여기서 NOAEL은 실험동물을 통한 독성시험 결과인 최대무작용량이며, SF는 안전계수(safety factor)라 한다. 간단하게 말해 최대무작용량을 안전계수로 나눈 값이 ADI이다. 안전계수는 동물실험의 결과를 인간에게 적용하기 위해서 적용되는 개념으로, 실험동물 종간의 차이에서 10배, 사람 개인 간의 차이에서 10배의 독성 차이가 나올 수 있다는 가정하에 100(=10 × 10)이라는 안전계수(안전마진)를 적용할 수 있다. 경우에 따라 독성실험 결과의 정확성이나 독성반응의 특성 등에 따라 100 이외의 안전계수를 사용할 수도 있으며, 발암성이 의심되는 유해 화학물질의 경우에는 1,000을 사용하여 관례상 10~1,000 사이의 안전계수를 국제적으로 채택하고 있다. 따라서 ADI는 동물실험의 결과를 보다 더 안전한 수준으로 인간에게 적용한 것이다.

NOAEL과 안전계수(SF)를 이용하여 ADI를 통해 어떤 유해 화학물질에 대한 위해수준을 결정하는 것을 안전계수법(safety factor approach)이라 한다. 이 안전계수법에 의한 ADI 산출 예로 다이옥신(dioxin)에 대한 ADI 산출과정을 보면 [그림 13-5]와 같다. 다이옥신에 대한 동물실험을 통해 1,000 pg/kg/체중을 NOAEL 값으로 결정하였고, 여기에 안전계수 250을 적용하여, 최종적으로 ADI는 4 pg/kg(체중)/day가 된 것이다.

〈동물실험〉
Rat 1,000 pg/kg/bodyweight를
평생노출(lifetime exposure) 간에 대한 효과 경미
↓
〈NOAEL 산출〉 1,000 pg/kg/bw
↓
〈안전계수 "250" 적용〉
↓
〈ADI 산출〉
= NOAEL/SF = 1,000/250
= 4 pg/kg(bw)/day

[그림 13-5] 다이옥신에 대한 ADI 산출 예

ADI는 식품과 관련한 화학적 유해물질에 대한 평생 섭취를 가정할 경우 이론적으로 위해수준이 '0'인 양이라 할 수 있다. 따라서 ADI는 사람이 어떤 유해 화학물질을 일생 동안 매일 먹어도 유해한 작용을 일으키지 않는 체중 1 kg당 1일 섭취허용량이다. 따라서 ADI를 기반으로 하는 위해수준에 대한 평가는 단순하게 특정 유해 화학물질에 대한 식품 중 잔류수준을 바탕으로 ADI 대비 어느 정도에 해당하는가에 따라 평가할 수 있다. 즉, ADI 대비 아주 낮은 잔류수준을 나타내면 그 물질의 위해수준은 아주 낮다고 할 수 있다. 이러한 식품 중 잔류수준을 법적으로 식품별 유해물질별로 최대잔류기준(Maximum residue level: MRL)을 설정하여 유해 화학물질에 대한 노출, 즉 섭취수준으로 최소화하고 있으며, 이들 MRL은 식품에 대한 유해 화학물질로부터의 안전성 확보를 위한 방법으로 식품별 주요 잔류 유해물질에 대한 기준으로 이용하고 있다. 하지만 잔류수준만을 이용한 경우 노출에 있어 평균적인 섭취량을 갖는 소비자는 안전하지만, 극단적인 섭취량을 가지는 소비자에게는 위해수준이 높을 수도 있다. 이러한 한계를 극복하기 위한 방법으로 섭취에 대한 불확실성과 다양성을 반영하여 통계적으로 정량화하는 위해평가 방법이 제시되고 있다.

2) 미생물학적 위해요소에 대한 안전수준의 측정

세균, 바이러스 등과 같은 미생물학적 위해요소에 대한 안전수준의 측정은 앞서 설명한 유해 화학물질만큼 잘 정의되어 있지는 않지만, 주로 식중독 발생에 대한 역학자료, 동물모델의 이용 지원자에 의한 직접적인 섭취 연구 등을 바탕으로 한 미생물별 최소감염량(minimum infective dose) 추정과 용량-반응 모델(dose-response models)을 이용하여 평가할 수 있다.

(1) 최소감염량(minimum infective dose) 추정

최소감염량이란 식품에 생존하고 증식하여 식중독을 유발시킬 수 있는 균별 최소 섭취량(감염형 식중독균) 또는 독소 생성에 필요한 최소 균량(독소형 식중독균)을 의미하고 있으나, 식중독 균주별 특성(microbiological factor), 식품의 물리 · 화학적 특성(food matrix factor), 개인별 면역 상태의 차이(host factor) 등에 따라 실제 식중독 반응은 다양하게 나타날 수 있기 때문에 최소감염량을 정확히 정량적으로 산출하는 것은 어렵다. 현재까지 국제적으로 보고된 자료를 통해 정리된 주요 식중독 원인 미생물에 대한 최소감염량은 <표 13-3>과 같다.

이론적으로 최소 감염 균량은 식중독 원인균 단일 균체(1개 cell)만으로도 식중독 질병이 발생할 가능성이 있다. 최소 감염량(MID)을 추정하는 방법은 지원자 직접 섭취 연구(human volunteer feeding study), 동물실험(animal model), 식중독 발생에 대한 역학조사 결과 활용(epidemiological investigation) 등 크게 3가지로 분류되고 있으며, 이들 방법은 주요 식중독균의 용량-반응 모델 개발에 활용되기도 한다. 그러나 지원자 직접 섭취 연구는 직접 사람을 대상으로 하였기 때문에 결과에 윤리적인 문제가 발생할 수 있으며, 동물실험은 사람과 유사한 감염력, 유병률, 치명률을 가진다는 전제하에 실시하고 있지만, 이들 실험결과를 사람에게 적용시키는 데 있어 중요한 전환인자(conversion factor)에 따라 많은 차이가 나타난다. 또한, 식중독 발생환자를 대상으로 한 역학조사 방법은 전반적으로 최소감염량에 대한 충분한 분석을 수행하기에는 조사 자료와 범위의 한계가 있는 단점이 있다. 또한, 현재 국내에서의 최소감염량에 대한 연구는 의학 및 역학분야를 중심으로 일부 연구되고 있지만 뚜렷한 결과가 없는 실정이며, 주로 외국의 결과를 인용하여 사용하는 수준이라 볼 수 있다. 따라서 외국과의 식습관 등에서 차이가 있을 수 있는 국내 인구집단에 대한 분석이 필요하다.

〈표 13-3〉 주요 식품 관련 미생물에 대한 최소감염량

구분		최소감염량
세균	Bacillus cereus	10^5 cell/g
	Campylobacter jejuni	500 cell
	Campylobacter coli	500 cell
	Clostridium botulinum	nano-gram toxin
	Clostridium perfrnigens	10^7 cell/g
	Pathogenic *E. coli*	
	(EHEC, STEC, VTEC 포함)	10^1 ~ 10^2 cell
	(EPEC)	10^6 cell
	(ETEC)	10^8 cell
	(EIEC)	10^6 cell
	Enterobacter sakazaki	10^5 ~ 10^8 cell
	Listeria monocytogenes	10^2 ~ 10^3 cell
	Salmonella spp. (*S.* Enteritidis, *S.* Typhimurim)	10^2 cell
	Shigella spp.	10^2 ~ 10^4 cell
	Staphylococcus aureus	10^5 ~ 10^6 cell/g
	Vibrio parahaemolyticus	10^6 cell
	Yersinia enterocolitica	10^6 cell
바이러스	Adeno virus	10^1 ~ 10^3 particles
	Hepatitis A	10^1 ~ 10^2 particles
	Hepatitis E	10^5 particles
	Noro virus	10 particles
	Rota virus	10^1 ~ 10^2 particles

구분		최소감염량
원충류	Cryptosporidium pavum	$10^1 \sim 10^2$ oocyst
	Cyclospora cayetanesis	$10^1 \sim 10^2$ oocyst
	Giardia lamblia	10 oocyst
	Toxoplasma	500 oocyst
	Trichinella	150 oocyst

출처: Park, Cho, Lee & Bahk(2014a)

(2) 용량-반응 모델(dose-response models) 평가

용량-반응 평가는 식중독 원인 미생물을 섭취한 결과 발생할 수 있는 질병의 정도를 정량적 또는 확률적으로 표시할 수 있는 방법의 하나이다. 식중독 원인 미생물의 섭취로 인한 인간 반응은 주로 섭취한 병원성 미생물의 수, 숙주의 건강 및 면역상태, 해당 미생물의 발병 메커니즘 등 주로 숙주(host)와 병원체(pathogen)에 의해 결정되는데, 최근에는 식품의 특성(food matrix)과 같은 매개물도 영향을 미치는 것으로 밝혀졌다.

섭취된 미생물 수에 대한 인간의 반응은 미생물 수에 대해 log값으로 표시할 경우 sigmoid(S자형) 곡선이 된다. 이는 병원성미생물 1개의 세포를 섭취한 경우에도 감염이 일어날 수 있고, 그 가능성은 병원성미생물 농도가 늘어남에 따라 증가한다는 것이며, 이 경우는 균수에 대한 역치(threshold)가 없다고 할 수 있다. 미생물학적 양-반응평가에서는 이러한 원칙을 기본으로 모델화(single-hit model)하고 있다.

지금까지 개발된 대표적인 용량-반응 모델은 지수(exponential) 모델과 베타포아송(Beta-Poisson) 모델이 있으며 이들의 수학식은 <표 13-4>와 같다. <표 13-5>는 주요 식품 관련 미생물에 대한 용량-반응 모델에 대한 변수들을 정리한 것이다.

〈표 13-4〉 대표적으로 사용되는 미생물에 대한 용량-반응 모델의 수학식

모델명	모델식 (Function[Probability])	계수(Parameters)
Exponential	$P = 1\text{-}exp^{-r*N}$	r=model parameter specific for each pathogens N=dose(cfu)
Beta-Poisson	$P = 1\text{-}[1+N/\beta)]^{-\alpha}$	α,β=Beta distribution N=dose(cfu)

출처: Park et al.(2014b)

〈표 13-5〉 주요 식품 관련 미생물에 대한 용량-반응 모델

미생물명(Pathogens)	용량-반응 모델	
	Model	Parameters
Campylobacter jejuni	Beta-Poisson	α=0.145, β=7.589
Clostridium perfrnigens	Exponential	$r=1.82\times10^{-11}$
Pathogenic *E.coli*		
(E.coli O157:H7)	Beta-Poisson	α=0.17, $\beta=1.61\times10^{6}$
(EPEC)	Beta-Poisson	α=0.22, $\beta=8.7\times10^{3}$
(ETEC)	Beta-Poisson	α=0.18, $\beta=8.6\times10^{7}$
Listeria monocytogenes	Exponential	$r=1.18\times10^{-10}$
Salmonella spp.	Beta-Poisson	α=0.3136, β=3,008
Staphylococcus aureus	Exponential	$r=7.64\times10^{-8}$
Vibrio parahaemolyticus	Beta-Poisson	α=0.1713, $\beta=1.182\times10^{5}$
Rota virus	Beta-Poisson	$\alpha=2.53\times10^{-1}$, β=6.17
Cryptosporidium pavum	Beta-Poisson	α=0.2, N_{50}=10

출처: Park, Cho, Lee & Bahk(2014b)

용량-반응평가는 최소감염량 추정에서와 같이 지원자에 의한 섭취 연구, 동물실험을 통한 모델의 이용, 실제 발생에 대한 역학조사 결과 등을 이용할 수 있다. 지원자에 의한 섭취 연구는 대상을 건강한 성인으로 한정하기 때문에 고위험 집단(예로, 노인, 영유아, 임산부 등)과 성별 등의 영향을 확인할 수 없다는 단점이

있으며, 동물모델을 이용할 경우에는 인간과 동물이 동일한 발병 메커니즘을 가지고 있다는 가정하에 실시되어 인간과 동물 간 차이가 무시된다는 단점이 있다. 또한, 지원자 섭취 연구와 동물모델의 이용에는 통계적 외삽(extrapolation)의 문제가 필요하며, 경우에 따라서는 역학조사의 결과와 비교하는 검증 과정이 필요하다. 역학조사는 발병한 사람 이외에 식품을 섭취했음에도 불구하고 발병하지 않은 사람과 오염의 수준 등 여러 요인에 대한 정보가 필요하지만 현실적으로 수행하기가 어렵다는 단점이 있다.

하지만 이들 한계에도 불구하고 최소감염량과 용량-반응 모델은 주요 미생물학적 위해요소에 대한 안전수준을 평가하고 상호 비교하여 어떤 미생물이 더 위험한지를 평가할 수 있으며, 미생물 위해평가에서 이용할 수 있는 중요한 자료로 볼 수 있다. <표 13-5>의 주요 식품 관련 미생물에 대한 용량-반응 모델에 대한 변수들을 그림으로 나타낼 경우 [그림 13-6]과 같다. 3종의 식중독균에 있어 장염 비브리오균이 이 중 가장 높은 위해수준을 가지고 있으며, 황색포도상구균, 클로스트리디움 퍼프린젠스의 순으로 볼 수 있다.

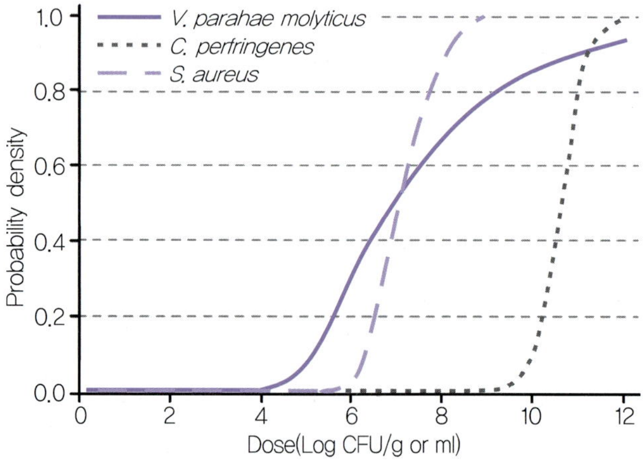

[그림 13-6] 주요 식중독균의 Dose-Response Model 예

04 위해평가(Risk assessment)

식품에서의 위해평가는 실제적으로 화학적, 미생물학적 위해요소의 안전수준과 이들 위해요소에 의한 노출, 즉 섭취량을 바탕으로 실제 발생수준은 어느 정도이고, 이를 통해 인간 개개인 또는 특정 집단과 사회 전체에 대한 식품섭취를 통한 위해수준(risk level)은 어느 정도 수준일까를 추정하는 과정이다. 위해평가의 목적은 화학물질이든 미생물이든 간에 식품을 통해 나타날 수 있는 유해 화학물질 또는 유해 미생물의 노출과 관련된 위해수준에 대한 결과와 기술적 관련 정보를 위해를 관리할 수 있는 식품 관련 행정기관 등의 위해관리자(risk manager)에게 제공한다는 것이다.

여러 정부기관 및 학술 및 소비자 단체 등에서 실시하고 있는 위해평가 대부분은 동일한 목적으로 사용되고 있으며, 화학물질이나 미생물에 대한 위해평가는 주로 다음과 같은 목적을 위해 실시하여야 한다.

- 건강상의 영향 수준을 완화하기 위해서
- 건강상의 문제를 확인하기 위해서
- 규제 여부 및 방법을 결정하기 위해서
- 문제를 확인 · 조사하기 위해서 등

위해요소 부분에서도 화학적, 미생물학적 위해요소로 구분한 것같이 위해평가에서도 이를 구분하여 설명할 것이다. 기본적인 방법은 유사하지만 실제 적용되는 방법에 있어서는 약간의 차이가 있으며, 화학적 위해평가(chemical risk assess-ment: CRA)는 독성학(Toxicology)을 중심으로 오랜 기간 동안 연구되어 많은 이론이 정립되어 있지만, 살아 있는 개체를 다루는 미생물학적 위해평가(Microbial risk assessment: MRA)는 상대적으로 짧은 역사를 가지고 있다.

1) 식품 화학물질 위해평가(chemical risk assessment: CRA)

식품 화학물질 위해평가의 일반적인 단계 및 절차는 [그림 13-7]과 같이 위험성 확인(hazard identification), 위험성 결정(hazard characterization), 노출평가(exposure assessment)와 위해도 결정(risk characterization) 단계 등 4단계로 진행된다. 하지만 실제 위해평가는 이러한 공식적인 과정을 거치지 않을 수도 있다. 이는 화학적 위해평가에 대한 전반적인 신뢰성 향상과 동시에 명확성과 객관성을 높이기 위해서는 보다 많은 세부적인 구성요소들을 추가로 도입할 수도 있기 때문이다. 하지만 중요한 원칙 중의 하나는 위험성 결정과 노출평가가 서로 분리되어야 하고 최종 위해도 결정단계까지 이 두 요소의 결과들이 모이지 않아야 한다는 것이다. 이는 허용될 수 있는 섭취량에 대한 지식에 의해 노출 분석가의 판단이 흐려지거나 독성학자의 판단이 섭취량에 대한 지식이 없는 상태로 유지되는 것을 막음으로써 객관성을 높일 수 있는 장점이 있기 때문이다.

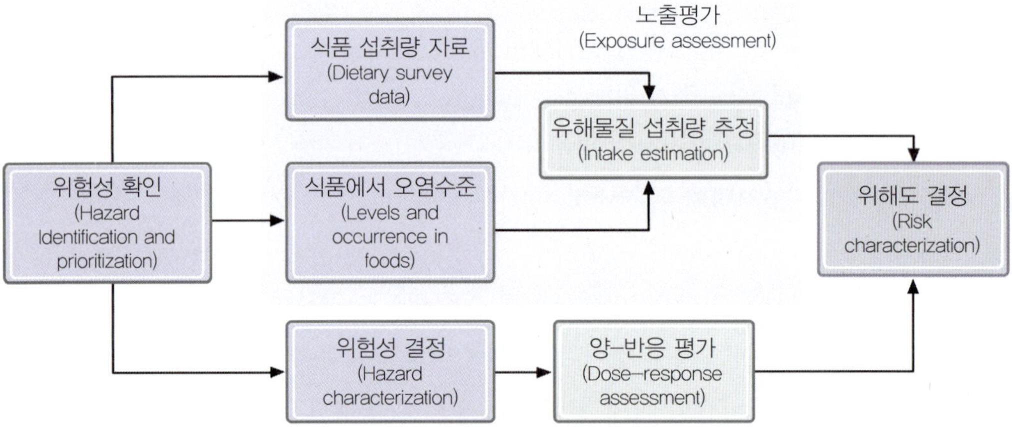

[그림 13-7] 식품 화학물질 위해평가의 일반적인 단계 및 절차

출처: Tennant(2012)

지금까지, 식품 화학물질 위해평가는 무시할 수 있는 위해수준(negligible risk levels)과 관련된 노출 또는 섭취량 한계를 정의하는 데 집중되어 왔으며, 특히 소비자가 1일 섭취허용량(ADI)을 초과하는지에 대한 많은 관심을 보이고 있었다. 하지만 이러한 접근은 지나치게 보수적이라 진정한 위해와 이익(risk and benefit)에 대한 균형 잡힌 시각을 얻는 것은 매우 어려울 수도 있다는 지적이 있다. 위해평가의 개선은 정확성을 높이고 보다 균형 잡힌 위해성 관리 접근법을 이끌어 냄으로써 최고 수준의 식품 안전성을 유지하면서 산업체 및 소비자에게 이익을 가져다주는 것이 중요하다.

화학적 위해 평가에서 현재 진행되고 있는 방법은 전통적인 독성학(toxicology), 특히, 생체 내 동물계 독성학(animal-based *in vivo* toxicology), 독성동태학(toxic-okinetics)과 낮은 비율이기는 하지만 유해 화학물질 사건 관련 역학적인 조사에 기반되어 진행되어 왔다. 이러한 분야는 대부분 경험적이지만 위해평가는 보다 예측적인 접근이 필요하다. 앞으로, 위해평가는 위해관리자에게 노출평가 결과에 있어 존재할 수 있는 불확실성과 신뢰도에 대한 더 많은 정보를 위해관리자에게 제공해야 한다. 이를 위해서는 위해 평가 절차의 각 단계를 면밀히 검토하고, 개선점을 찾고, 특성화하면서 가능한 경우 불확실성의 수준도 정량화해야 한다.

(1) 위험성 확인 및 우선순위 결정

식품에서의 화학물질에 대한 기준 및 규격을 설정하기 위하여 많은 화학적 위해요소들이 위해평가 시스템으로 유도된다. 이 위해평가 과정의 첫 번째 단계는 잠재적 위해요소(potential hazard)의 식별과 우선순위 결정이다. 이 단계에서는 위해평가에 필요한 모든 정보를 수집하는 것이 위험성 확인단계이다. 하지만 일부 화학물질 특히, 신종 유해물질의 경우 이들을 판단하기 위한 충분한 자료가 준비되지 않을 수도 있다. 하지만 이 단계에서는 수집된 화학물질별 잠재적 위해요소에 대한 의사 결정을 내리고 추가 조사를 위한 우선순위를 결정하는 것이 중요하다. 이들 잠재적 위해요소는 식품위생 감시 및 분석용 모니터링 중에 식별될 수도 있다. 때로는 해외에서 발생하였거나 전문 과학 학술지에 보고된 문제 또는 특정 식품 화학물질에 대한 일반 국민의 관심과 우려로 인해 위해평가가 시작되기도 한다.

(2) 위험성 결정

위험성 확인 및 우선순위 결정 후 위해평가 절차는 두 개의 가닥으로 분리되며, 이 중 첫 번째 가닥은 위험성 결정이다. 위험성 결정은 일반적으로 경험이 많은 독성학자들이 수행한다. 모든 이용 가능한 동물 및 인간에 대한 독성 자료는 사람의 노출로 인한 예상되는 독성학적 결과로서 종종 용량-반응 관계로 나타난다.

일반적으로 용량-반응 관계를 설명하는 데 사용되는 2종의 일반적인 모델이 있다(그림 13-8). 이 중 하나인 선형 모델은 독성학적 영향(반응)이 용량과 직접적으로 관련 있다고 가정한 것으로, 즉 섭취하지 않으면 독성 효과는 없으나 매우 적은 섭취량조차도 작지만 독성효과가 있다는 것이다. 이를 비역치(non-threshold)라 한다(그림 13-8에서 [a]). 독성작용의 반응은 주어진 시점에서 곡선의 기울기라 할 수 있다. 이 모델은 유전물질에 대한 직접적인 손상과 같은 유전독성에서 주로 사용되며, 흔히 말하는 '안전한' 용량은 없다고 보는 것이다.

또 다른 용량-반응 관계를 설명하는 모델은 역치(threshold) 또는 임계점이 있는 모델이다(그림 13-8에서 [b]). 인체에 유입되는 화학물질의 독성은 대부분 간에 위치한 효소 체계에 의해 비활성화된다. 이러한 인체 내 대사과정은 식품에 자연적으로 존재하는 유해 화학물질의 섭취에 대응하기 위해 많은 세대에 걸쳐 발전해 왔다. 이 과정의 특징은 인체 대사과정에서 화학물질의 독성을 해독하는 데 있어 한계가 있다는 것이다. 따라서 역치가 있는 용량-반응 모델은 하키 스틱과 같은 모양의 곡선을 보여 준다. [그림 13-8]에서 'x'점은 동물실험을 통해 결정되는 최대 무작용량(NOAEL) 또는 무독성량이라 한다.

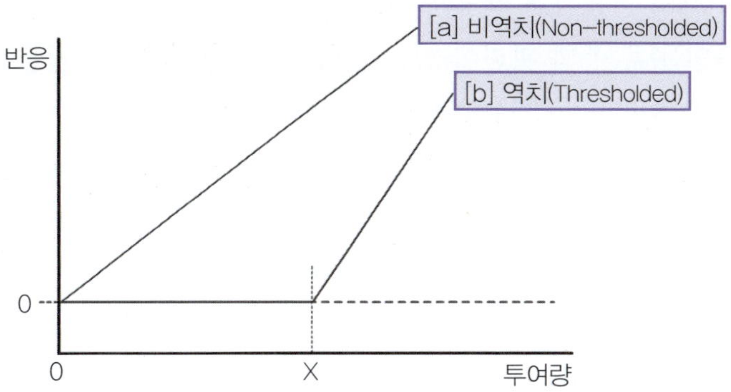

[그림 13-8] 식품 화학물질에 대한 용량-반응 관계를 설명하는 모델([a] 비역치, [b] 역치)

출처: Tennant etc(2004)

NOAEL은 일반적으로 단위 체중당 1일 섭취량으로 표시되며(예를 들면 10 mg/kg (bw)/day), 인간에 대한 ADI 또는 기준용량(reference dose: RfD)으로 변환된다. 따라서 ADI 역시 체중을 기준으로 표시된다(0.1 mg/kg(bw)/day). 많은 환경오염 물질은 1일보다 훨씬 긴 노출 기간과 관련된 독성학적 특징을 갖는 것으로 알려져 있어 경우에 따라서는 잠정적인 주간 섭취량(provisional tolerable weekly intake: PTWI)으로도 설정할 수 있다(0.7 mg/kg(bw)/week).

(3) 노출평가

위험성 결정과 동시에 수행되는 위해평가의 두 번째 단계는 노출평가이다. 식품을 통한 화학물질의 섭취 가능성을 추정하기 위해서는 식품에서의 화학물질(오염) 수준과 발생 및 실제로 섭취되는 식품의 양, 즉 섭취량 추정에 대한 지식이 필요하다.

가 발생 정보

식품에 함유된 화학물질의 오염수준과 패턴에 대한 정보는 식품 화학물질의 유형에 따라 다르다. 예를 들어, 식품첨가물의 경우 허용 가능한 최대허용수준에서 실질적으로 허용되는 최대잔류 허용기준을 추정할 수 있다. 이것은 아마도 식품첨가물의 종류 등과 관련이 있는데 합법적으로 식품첨가물을 함유할 수 있는 많은 식품들 중에는 경우에 따라서는 전혀 함유되지 않을 수도 있기 때문이다. 특정 식품의 표시성분 목록에 있는 식품첨가물에 대한 자료를 수집함으로써 실제 노출수준을 추정할 수 있다. 하지만 이는 시간을 절약할 수 있다는 장점은 있으나 자료의 신뢰성에 문제가 있을 수도 있다. 왜냐하면 사용수준은 허용된 최대값으로 추정할 수 없으며 식품성분 등의 변화가 있을 수 있기 때문이다. 식품에 존재하는 식품첨가물의 수준을 정확하게 예측하기 위해서는 관련 자료 제공에 있어서 식품산업계의 협력을 얻거나 직접적인 실험분석을 수행할 필요가 있다.

섭취량 추정을 위해 선택된 오염수준 등의 발생자료는 위해평가의 목적에 따라 달라질 수 있다. 예를 들어, 살충제 등 농약의 사용으로 인한 식품에 잔류 및 존재하는 수준은 법적 최대잔류허용기준(MRL)이 고려된 적정한 방법의 농약사용에 따른 경우 식품에 잔류하는 살충제 함량 MRL일 것이라고 가정할 수 있다. 하지만 모든 식품에서의 살충제 잔류수준이 MRL일 것이라고 가정하는 것은 비현실적이다. 보다 정확한 섭취량 평가에 기반한 위해평가를 수행하려면 현장에서의 분석실험 자료를 사용하는 것이 더 적합하다. 한편으로 환경 등으로부터의 오염물질의 경우, 모니터링 등 감시 자료를 이용할 수 있다.

④ 식품 섭취량 자료

대부분의 식품 소비조사는 화학물질에 대한 위해평가만을 위한 목적으로 수행되지는 않는다. 특히, 국내에서 수행되는 식품소비 관련 국민건강영양조사는 개인보다는 가족 단위로 조사가 이루어져 개인별 화학물질의 섭취량을 추정하는 것을 어렵게 할 수 있다. 따라서 식품소비는 특정 식품 또는 식품군에 대한 개별 소비자의 소비패턴에 대한 섭취량 추정을 근거로 하는 것이 중요하다. 이는 이들이 수용 가능하거나 허용 가능한 수준 이상으로 섭취할 가능성이 가장 큰 개체이기 때문이다. 경우에 따라서는 당뇨병 환자, 채식주의자 및 노인, 환자, 영유아 등 특정 그룹에 대한 설문 조사도 수행해야 한다.

㈐ 섭취량 추정

노출평가에서 섭취량 추정은 평균 섭취량을 포함하는 기간의 선정이 중요한데, 이는 섭취기간에 따라 섭취량 값이 달라질 수 있기 때문이다. 추정된 섭취량은 대개 ADI 또는 TDI와 같은 단위, 즉 mg/체중/1일의 형식으로 제시되어야 한다.

섭취량 추정은 일반적으로 유해 화학물질이 포함된 식품을 섭취하지 않은 사람들은 제외된 평균과 높은 수준의 섭취량을 가지는 극단 소비자를 대상으로 한다. 극단 소비자는 일반적으로 개별 섭취량 분포에서 90, 95 또는 97.5 백분위수(percentile)에 해당하는 값 중 하나로 선택할 수 있다. 종종 유해물질에 대한 보다 나은 안전수준을 확보하기 위하여 최대 섭취량이 활용되기도 하는데, 이는 최대 섭취량이 장기간에 걸쳐 계속 유지되기는 어렵고, 일반적으로 높은 수준의 섭취량을 대표하지 않을뿐더러 이러한 사실로 인해 불확실성만 증대시키는 결과를 초래할 수 있어 최대 섭취량은 잘 이용되지는 않는다. 하지만 아주 짧은 단기간의 섭취량 조사에서는 장기간에 대한 노출이 고려되지 않아도 되기 때문에 최대섭취량이 사용될 수도 있다.

(4) 위해도 결정

위해도 결정에서 추정된 잠재적 섭취량은 독성학적으로 허용될 수 있는 유해물질 섭취량과 비교한다. 평균 섭취량을 포함하는 기간은 유해 화학물질의 급성 또는 만성적인 영향이나 축적 가능성 등을 고려하여 선택하여야 한다.

위해도 결정의 핵심은 독성학적으로 허용되는 섭취량과 추정 섭취량을 비교하는 것으로 이것은 간단한 분석으로도 제시될 수 있지만 위해관리자에게 결과를 제시할 때는 상당한 주의를 기울여야 한다. 특히, 위해평가의 모든 단계에서는 인용된 자료 등에서 불확실성이 존재할 수 있으며, 이들 불확실성은 명확하게 표시되어야 한다. 추정된 결과가 현재의 모든 실제 상황을 정확하게 표현하고 있다고 가정해서는 안 된다. 따라서 위해도 결정의 필수 요소는 위해수준 추정에 있어 불확실성 분석이다. 위해수준 추정이 위해관리자에게 전달될 경우 세워진 기본 가정, 내재된 불확실성 등에 대한 설명을 포함해야 한다. 이 정보가 없으면 위해관리자는 본연의 임무를 수행하기가 어렵거나 잘못된 방향으로 진행될 수도 있다.

〈화학물질 위해평가에 대한 간단한 사례〉

농산물 중 중금소인 납(Pb)에 대한 모니터링 결과, 평균 오염수준이 0.32 mg/kg으로 조사되었다. 이 농산물의 섭취에 따른 Pb에 대한 화학적 위해평가를 수행한다면

- MRL(maximum residue level): 0.35 mg/kg
- 해당 농산물 1일 섭취량: 1.51 g
- 납 ADI: 0.0035 mg/kg bodyweight/day

- 해당 농산물을 통한 납의 섭취수준 = 0.32 × 1.51 = 0.48 mg Pb/day
- 체중 60 kg당 해당 농산물을 통한 납의 섭취수준 = 0.48/60 = 0.0081 mg/kg bodyweight/day
- 평균 오염수준은 잔류 허용기준보다 낮지만 최종적인 납 섭취수준 0.0081은 ADI 0.0035보다 약 2.3배 초과하는 것으로 평가할 수 있음

2) 미생물학적 위해평가(microbial risk assessment: MRA)

식품 중 유해 미생물에 대한 미생물 위해평가 역시 화학적 위해평가와 같이 4단계, 즉 위험성 확인(hazard identification), 위험성 결정(hazard characterization), 노출평가(exposure assessment)와 위해도 결정(risk characterization) 단계로 진행되지만 세부적인 적용 방법론에서는 약간의 차이가 있다. 특히, 미생물의 경우 살아 있는 개체를 대상으로 한다는 점에서 차이가 있다.

(1) 위해평가에서 화학물질과 미생물의 차이

화학물질 위해평가(CRA)와 미생물 위해평가(MRA)는 서로 유사한 개념이지만 화학물질과 미생물에는 어느 정도 차이가 있으며, 미생물의 경우는 미생물의 특성, 즉 성장 등 오염 수준의 변화 등을 반영한 접근법이 중요하다. 미생물 위해평가(MRA)가 가지는 화학물질과의 중요한 차이점은 다음과 같다(Brown & Stringer, 2002).

- 미생물은 식품에서 증식하거나 사멸될 수 있어 농도나 수준이 특정 조건이나 환경에 따라 다양하게 변화할 수 있지만, 식품 내 화학물질 농도나 수준은 다양한 식품 유통환경이나 조건에서도 크게 변화되지 않는다. 이로 인해 미생물 위해평가에서는 성장, 사멸 등에 대한 예측모델(predictive model)을 필요로 한다.
- 미생물학적 위해는 대부분이 단일 노출(single exposure)에 의한 결과이며, 화학적 위해는 종종 누적 효과로 인해 발생한다.
- 화학물질의 경우 인체 노출을 최소화하기 위해 허용된 사용기준이나 잔류기준 등이 있을 수 있으나, 반대로 미생물 오염은 자연적으로 발생할 가능성이 크고 인위적인 인체 노출을 관리하기 어렵다. 즉, 순간적으로 냉장유통 조건이 잘 이루어지지 않을 경우 미생물은 쉽게 성장할 수 있다.
- 식품 내 화학물질 농도나 수준은 균일하게 분포할 수 있지만 미생물은 식품에 거의 균일하게 분포하지 않는다. 따라서 동일한 식품을 검사하더라도 결과에 차이가 있을 수 있다.
- 미생물은 오염된 식품의 직접적인 섭취 이외에 2차 전달, 즉 사람 대 사람 등의 교차오염 등을 통해서도 전파될 수 있다.

(2) 미생물 위해평가의 단계 및 구성요소

국제식품규격위원회(Codex)는 미생물 위해평가의 실시에 대한 기본원칙과 표준 지침서인 'Principles and guidelines for the conduct of microbiological risk assessment(Codex, 1999)'에서 위해평가를 "과학적인 기반이 필요한 과정이며 위험성 확인(Hazard identification), 미생물 성장과 사멸 등에 대한 수학적 예측모델을 포함하는 노출평가(Exposure assessment), 미생물의 용량-반응 모델을 포함하는 위험성 결정(Hazard characterization) 및 위해도 결정(Risk characterization)의 절차에 따라 이루어진다"고 정의하고 있다(그림 13-9).

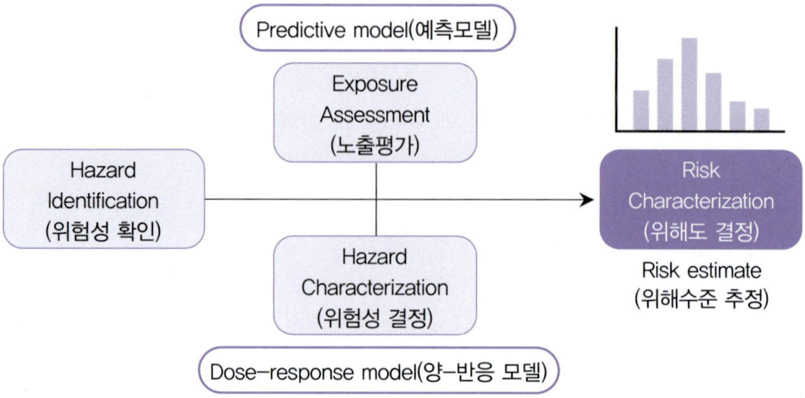

[그림 13-9] 미생물 위해평가 기본 절차

출처: Codex(1999)

가 위험성 확인

위험성 확인은 기본적으로 미생물의 주요 노출원인과 특정 식품 또는 식품군에서 어떤 미생물이 문제가 되는지를 확인하는 단계로 이 과정에서 병원성균의 오염빈도, 오염농도, 사람에게 식중독을 일으키는 오염원이 되는 식품을 특정한다. 이 단계는 식품 중 위해성 평가의 대상이 되는 병원체, 미생물 독소, 식품에 대하여 이미 알고 있는 위해나 특성(세균학적 특성, 병원성, 혈청형이나 균주에 의한 성질의 차이 등)을 주로 정성적으로 정리하여 기술하는 과정이며, 우선 문제가 되고 있는 식품 중에서 그 병원성균이 위해의 원인이 되고 있는 증거가 되는 정보를 수집한다.

위험성에 대한 정보는 논문, 자료 및 전문가의 의견 등에서 얻어지며, 식중독 통계에 나타나는 환자 수, 발생 건수 등의 자료도 정리한다. 또 이들 정보는 미생물학에 한정되지 않고 임상의학, 역학, 실험동물학 등의 폭넓은 분야에서 수집할 수 있다.

나 노출평가

미생물 위해평가에서 노출평가는 미생물 위해에 노출되는 경로, 빈도, 지속기간 및 노출정도를 평가하는 것을 목적으로 한다. 미생물은 하나 이상의 오염원으로부터 유래되며 여러 노출경로를 통해 감염되고 2차 감염되기도 한다. 이와 같은 노출경로는 서로 연관되어 있으며 주어진 미생물학적 위해요소에 적합한 노출경로는 상황마다 다르며 미생물의 특징과 잠재적 숙주에 따라 다르다. 노출경로 외에도 오염원, 미생물 증식 · 사멸, 개인의 섭취량 차이 등의 인자를 이 단계에서 고려해야 한다.

노출평가에 필요한 자료가 부족하거나 아예 없는 경우도 있고, 완벽한 자료와 정보가 제공되는 경우는 미생물 노출평가에서 드문 일이므로 노출평가 시 단순화된 가정을 할 필요가 있다. 위해평가자는 정확한 위해관리를 위해서 노출평가에 포함된 불확실성을 제시해야 한다.

식품생산 전 단계(farm-to-table)에서 오염원을 평가하기 위해서는 다음과 같은 인자들을 고려해야 한다. 즉, 오염원(예: 감염된 닭, 오염된 도체)에 존재하는 생존 가능한 미생물 또는 지표미생물의 수, 오염원으로부터 확산되는 균수 또는 오염원 중 감염률, 미생물이 확산되는 기간이 지속적인지, 일회성인지 여부, 병원성미생물 오염 단위([counts/unit time], 확산, 스프레이, 폐수, 도축 등), 매개체(식품, 표면수, 토양, 공기 등)가 이에 포함된다.

미생물학적 위해평가에서의 노출평가에서도 화학물질에 대한 위해평가 중 노출평가에서와 같이 식품 섭취량 조사는 주요한 부분에 해당된다. 하지만 화학물질에 대한 위해평가와는 달리 살아 있는 개체로서 특성 분석, 즉 성장, 사멸, 교차오염 등이 발생할 수 있고, 1개 세포에 의해서도 즉시 발생할 수 있기 때문에 장기간의 식품섭취량보다는 최소 24시간 또는 1주일간의 식품섭취량을 요구한다. 또한, 섭취되기 전의 식품의 변화된 특성(유통 · 저장 방법 등) 및 섭취 습관에 대한 자료도 요구될 수 있다.

화학물질에 대한 위해평가와 달리 미생물 위해평가의 노출평가에서는 예측미생물학이 활용되고 있다. 온도 등 특정한 환경조건하에서 병원성미생물의 성장과 사멸, 생존 등을 수학적 · 통계적으로 기술하여 미생물의 변화 상태를 예측하려는 연구 분야를 예측 미생물학(predictive microbiology)이라고 한다(그림 13-

10). 예측 미생물학의 목적은 식품의 원료, 제조, 유통, 보관, 판매, 소비까지의 전 과정에서 병원성 또는 부패미생물의 움직임을 사전 예측함으로써 이들 미생물을 효과적으로 제어하고자 하는 데 있다.

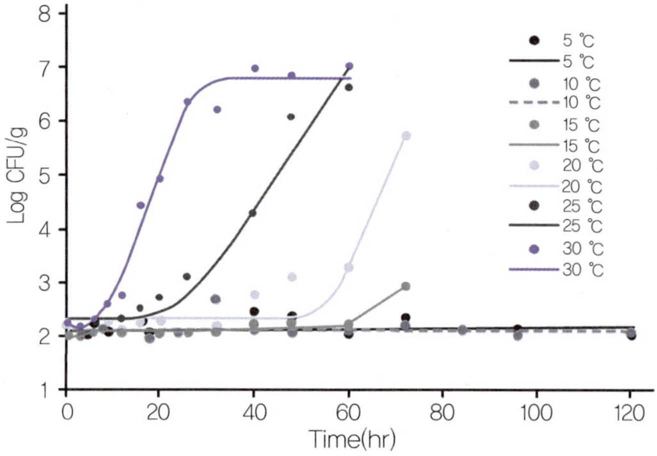

[그림 13-10] 식품에서의 온도와 시간에 따른 미생물 성장수준(점) 예측모델(직선)의 예

다 위험성 결정

미생물 위해평가에서의 위험성 결정, 즉 '용량-반응 평가'((2) 용량-반응 모델(dose-response models) 평가 참조) 요소들은 노출된 개별 또는 집단에서 병원성 미생물의 용량(섭취)과 건강 이상 효과(감염, 질병, 사망 등) 발생 간의 관계를 확률적으로 정립하는 것이다. 위험성 결정 단계에서는 노출평가와 용량-반응 평가를 결합시켜 개인 또는 특정 집단에서 위험이 어느 정도 수준인지에 대해 설명할 수 있어야 한다.

라 위해도 결정

위해도 결정은 미생물 위해평가의 마지막 단계로 모든 자료 분석 결과 등을 통합하여 위해 영향에 대한 전반적인 결론을 도출하는 단계이다. 결론에 대한 전반적인 해석과 더불어 위해도 결정 단계에서는 노출평가와 용량-반응평가 단계에서 이용한 중요한 가정과 결정이 전체적인 평가에 미치는 영향을 논의해야 한다.

식품 · 미생물 경로 분석 같은 다단계 위해평가에서 필연적으로 생물학적 체계, 식품가공기술, 식품조리방법, 소비자 및 생산자의 행동양식 등 변이성과 정보의 부족으로 인한 가정과 관련된 불확실성 등을 포함하게 되며 이들 인자의 영향은 위해관리에서 중요하므로 이 단계에서 언급해야 한다. 위해도 결정 단계에서는 위해가 집단에 부정적 영향을 미칠 가능성을 확정하는 것과 더불어 위해의 심각성 평가를 제공해야 한다. 심각성 평가는 정량적으로 수행하여 위해평가자의 주관을 배제하도록 한다.

〈미생물 위해평가에 대한 간단한 사례〉

A 식품의 1일 섭취량이 0.177 kg이고, 이 식품에서의 특정 병원성 세균의 평균 오염수준이 7.5 CFU/kg으로 추정되었다면, A 식품을 통한 이 세균의 섭취수준과 식중독 발생 가능성은?

- 이 세균의 용량-반응 모델은 exponential model로서 변수 $r=1.18 \times 10^{-6}$을 가지고 있다고 가정
- 세균의 섭취수준(N)=$0.177 \times 7.5 = 1.33$ CFU/person/day
- 식중독 발생가능성=$1-\exp(-r \times N) = 1-\exp(-[1.18 \times 10^{-6}] \times 1.33)$
  $= 1.56 \times 10^{-6}$/person/day

05 위해분석(Risk analysis)

1) 위해분석 원칙 및 구성

위해분석은 원칙에 있어서는 비교적 간단하다. 과학적으로 이루어진 위해평가(risk assessment) 결과에 의거하여 발생가능한 손상이나 위해의 원인을 검사하고, 소비자의 건강을 보호하기 위한 식품 중 위해요소의 잔류나 오염을 최소화시키

기 위한 가장 적절한 관리방안 및 대책을 모색하는 것이 위해분석이다. 이 위해분석에서는 모든 사회 · 경제적 요인을 고려하여 수립하는 위해관리(risk management)와 소비자나 이해관계자들과 다양한 의견교환을 하는 위해정보교류(risk communication)와 같은 일련의 과정을 포함한다. 이러한 과정을 진행하기 위하여 [그림 13-11]에서 보는 바와 같이 위해분석은 위해평가(risk assessment), 위해관리(risk management), 위해정보교류(risk communi-cation)라는 세 가지 단계 및 구성요소가 상호 유기적으로 연결되어 진행된다.

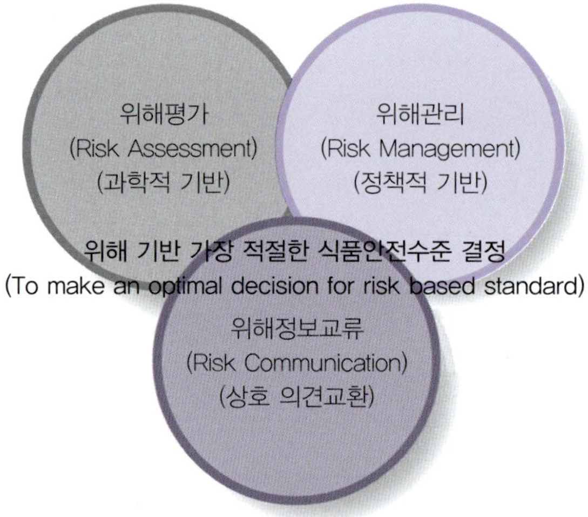

[그림 13-11] 위해분석의 구성

출처: Codex(2007b)

2) 위해분석에서의 위해관리(risk management)

위해분석에서 위해평가에 대한 부분은 앞서 기술되어 있으므로 본 절에서는 위해분석에 포함된 구성 요소로 위해관리와 위해정보교류만을 다루고자 한다.

위해평가가 기술 정보와 과학과 관련된 것에 대한 평가라면 위해관리는 간단하게 사회 · 경제적 정보와 관련된 모든 것에 대한 평가와 결정이라고 할 수 있다. 위해관리는 위해평가에서 생성된 정보를 취하여 정책 결정으로 전환된다고 볼 수 있다. 따라서 위해관리의 목표는 현실 세계의 맥락에서 식품안전과 관련한 의사결정을 내리는 것이므로 사회적, 정치적, 경제적 요인을 완전히 고려하는 것이 중요하다. 때때로, 위해평가자 입장에서는 사회적으로 최적의 의사결정하는데 있어 과학적 요인보다는 정치적, 경제적 요인에 더 의존하는 경우를 이해하기가 어려울 수도 있다. 하지만 인간사회의 경우 식품 산업에서 손실, 예를 들어, 소비자들 사이에 아주 작은 위해와 예측할 수 없는 수준의 질병 발생보다는 사회적(일자리를 잃는 것 등)인 것이 더 많이 받아들여지는 경우도 있다.

위해관리는 역할 및 기능에 있어 위해평가와 분리 · 독립되어 있어야 하며, 위해평가 결과에 근거하여 식품안전 관련 정책적 의사결정 및 결정된 사항을 시행하는 과정으로 인체 건강보호(Appropriate Level of Protection: ALOP, 국민건강 적정보호수준)를 위한 모든 관련 인자 등 사회 · 경제적 조건, 식습관 등 문화적 조건 등을 종합 검토하여 적절한 보호수단 및 조치사항을 선택하고 시행되어야 하며, 이는 상호 간에 반복적으로 수행될 수도 있다(그림 13-12).

위해관리에 대한 수행은 식품안전 문제를 확인하고 위해평가와 관련한 계획과 범위를 설정하여 위해분석을 제안하고, 위해평가 결과를 통해 식품안전 관리를 위한 최적의 방법을 비용/편익 분석 및 여러 가지 위해관리 옵션을 도출하고 선택하고, 최종적 위해관리 조치의 감시 및 재평가 등을 포함한다(그림 13-13).

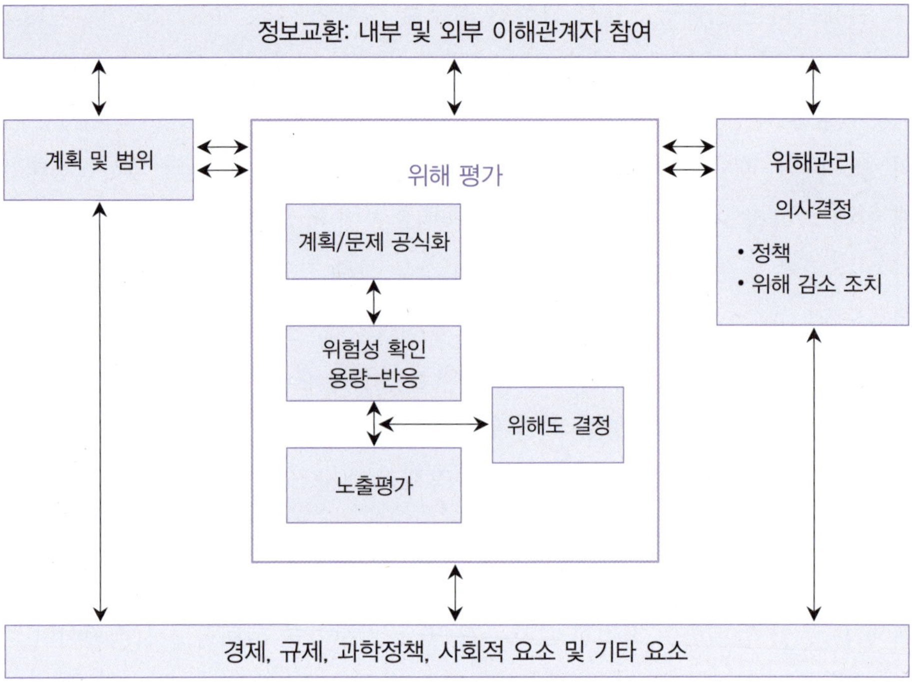

[그림 13–12] 위해분석에서의 위해관리 체계

출처: Codex(2007a)

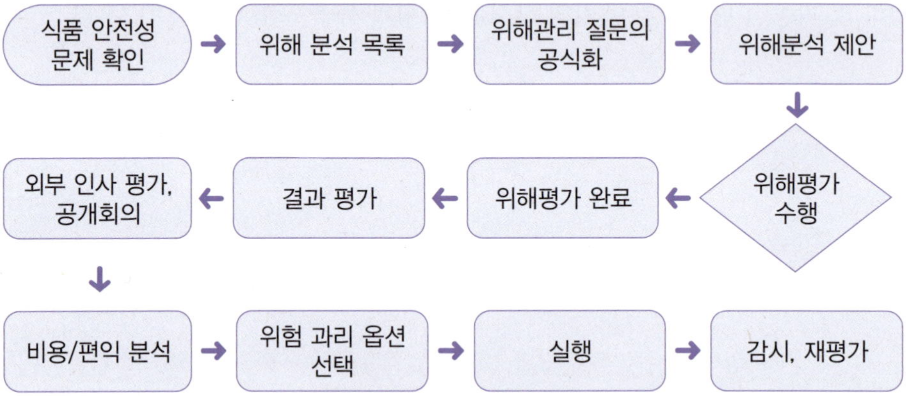

[그림 13–13] 위해평가와 관련 위해관리 수행 순서도

출처: Codex(2007a)

3) 위해분석에서의 위해정보교류(risk communication)

소비자 등 일반 대중에게 위해의 본질에 대한 정보를 제공하는 것은 일반적으로 위해분석의 최종 단계로 간주된다. 소비자들은 위해 결정에 도달한 방법에 대해 알 권리가 있으며, 일반적으로 위해평가 및 위해관리에 사용된 정보를 열람 및 이용할 수 있다. 일부 식품안전 관련 정부기관 등의 관리 당국이 일반 대중에게 전달되는 기술적인 정보가 많을수록 소비자들은 관리 당국의 결정을 받아들일 가능성이 높다고 볼 수 있다.

위해정보교류에서 소비자 등 일반대중에는 식품을 직접 소비하는 자뿐만 아니라 식품산업체, 학계 및 기타 이해 집단들의 모든 구성원 등으로 아주 넓게 볼 수 있다. 따라서 위해정보교류는 위해분석의 구성원 및 소비자를 포함하는 외부 이해관계자들에게 식품안전 관련 기준이나 정보를 제때에 정확히 제공함으로써 식품안전 수준과 관련된 영향에 대한 이해를 향상시키는 데 기여하고, 상호 구성원 간에 의견을 교환함으로써 식품안전과 관련한 인식 공유의 폭을 넓힐 수 있게 하는 유효한 수단이 된다.

Codex의 위해관리 정의에서는 소비자와 관리 당국 양쪽으로 정보교환이 필요하다는 것을 인정한다. 하지만 위해에 대한 정보교류 측면에서 어떤 이들은 소비자가 위해관리에서 역할을 해야 한다고 생각하고, 다른 이들은 위해관리에 대한 의견을 제시할 수 있다고 생각하는 반면에 또 다른 이들은 소비자는 정보를 받아들이는 존재로만 간주해야 한다고 생각하고 있다. 소비자가 위해관리의 의사결정 과정에 참여하는 정도는 아직까지는 논란의 여지가 있다.

일반 소비자들은 위해수준에 대한 이해에 있어 가능한 한 낮은 수준, 경우에 따라서는 zero risk 수준을 요구하고 있지만 새로운 위해요소가 계속 발견되고 있으며, 분석기술의 발달로 아주 낮은 수준의 유해 화학물질도 검출할 수 있는 등 현실적으로 zero risk 수준은 불가능하다. 따라서 위해에 대한 허용수준에 있어 이해당사자 간에 합의를 통해 식품에서의 위해수준을 최소한의 수준으로 낮추는 것이 중요하다.

4) 식품 위해분석 목표 및 활용

식품 위해분석의 궁극적 목표는 [그림 13-11]에서도 제시하고 있는 바와 같이 위해에 근거한 가장 적절한 결정(To make an optimal decision for risk based standard)을 이루는 과정이다. 여기서 결정이라는 것은 개별 소비자가 섭취하는 유해 화학물질이나 유해 미생물에 대한 식품 내 기준을 위해분석에 근거하여 가장 과학적이면서 가장 안전한 것으로 정한다고 볼 수 있다. 이러한 기준 설정과 관련된 용어로는 다음과 같으며, 이들 간의 관계 역시 [그림 13-14]에서 제시하고 있다.

- ALOP(Appropriate Level of Protection) '국민건강 적정보호수준'으로서 국내에서 특정 식품에서 특정 원인균에 의한 식중독 발생수준으로, 1일 1인 식중독 발생가능성 또는 1회 제공량(serving)당 환자 수 및 연간 발생수준으로 표현
- FSO(Food Safety Object)로 '소비단계 식품안전목표'로서 소비 직전 시점에서 특정 식품 내 특정 식중독 원인균의 최대 발생수준(빈도) 및 농도(오염수준)로, ALOP를 달성하기 위한 정량적 기준으로 볼 수 있으며, 예로 2 log CFU/g 이하 또는 발생수준 0.01 % 이하로 표현
- PO(Performance objective)로 '유통단계 식품안전목표'로서 제조 후 유통환경 등을 고려해 식품공급체인 특정 단계에서의 특정 식품 내 특정 식중독 원인균의 최대 발생수준(빈도) 및 농도(오염수준)로, FSO를 달성하기 위한 정량적 기준으로 볼 수 있으며, 예로 1 log CFU/g 이하 또는 발생수준 0.001 % 이하로 표현
- PC(Performance criteria)로, '제조단계 식품안전기준'으로 제조 후 유통 전 특정 식품 내 특정 식중독 원인균의 최대 발생수준(빈도) 및 농도(오염수준)로, PO를 달성하기 위한 정량적 기준으로 볼 수 있으며, 예로 -1 log CFU/g 이하 또는 발생수준 0.0001 % 이하 또는 원료에서부터 5 log 감소 등으로 표현

출처: 식품의약품안전처, 미생물 위해평가 지침서(2016)

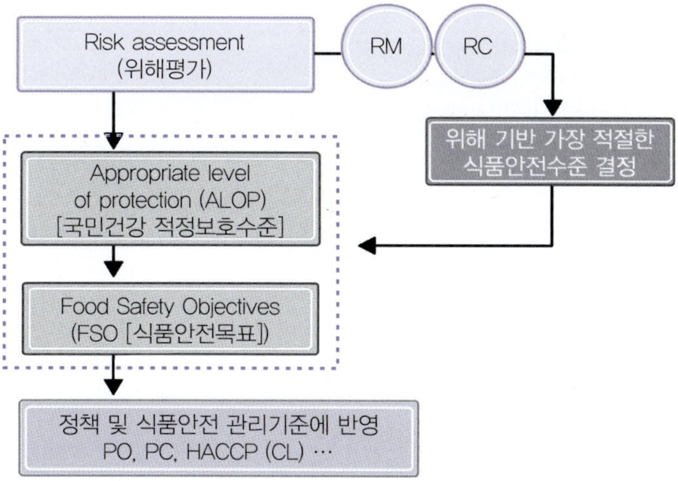

[그림 13-14] 위해분석 기반 식품안전기준 설정 방법

출처: Schaffner(2008), Brown & Stringer(2002)

이들 관계에 있어 위해평가가 위해에 근거하여 평가되고 여기에 위해관리를 통해 사회 · 경제적 부분에 대한 고려가 이루어지고, 소비자와의 소통을 위한 위해정보교류 단계를 거치게 되므로, ALOP, FSO, PO, PC 등의 값은 위해에 기반을 둔 안전관리 기준이라 볼 수 있다.

식품에서의 위해분석은 식품과 관련된 위해요소와 함께 건강 상태의 실제적 위해수준에 대한 추정을 가능하게 하며, 이에 따라 우선순위를 정해 여러 위해요소들을 선택과 집중을 통해 관리할 수 있는 방법도 제공한다. 이상과 같은 위해에 근거한 식품안전기준의 설정은 과거에 일반 소비자들이 생각하고 있는 절대적 안전이라는 것과 약간 거리가 생겨날 수도 있다. 하지만 우리의 과학적 능력과 위해분석에 대한 이해가 발전함에 따라 인간의 모든 활동과 관련된 위해수준은 작더라도 항상 존재하기 때문에 식품의 절대적 안전은 불가능한 목표라는 것을 알게 되었다. 위해수준을 감소시킴으로써 얻을 수 있는 추가적인 이익은 사회 실현 비용보다 중대하다. 위해분석은 위해수준이 최저수준에 합리적으로 도달하고, 적정한 관리를 통해 잘 유지되는 데 많은 도움이 될 것이다.

참고문헌

농림축산식품부 · 군산대(2014). 미생물 위해평가 표준 지침서.

박경진(2016). 미생물 위해평가 활용 강화를 위한 기술적 접근 방안. 2016년 한국식품위생안전성학회 제31회 정기학술대회.

식품의약품안전처(2016). 미생물 위해평가 지침서.

Brown, M., & Stringer, M. (Eds.). (2002). *Microbiological risk assessment in food pro-cessing*. Woodhead Publishing.

Codex (Codex Alimentarius Commission) (1999). Principles and Guidelines for the Conduct of Microbial Risk Assessment, CAC/GL-30. (http://www.who.int/foodsafetv/ publications/micro/cacl999/en/and www.codexalimentarius.net/download/standards/ 357/CXG 030e.pdf)

Codex (Codex Alimentarius Commission) (2007a). Principles and Guidelines for the Conduct of Microbiological Risk Management. CAC/GL 63-2007. (http:/www. codexalim-entarius.net/web/more info.isp?id sta=l074)

Codex (Codex Alimentarius Commission) (2007b). Working Principles for Risk Analysis for Food Safety for Application by Governments. CAC/GL 62-2007. (ftp://ftp.fao. ora/docrep/fao/010/al550t/al 550t00.pdf)

Gill, D. M. (1982). Bacterial toxins: a table of lethal amounts. *Microbiological Reviews*, *46*(1), 86.

Median lethal dose (https://en.wikipedia.org/wiki/Median_lethal_dose)

Park, M. S., Cho, J. I., Lee, S. H., & Bahk, G. J. (2014a). The Analysis for Minimum Infective Dose of Foodborne Disease Pathogens by Meta-analysis. *Journal of Food Hygiene and Safety*, *29*(4), 305-311.

Park, M. S., Cho, J. I., Lee, S. H., & Bahk, G. J. (2014b). A Study on Dose-Response Models for Foodborne Disease Pathogens. *Journal of Food Hygiene and Safety*, *29*(4), 299-304.

Schaffner, D. W. (2008). *Microbial risk analysis of foods*. ASM Press.

Shaw, I. C. (2012). *Food safety: the science of keeping food safe*. John Wiley & Sons.

Tennant, D. (2012). *Food chemical risk analysis*. Springer Science & Business Media.

찾아보기

찾아보기

≫ ㅇ

≫ ㅊ

≫ ㅋ

≫ R

≫ S

≫ V

≫ Y

박 경 진

서울대학교 보건대학원 환경보건학과(식품위생 전공) 보건학석사
서울대학교 대학원 동물자원과학과(축산물위생 전공) 농학박사
강원대학교 낙농학과 농학사
한국식품위생연구원 식품위생연구부 연구원
한국보건산업진흥원 HACCP지원사업단 기술지원팀장
Michigan State University, National Food Safety & Toxicology Center, 방문연구원
식품의약품안전처 축산물위생심의위원
(현) 군산대학교 식품영양학과 교수
국무총리실 식품안전정책위원회 전문위원

김 중 범

동국대학교 공학석사(식품공학 전공)
강원대학교 공학박사(식품위생 전공)
동국대학교 공학사(식품공학 전공)
(현) 순천대학교 식품공학과 교수
한국식품위생안전성학회 이사
식품의약품안전처 식품 미생물 전문가 자문위원
식품의약품안전처 자체규제심사위원

정 현 정

숙명여자대학교 식품영양학과 학사
서울대학교 대학원 식품영양학과 석사
Rutgers University 식품과학과 석사
The Ohio State University 식품과학과 박사
Washington State University, Biological Systems Engineering 연구원
North Carolina State University, Food Science 연구원
(현) 인하대학교 식품영양학과 교수

심 원 보

경상대학교 식품공학과 학사
경상대학교 응용생명과학부 석/박사
Moscow State University 박사 후 연구원
Florida State University 박사 후 연구원
광주과학기술원 리서치펠로우
한국식품연구원 부설 세계김치연구소 선임연구원
한국식품위생안전성학회 상임이사
(현) 경상대학교 식품공학과 교수

제2판
식품위생학

초 판 1쇄 발행 2017년 8월 24일
초 판 2쇄 발행 2018년 10월 24일
제2판 1쇄 발행 2023년 8월 14일

지 은 이 | 박경진 · 김중범 · 정현정 · 심원보
펴 낸 이 | 김기섭
편 집 인 | 박소정 · 이혜란
펴 낸 곳 | 창지사 www.changjisa.com
08589 서울시 금천구 가산디지털 1로 83 파트너스타워 1차 9층
전화 (02)719-2211~3
팩스 (02)701-9386
등 록 | 1977년 4월 28일 · 제1-421호

ISBN 978-89-426-1844-6 (93590)

값 22,000원